复合材料原理

张　良　主编

天津大学出版社
TIANJIN UNIVERSITY PRESS

内容简介

本书以"原理"为线索,介绍复合材料的设计原理、制造原理和界面原理。在介绍每一部分原理时,又按聚合物基复合材料、金属基复合材料、无机非金属基复合材料的顺序介绍,如果这三类复合材料在某(些)方面是相通的,则合并介绍,力求全面、有条理而又简练地介绍复合材料的相关原理。

本书可作为复合材料与工程专业本科生的学习用书,也可供相关学科专业的研究生、教师和生产研究人员参考和使用。

图书在版编目(CIP)数据

复合材料原理 / 张良主编. — 天津 : 天津大学出版社,2021.3(2022.8重印)

ISBN 978-7-5618-6875-1

Ⅰ.①复…　Ⅱ.①张…　Ⅲ.①复合材料　Ⅳ.①TB33

中国版本图书馆CIP数据核字(2021)第040774号

出版发行	天津大学出版社
地　　址	天津市卫津路92号天津大学内(邮编:300072)
电　　话	发行部:022-27403647
网　　址	www.tjupress.com.cn
印　　刷	北京盛通商印快线网络科技有限公司
经　　销	全国各地新华书店
开　　本	185 mm×260 mm
印　　张	15
字　　数	365千
版　　次	2021年3月第1版
印　　次	2022年8月第3次
定　　价	40.00元

前　言

复合材料是由两种或两种以上异质、异性、异形的材料经过一定的复合工艺形成的新型材料,它在保留原有组分主要特点的同时,通过组分的优势互补,得到优异的综合性能。复合材料具有可设计的特点,被认为是除无机非金属材料、金属材料、高分子材料之外的第四大类材料,各种复合材料已在人们的生产、生活中得到广泛应用。

设计和制造始终是复合材料研发和生产工作的主题,其离不开对相关原理(包括能使复合材料的性能极大提升的微观结构——界面的相关原理)的认识。本书以"原理"为线索,介绍复合材料的设计原理、制造原理和界面原理。在介绍每一部分原理时,又按聚合物基复合材料、金属基复合材料、无机非金属基复合材料的顺序介绍,如果这三类复合材料在某(些)方面是相通的,则合并介绍,力求全面、有条理而又简练地介绍复合材料的相关原理。在介绍设计原理时,对复合材料的力学、结构设计,由于本专业学生另外开设了一门专业必修课——"复合材料力学与结构设计",两者内容有很大的重叠,故未展开讨论;但对复合材料的材料设计,因为涉及的内容较多,虽在第 2 章中简单介绍,但内容不充分,所以专门在第 3 章中作进一步介绍。此外,功能与新型复合材料发展较快,种类也很多,要全面介绍其设计、制造原理需要很大的篇幅,由于本书侧重于对结构复合材料的介绍,故对这部分内容,仅用一章作概括性的陈述。

本书由盐城工学院的张良编著,在编写过程中得到了盐城工学院教务处的大力支持,在此表示衷心的感谢。

由于作者的学识水平有限,书中不当及疏漏之处在所难免,恳请各位读者批评指正。

作者

2020 年 10 月 1 日

目 录

第1章 绪论

复合材料是由两种或两种以上的固相组分以微观或宏观的形式组成的(在成型加工时可有一个从液相转变为固相的过程),并且具有与其组成物质不同的新的性能。也就是说,复合材料是由不同的材料结合在一起的结构较复杂的材料,这种材料的组成成分应保持一致性,而且在性能上必须有重大的改进或不同于原来的组成成分的性质,例如玻璃钢、人造板、橡胶轮胎、竹材等都属于复合材料。但在工业上,复合材料主要指一种物质材料以某种人工方法与另一种物质材料结合在一起形成的具有综合性能的材料,通常是用高强度、高模量、脆性的增强材料和低强度、低模量、韧性的基体材料经过一定的成型加工制成的。

现代材料科学所讨论和研究的复合材料一般指纤维增强、颗粒物增强、自增强的聚合物基、金属基、无机非金属基复合材料。现代复合材料学科包括基体材料、增强材料、界面黏结、结构设计、成型工艺、性能测定等方面,并逐步形成一门与化学、物理、力学和各种应用学科有着广泛的内在联系并相互渗透和相互推动的跨学科的科学。

复合材料可由一种基体材料和一种增强材料组成,也可由几种基体材料和几种增强材料组成。它是一类由各种组成材料取长补短复合而成的综合了各种材料的性能的新材料,其性能一般由基体材料的性能、增强材料的性能和它们之间的界面状态决定,其作为产品还与结构设计和成型工艺有关,因此复合材料具有以下共同特点。

(1)可综合发挥各种组成材料的优势,使一种材料具有多种性能,具有天然材料所没有的性能。例如玻璃纤维增强环氧树脂复合材料,既具有类似于钢材的强度,又具有塑料的介电性能和耐腐蚀性能。

(2)可按对材料性能的需要进行材料的设计和制造,例如对方向性材料强度的设计、针对某种介质耐腐蚀性能的设计等。

(3)可制成所需的任意形状的产品,可避免多次加工,例如可避免金属产品的铸模、切削、磨光等工序。

1.1 复合材料的材料设计与结构设计

1.1.1 复合材料的材料设计

复合材料的主要特点是其不仅保持了原组分的部分优点,而且具有原组分不具备的特性;复合材料区别于单一材料的一个显著特性是材料的可设计性。传统的单一材料,如木材、金属、玻璃、陶瓷、塑料等只能被选用,而不能被设计(这里的设计指宏观材料设计,不含分子设计)。由于复合材料具有多相的特性,即由不同的单一材料组成,故存在单一原材料的选择,原材料的含量、几何形态、复合方式、复合程度和界面情况等一系列影响因素。由于各种原材料都有各自的优点和缺点,因此复合材料在组合上可能出现如图 1-1 所示的复合结果。因而,复合材料必须经过组分选择、各组分分布设计、工艺条件控制等,以保证原材料的优点相互补充,同时利用复合材料的复合效应使之具有新的性能,最大限度地发挥复合的优势。

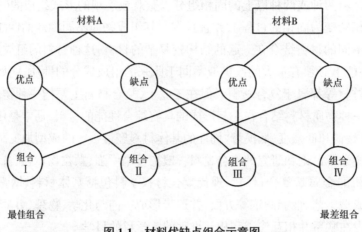

图 1-1　材料优缺点组合示意图

高强度结构材料可选用高强度纤维(如玻璃纤维或高强度碳纤维)作为增强体与聚合物基体相配合组成复合材料;高模量结构材料则应选用高模量纤维(如高模量碳纤维或聚芳酰胺纤维)作为增强体组成聚合物基复合材料。设计结构复合材料时,应考虑增强体与基体的体积比,并使增强纤维的轴向在主应力方向上。

在高温下使用的结构复合材料应选择耐高温材料作为基体。由于聚合物材料的耐热性较差,所以聚合物基复合材料一般适用于 400 ℃以下的场合;在更高温度下使用的复合材料应考虑以碳、金属或陶瓷为复合材料的基体,例如碳 / 碳复合材料(＜ 2 400 ℃)、金属基复合材料(400~1 300 ℃)、陶瓷基复合材料(1 300~1 650 ℃)。

由于玻璃钢材料中的玻璃纤维和塑料都不反射电磁波而具有良好的电磁波透过性,因此它是设计雷达罩的理想材料;为了防止电磁波干扰而设计的电磁波屏蔽材料,应选用有导电性的功能体参与构成聚合物基复合材料。

用于化工防腐蚀的玻璃纤维增强塑料,在材料设计时应针对接触的不同介质而采取不同的复合方式:对于酸性介质,宜选用中碱玻璃纤维作为增强体,耐酸性良好的树脂(如乙烯基酯树脂)作为基体组成复合材料;对于碱性介质,宜采用无碱玻璃纤维作为增强体,耐碱性良好的树脂(如胺固化环氧树脂)组成复合材料;由于玻璃纤维易被酸、碱侵蚀,因而耐腐蚀复合材料在保证必要的力学性能的前提下,应尽量减小玻璃纤维所占的体积比,使纤维周围的树脂基体尽量保护这些纤维不受介质的侵蚀。

由以上例子可见,复合材料的性能受其组成材料的性能制约。基体、增强体(含填料)、功能体都能决定复合材料的性能,因此复合材料设计人员必须熟知这些组分本身的独特性能。

1.1.2　复合材料的结构设计

复合材料不仅是一种材料,更代表了一种结构,可以用纤维增强的层合结构来进行说明。从固体力学的角度,将其分为三个结构层次:一次结构、二次结构、三次结构。一次结构指由基体材料和增强材料复合而成的单层复合材料(又称为单层板),其力学性能取决于组分材料的力学性能,各相材料的形态、分布、含量和界面的性能;二次结构指由单层复合材料层合而成的层合体(又称为层合板或层合复合材料),其力学性能取决于单层复合材料的力学性能和铺层几何(各单层的厚度、铺设方向、铺层序列);三次结构指工程结构或产品结构,其力学性能取决于层合体的力学性能和结构几何。

复合材料力学是复合材料结构力学的基础,也是复合材料结构设计的基础。复合材料力学主要是在单层板和层合板这两个结构层次上展开的,其研究内容分为微观力学和宏观力学两大部分。微观力学主要研究增强体(如纤维)、基体组分性能与单层板性能的关系,宏观力学主要研究层合板的刚度与强度、温湿环境的影响等。

将单层复合材料作为结构来分析,必须承认材料的多相性,并且研究各相材料之间的相互作用,这种研究方法称为微观力学方法。从显微镜中可以观察到材料是非均质的,可运用非均质力学的方法描述各相的真实应力场和应变场,以预测复合材料的宏观力学性能。微观力学总是在某些假定的基础上建立起模型来模拟复合材料,所以微观力学的分析结果要用宏观试验来验证。微观力学因不能考虑到所有的影响因素而存在一定的局限性,但微观力学毕竟是在一次结构这个相当细微的层次上来分析复合材料的,所以它在解释机理、发掘材料本质等方面还是很重要的。

在研究单层复合材料时,也可以假定材料是均质的,将材料中各相物质的影响仅作为复合材料的平均表现性能来考虑,这种研究方法叫宏观力学方法。宏观尺度定义为比各相特征尺寸大得多的尺度,这样定义的应力和应变称为宏观应力和宏观应变,它们既不是基体相的应力和应变,也不是增强相的应力和应变,而是在宏观尺度上的某种平均值。材料的各类参数也在宏观尺度上进行定义,这样定义的参数称为表观参数。在宏观力学中,各类材料的参数靠宏观试验来获取,表面上宏观力学方法比微观力学方法要粗糙一些,但由于宏观力学以试验结果为根据,所以它的实用性和可靠性反而更好。

将层合复合材料作为结构来分析,必须承认材料在垂直板平面方向上的非均质性,即认为层合板是由若干单层板构成的,由此发展的理论叫层合理论。该理论以单层复合材料的宏观性能为根据,用非均质力学的手段来研究层合复合材料的性能,属于宏观力学范围。

工程结构的分析属于复合材料结构力学的范畴,复合材料结构力学主要以纤维增强复合材料层压结构为研究对象。复合材料结构力学的主要研究内容包括层合板和层合壳结构的弯曲与振动、耐久性、损伤容限、气动弹性剪裁、安全系数与许用值、验证试验和计算方法等。

复合材料设计也可分为三个层次:单层材料设计、铺层设计、结构设计。单层材料设计包括选择增强材料、基体材料及其配比,这决定了单层板的性能;铺层设计包括合理安排铺层材料,该层次决定了层合板的性能;结构设计用于确定产品结构的形状、尺寸。这三个层次互相影响、互相依赖,设计人员须综合考虑材料性能和结构性能,并将其统一在同一设计方案中。

1.2 复合材料的制造

1.2.1 聚合物基复合材料的制造

聚合物基复合材料有许多独特的性能,其制备、成型工艺与其他材料相比也有特别的地方。

首先,聚合物基复合材料的合成与制品的成型是同时完成的,材料的制备过程也就是制品的生产过程。在复合材料的成型过程中,增强体的形状变化不大,但基体的形状有较大的变化。复合材料制备的过程对复合材料和制品的性能有较大的影响,比如在复合材料的制备过程中,纤维与基体树脂之间的界面黏结是影响纤维力学性能发挥的重要因素,最终材料的性能既与纤维的表面性质有关,又与所得材料的气孔率有关,而这些因素直接影响材料的层间剪切强度。具体来说:当复合材料的气孔率低于 4% 时,气孔率每增加 1%,层间剪切强度就降低 7%,而气孔率与制备过程关系密切;对于热固性复合材料,固化工序(包括固化温度、压力、保温时间等工艺参数)直接影响最终材料的性能。成型过程中纤维的预处理、纤维的排布方式、排除气泡的程度、温度、压力、时间等都影响最终材料的性能,应该根据制品结构和使用时的受力状况选择成型工艺。具体来说:单向受力杆件和梁应采用拉挤法,因为拉挤成型可保证制品在顺着纤维的方向上具有最大的强度和刚度;薄壳构件可采用连续纤维缠绕工艺,以满足各个方向具有不同的强度和刚度的要求;利用树脂基复合材料的形成和制品的成型同时进行的特点,可以使大型的制品一次整体成型,从而简化制品结构,减少组成零件和连接件的数量,这对减轻制品质量、降低工艺消耗、提高结构使用性能十分有利。

其次,聚合物基复合材料的成型比较方便。聚合物在固化前具有一定的流动性,纤维又很柔软,依靠模具容易形成要求的形状和尺寸。有些材料可以使用廉价而简易的设备和模具,直接成型制作大尺寸的制品,不需加压和加热,这对制造单件和小批量产品很方便,也是金属制品的生产工艺无法比拟的。一种复合材料可以用多种方法成型,在选择成型方法时,应根据制品结构、用途、产量、成本和生产条件综合考虑,选择最简单和最经济的成型方法。

聚合物基复合材料的制造大体包括预浸料的制造、制件的铺层固化、制件的后处理与机械加工等,其制品有几十种成型方法,这些成型方法既存在着共性又有着不同点。

1.2.2 金属基复合材料的制造

金属基复合材料品种繁多,多数制造过程是将复合与成型合为一体同时完成的。金属基体的熔点、物理和化学性质,增强材料的几何形状、物理和化学性质决定了产品的制造工艺。现有的制造工艺有粉末冶金法、热压法、热等静压法、挤压铸造法、共喷沉积法、液态金属浸渗法、液态金属搅拌法、反应自生成法等,归纳起来可分为固态法、液态法、自生成法和其他制备法。

1.2.3 无机非金属基复合材料的制造

1.2.3.1 水泥基复合材料的制造

混凝土的性能取决于诸多因素:水泥熟料的组成和岩相结构,水泥的细度和粒径分布,水泥浆体的流变性能和孔隙率,集料的化学矿物组成、粒形、表面情况等。这些因素都会影响混凝土拌合物的和易性,混凝土硬化后的孔隙率、强度、耐久性和其他物理力学性能。在组分材料已定的条件下,决定混凝土各项性能的主要是各组分材料的比例。

混凝土的配合比指混凝土内各组分材料的数量比例,通常用两种方法表示:一种是以每立方米混凝土中各材料的质量表示,例如水泥 346 kg、水 180 kg;另一种是以各材料的质量比表示,如水泥∶砂∶石 = 1∶1.61∶3.75,经换算后水灰比为 0.52。也有用材料的体积比表示的,但误差较大,只能用于小型工程。

混凝土配合比的设计可以分成三个主要环节:第一,以水泥和水配成一定水灰比的水泥浆,以达到要求的强度和耐久性;第二,将砂和石子组成孔隙率最小、总表面积不大的集料,也就是决定砂石比或砂率,以在经济的原则下达到要求的和易性;第三,决定水泥浆对集料的比例(浆集比),常以每立方米混凝土的用水量或水泥用量来表示。总之,要合理地确定水灰比、砂石比和用水量,以使混凝土满足各项技术经济要求。

设计混凝土的配合比时,一般采用计算与试验相结合的方法。

1.2.3.2 陶瓷基复合材料的制造

陶瓷基复合材料的制造通常分为两个步骤:第一步,将增强材料掺入未固结(或粉末状)的基体材料中,排列整齐或混合均匀;第二步,运用各种加工条件在尽量不破坏增强材料和基体材料性能的前提下制成复合材料制品。

针对不同的增强材料,陶瓷基复合材料的成型方法主要有四类。第一类是传统的混合方法和黏合液浸渍方法。短纤维和晶须增强复合材料多采用直接混合然后固化的方法;纤维增强玻璃和玻璃-陶瓷基材料采用黏合液浸渍方法预成型,然后加热固化,但这种方法对耐热基体不太适用,因为过高的热压温度易使纤维氧化和产生损伤。第二类是化学合成方法,如溶胶-凝胶方法和高聚物先驱体热解工艺方法。溶胶-凝胶方法是在化学溶液和胶体悬浮液中形成陶瓷的方法。化学合成方法可用来涂覆纤维,其加工温度比第一类方法低。第三类是熔融浸渍方法。它与金属基、聚合物基复合材料的常规加工方法相似,这就要求陶瓷基体的熔点不能太高。第四类是与化学反应相关的方法,有化学气相沉积(CVD)、化学气相浸润(CVI)和反应结合法,不过这类方法有成型速率小的缺陷。

1.3 复合材料的界面

复合材料中不同组分相接触的界面具有一定厚度(从数纳米到数微米),故又称为界面层,其结构随组分相而异,是连接组分相的"纽带",也是传递应力和其他信息的桥梁。界面是复合材料极为重要的"微结构",其结构和性能对复合材料的性能有很大影响。复合材料的组分一般分为基体和增强体。复合材料中的增强体不论是纤维、晶须、颗粒还是晶片,在材料制备过程中都会与基体发生一定程度的相互作用和界面反应,形成各种结构的界面。界面的尺寸很小(从几纳米到几微米),它是一个区域、一个带或一层,其厚度不均匀,包含基体和增强体的部分原始接触面、基体与增强体相互作用形成的反应产物或固溶产物、产物与基体和增强体的接触面、增强体的表面涂层、基体和增强体表面的氧化物和它们的反应产物等。在化学成分上,界面除了含有基体、增强体和涂层中的元素外,还含有环境带来的杂质,这些成分或以原始状态存在,或重新组合成新的化合物。总之,复合材料界面的化学成分和相结构是很复杂的。

复合材料的界面对复合材料的性能有很大的影响,界面的机能可归纳为以下几种效应。

1. 传递效应

基体可通过界面将外力传递给增强体,在这里界面起到了连接基体与增强体的桥梁作用。

2. 阻断效应

适当的界面有阻止裂纹扩展、中断材料破坏、减缓应力集中的作用。

3. 不连续效应

不连续效应指在界面上产生物理性能(如抗电性、电感应性、磁性、耐热性等)的不连续和出现界面摩擦的现象。

4. 散射和吸收效应

光波、声波、热弹性波、冲击波等会在界面发生散射和吸收,从而影响透光性、隔声性、隔热性、耐机械冲击和耐热冲击等性能。

5. 诱导效应

复合材料中的一种组分(通常是增强体)通过诱导作用使另一种与之接触的物质(如聚合物基体)的结构发生变化,从而产生高弹性、低膨胀性、耐冲击性、耐热性等,这种现象称为诱导效应。

复合材料的界面上产生的这些效应是任何单相材料所不具有的,它们对复合材料具有重要作用。例如:在颗粒弥散增强金属材料中,颗粒可以阻止位错移动,从而提高材料的强度;在纤维增强复合材料中,纤维与基体的界面可以阻止裂纹进一步扩展。对于复合材料,改善界面的性能对提高材料的性能有重要作用。

界面效应既与界面的结合状态、形态、物理性质、化学性质等有关,也与界面两边组分材料的浸润性、相容性、扩散性等密切相关。复合材料的界面并不是一个单纯的几何面,而是一个多层的过渡区域。界面区是从增强体内性质不同的某一点开始,直到与基体内整体性质相一致的点之间的区域。

　　基体和增强体通过界面结合在一起构成复合材料,界面的结合强度对复合材料的性能有重要影响。影响界面结合强度的因素主要有分子间力、溶解度指数、表面能等,还有表面的几何形状,增强材料的分布状况,表面吸附气体和蒸气的程度,表面吸水状况,杂质含量,界面上的溶解、浸透、扩散和化学反应,润湿速度等。

　　由于界面尺寸很小且不均匀,化学成分及结构复杂,力学环境复杂,对界面的结合强度、应力状态尚无直接的、准确的定量分析方法;对界面的结合状态、形态、结构的分析须借助红外光谱、拉曼光谱、扫描电镜、X 射线衍射等技术;对界面组成和相结构也很难做出全面的分析。

第2章 复合材料的设计原理

2.1 复合材料的可设计性

2.1.1 复合材料的设计性

由于复合材料与复合材料结构有许多不同于单一工程材料与单一工程材料结构的特点,所以复合材料结构设计也有不同于单一工程材料结构设计的特点。复合材料及其结构设计是一个复杂的系统性问题,涉及环境载荷、材料选择、成型方法与工艺过程、力学分析、检验测试、维护与修补、安全性、可靠性和成本等很多因素,在对复合材料及其结构进行设计时应抓住主要矛盾,综合、系统地考虑以上各种因素。复合材料及其结构设计必须遵循客观规律,从某种程度上说是一门科学,但在给定的条件和要求下,这种设计具有很大的灵活性,有许多因素是可变的,因此它也是一门艺术。在进行复合材料及其结构的设计时,减轻质量与降低成本是既矛盾又统一的,对于航空、航天、船舶、汽车和其他大型结构,减轻结构自重可带来巨大的经济效益,但为此付出的代价往往是很高的,这需要在设计时综合考虑。通常复合材料及其结构的刚度和强度是设计中需要重点考虑的因素,对于前一个因素已有较成熟的理论和方法,而对于后一个因素目前仍有许多疑难问题需要解决。除了刚度和强度外,设计时还应考虑复合材料的制造工艺。复合材料的成型工艺过程较复杂,影响材料性能的因素很多,生产出来的产品质量不稳定,可靠性差。这些都给复合材料及其结构的设计带来了不少困难,也影响了复合材料及其结构设计的广泛应用,须采用先进的成型工艺方法消除不利因素,以确保产品质量。

设计复合材料及其结构时必须进行系统的实验,了解并掌握复合材料及其结构在静载荷、动载荷、疲劳载荷和冲击载荷作用下,在不同使用环境(室温、高温、低温、湿热、辐射、腐蚀等)中的各种重要性能数据,建立不同材料体系性能的完整数据库,为复合材料的设计工作提供科学依据。随着计算机技术的迅速发展,复合材料的设计和制造已可以在计算机上以虚拟的形式实现,这样做的主要优点是:可节省大量的人力、物力和财力;可缩短设计和研制周期;可考虑每个设计参数对复合材料及其结构性能的影响;可对虚拟设计和制造的产品进行评价,优化设计方案和成型工艺方法、过程。

复合材料在弹性、热膨胀和强度等方面具有明显的各向异性,虽然各向异性使分析工作复杂化,但也给复合材料的设计提供了一个契机。人们可以根据在不同方向上对材料刚度和强度的特殊要求设计复合材料及其结构,以满足工程实际中的特殊需要。不均匀性也是复合材料显著的特点,不均匀性对复合材料宏观刚度的影响不明显,然而对其强度的影响特别显著,主要原因在于材料的强度过分依赖于局部特性,在复合材料的设计中应特别注意。

有些复合材料(如水泥)的拉伸模量和压缩模量并不相同,拉伸强度和压缩强度也不一致,且是非线性的,对复合材料进行分析时,应首先判断材料内部的拉压特性,然后结合不同的强度准则对其进行分析。此外,对复合材料的几何非线性和物理非线性也要作特殊考虑。

　　复合材料的可设计性是它优于传统材料的最显著特点之一。复合材料具有不同层次的结构,如层合板中的纤维和纤维与基体的界面可视为微观结构,单层板可视为细观结构,而层合板可视为宏观结构,因此可采用细观力学理论或数值分析手段对其进行设计。设计的复合材料可以在给定方向上具有所需要的刚度、强度和其他性能,而各向同性材料则不具有这样的可设计性,通常在不是最大需要的方向上具有过剩的强度和刚度。

2.1.2　复合效应

　　将 A、B 两种组分复合起来,得到既具有 A 组分的性能特征又具有 B 组分的性能特征的综合效果,称为复合效应。复合效应实质上是由于组分 A、组分 B 的性能,它们之间形成的界面的性能相互作用和相互补充,复合材料的性能在其组分材料的性能的基础上产生线性或非线性的综合,由不同的复合效应可获得种类繁多的复合材料。复合效应有正有负,不同组分复合后有些性能得到了提高,而另一些性能则可能降低甚至被抵消。不同组分复合后,可能产生线性复合效应和非线性复合效应:线性复合效应包括平均效应、平行效应、相补效应、相抵效应;非线性复合效应包括相乘效应、诱导效应、系统效应、共振效应。

2.1.2.1　线性复合效应

　　1. 平均效应

　　平均效应又称混合效应,具有平均效应的复合材料的某项性能等于复合材料各组分的性能乘以该组分的体积分数之加和,可以用混合物定律来描述,即式(2-1)和式(2-2):

$$K_c = \sum K_i V_i \quad (并联模型) \tag{2-1}$$

$$1/K_c = \sum V_i/K_i \quad (串联模型) \tag{2-2}$$

式中:K_c 为复合材料的某项性能;V_i 为组分材料 i 的体积分数;K_i 为组分材料 i 与 K_c 对应的性能。并联模型混合物定律适用于复合材料的密度、单向纤维复合材料的纵向(平行于纤维方向)杨氏模量和纵向泊松比等;串联模型混合物定律适用于单向纤维复合材料的横向(垂直于纤维方向)杨氏模量、纵向剪切模量和横向泊松比等。式(2-1)和式(2-2)可用一个通式表示,即式(2-3):

$$K_c^n = \sum K_i^n V_i \tag{2-3}$$

　　对于并联模型混合物定律,$n=1$;对于串联模型混合物定律,$n=-1$。当 n 为 1 与 -1 之间的某一确定值时,可以用来描述复合材料的某项性能(如介电常数、热导率等)随组分体积分数的变化。

　　2. 平行效应

　　平行效应是最简单的线性复合效应,指复合材料的某项性能与其中某一组分的该项性能基本相当。玻璃纤维增强环氧树脂复合材料与环氧树脂的耐化学腐蚀性能基本相同,表明玻璃纤维增强环氧树脂复合材料在耐化学腐蚀性能上具有平行效应。平行效应可以表示为式（2-4）：

$$K_c \approx K_i \tag{2-4}$$

式中：K_c 表示复合材料的某项性能；K_i 表示 i 组分对应的该项性能。

3. 相补效应

复合材料中的各组分复合后，相互补充、弥补各自的弱点，从而产生优异的综合性能，这是一种正的复合效应，称为相补效应。相补效应可以表示为式（2-5）：

$$K_c = K_A \cdot K_B \tag{2-5}$$

式中 K_c 是复合材料的某项性能，取决于它的组分 A 和 B 的该项性能。当组分 A 和 B 的该项性能均具优势时，则在复合材料中相互补充。

4. 相抵效应

复合材料中的各组分复合后，其性能相互制约，结果使复合材料的性能低于由混合物定律获得的预测值，这是一种负的复合效应，称为相抵效应。当复合状态不佳时，陶瓷基复合材料的强度往往产生相抵效应。相抵效应可以表示为式（2-6）：

$$K_c < \sum K_i V_i \tag{2-6}$$

2.1.2.2 非线性复合效应

非线性复合效应指复合材料的性能与组分的对应性能呈非线性关系，它使复合材料的某些功能得到强化，从而超过组分按体积分数的贡献，甚至具有组分所不具备的新功能。

1. 相乘效应

相乘效应是把两种具有能量（信息）转换功能的组分复合起来，使它们相同的功能得到复合，而不相同的功能得到转换。例如，将一种具有 X/Y 转换性质的组分与另一种具有 Y/Z 转换性质的组分复合，结果得到具有 X/Z 转换性质的复合材料。相乘效应已被用于设计功能复合材料。相乘效应可以表示为式（2-7）：

$$(X / Y) \cdot (Y / Z) = (X / Z) \tag{2-7}$$

相乘效应的例子示于表 2-1 中。

表 2-1　功能复合材料的相乘效应

A 组分的性质 X/Y	B 组分的性质 Y/Z	相乘性质 X/Z
压磁效应	磁阻效应	压阻效应
压磁效应	磁电效应（法拉第效应）	压电效应
压电效应	（电）场致发光效应	压力发光效应
磁致伸缩	压电效应	磁电效应
磁致伸缩	压阻效应	磁阻效应
光电效应	电致伸缩	光致伸缩
热电效应	（电）场致发光效应	红外光转换可见光效应
辐照可见光效应	光导电效应	辐照诱导效应

续表

A 组分的性质 X/Y	B 组分的性质 Y/Z	相乘性质 X/Z
热致变形	压敏效应	热敏效应
热致变形	压电效应	热电效应

石墨粉增强高聚物复合材料可以制成温度自控发热体,其控制原理是利用高聚物受热膨胀和受冷收缩,石墨粉的接触电阻随高聚物基体膨胀而变大,随高聚物基体收缩而变小的特性,使流经发热体的电流随其温度变化自动调节而达到自动控温的目的,这就是利用高聚物基体的热致变形效应和石墨粉填料的变形 - 电阻效应的相乘效应的一个例子。

2. 诱导效应

诱导效应指在复合材料中两组分(两相)的界面上,一相在一定条件下对另一相产生诱导作用(如诱导结晶),使之形成相应的界面层。界面层结构的特殊性使复合材料传递载荷的能力或功能具有特殊性,从而使复合材料具有某种独特的性能。

3. 系统效应

系统效应指将不具备某种性能的各组分通过特定的复合状态复合后,使复合材料具有单个组分不具有的新性能。系统效应的经典例子是彩色胶卷能分别感应蓝、绿、红三种感光乳剂层,可用于记录宇宙间千变万化的色彩。系统效应在复合材料中的体现有待进一步研究。

4. 共振效应

共振效应又称强选择效应,指某一组分 A 具有一系列性能,与另一组分 B 复合后,A 组分的大多数性能受到较大的抑制,而某一项性能在复合材料中得到突出的发挥。在要求导电而不导热的场合,可以通过选择组分和复合状态,在保留导电组分的导电性的同时,抑制其导热性而获得具有特殊功能的复合材料。利用各种材料在一定几何形状下具有固有振动频率的性质,在复合材料中适当配置,可以产生吸振的特定功能。

非线性复合效应中的多数效应尚未被完全认识和利用,有待进一步研究和开发。

2.2　复合材料的设计目标和设计类型

2.2.1　复合材料的使用性能、约束条件和设计目标

1. 使用性能和约束条件

由于不同构件的功能不同,对组成构件的材料的性能要求也不同,所采用的材料还受到相应的约束条件的限制。

由构件的功能所要求的性能如下:

(1)物理性能(如密度、导热性、导电性、磁性、微波吸收性或反射性、透光性等);

(2)化学性能(如抗腐蚀性、抗氧化性等);

（3）力学性能（如强度、模量、韧性、硬度、耐磨性、抗疲劳性、抗蠕变性等）。

对所采用材料的约束条件包括资源、能耗、环保、成本、生产周期、寿命、使用条件（如温度、气氛、载荷性质、工作介质等）。

2. 设计目标

设计目标基于主要性能要求和约束条件的综合。可以将设计目标表示为求极值的函数形式，在无法写出函数形式时，也可以用排序的方式来进行比较与判断。

2.2.2　复合材料的设计类型

对应不同的设计目标，有五种设计类型：安全设计、单项性能设计、等强度设计、等刚度设计和优化设计。

1. 安全设计

安全设计的含义是要求所设计的结构或构件在使用条件下安全工作，不致失效，具体到材料，则表现为必须达到特定的性能指标（如强度、模量等）。

2. 单项性能设计

单项性能设计的含义是使复合材料的某一项性能满足要求，例如透波或吸波、隐身、零膨胀、耐高温、耐某种化学介质等。设计者必须在重点满足主要要求的同时，尽可能兼顾其他性能的综合要求，以避免结构复杂。

3. 等强度设计

对材料来说，等强度设计就是要求其性能的各向异性符合工作条件或环境要求的方向性。

4. 等刚度设计

等刚度设计要求材料的刚性满足对构件变形的限制条件，并且没有过多的冗余。

5. 优化设计

优化设计指使目标函数取极值的设计。由于目标函数可以有多种，因此按不同目标将有不同的优化对象，例如最轻质量、最长寿命、最低成本、最低单位时间使用费用。

2.3　复合材料设计的基本思想

2.3.1　复合材料的结构设计过程

复合材料的出现与发展为材料及其结构设计者提供了前所未有的契机。设计者可以根据外部环境的变化与要求来设计具有不同特性与性能的复合材料，以满足工程实际对高性能复合材料及结构的要求。设计的灵活性加上优良的特性（高比强度、高比模量等）使复合材料在不同应用领域中成为特别受欢迎的材料，其应用领域已从航空、航天和国防扩展到汽车和其他领域。复合材料的成本高于传统材料，这在一定程度上限制了它的应用。只有降低成本才可扩大它的应用范围,材料的优化设计是降低成本的重要途径。

复合材料设计须同时考虑组分材料的性能和复合材料的细、微观结构,以获得人们期望的材料及其结构特性。与传统材料设计不同,复合材料设计是一个复杂的设计问题,涉及多个设计变量的优化和多层次的设计选择。复合材料设计要求确定增强体(连续纤维、颗粒等)的几何特征、基体材料的材质、增强材料的材质、增强体的细观结构和增强体的体积分数。对于给定的特性和性能规范,要想通过上述设计变量进行系统的优化是一件比较复杂的事,有时复合材料设计依赖有经验的设计者借助于已有的理论模型加以判断。

材料设计的传统方法是借助于设计手册,材料设计专家系统已用于处理复合材料设计的相关问题,并会在将来的设计中占更大的比重。材料设计专家系统是具有相当大数量的与材料有关的各种背景知识,并能运用这些知识解决材料设计中有关问题的计算机程序。传统的材料设计专家系统主要有优化模块、集成化模块、知识获取模块。材料设计专家系统主要有三类:①以知识检索、简单计算和推理为基础的专家系统;②智能专家网络系统,即以模式识别和人工神经网络为基础的专家系统,其中模式识别和人工神经网络是处理受多种因子影响的复杂数据集、总结半经验规律的有力工具;③以计算机模拟和计算为基础的专家系统,在已经了解材料的基本物理、化学性能的前提下,通过对材料的结构与性能关系进行计算机模拟或用相关的理论进行计算,预测材料的性能和工艺方案。最理想的材料设计专家系统能从基本理论出发,通过计算和逻辑推理预测未知材料的性能。由于影响材料的组织结构和性能的因素极其复杂,完全演绎式的专家系统还难以实现,目前使用的材料设计专家系统是以经验知识和理论知识相结合为基础的。

一般来说,复合材料及其结构设计大体上可以分为以下步骤(图 2-1)。第一步,确定复合材料及其结构所承受的环境载荷,如机械载荷、热载荷、潮湿环境等。第二步,根据所承受的环境载荷选择合适的组分材料,包括组分材料的种类和几何特征,这部分工作基于人们对已有材料体系基本性能的了解和掌握。第三步,选择合适的制造方法和工艺条件,必要时对工艺过程进行优化。第四步,利用细观力学理论、有限元分析方法或现代实验测量技术,确定复合材料代表性单元的平均性能与组分材料和细、微观结构之间的定量关系,进而确定复合材料梁、板、壳等宏观结构的综合性能。第五步,分析复合材料内部对所有环境载荷和各种设计参数(如变形和应力场、温度场、振动频率等)变化范围的响应。第六步,对复合材料及其结构的损伤演化、破坏过程进行分析,主要利用损伤力学、强度理论、断裂力学等手段。

上述材料设计和结构设计都涉及应变、应力与变形分析、失效分析,以确保材料的强度与刚度。

复合材料结构往往是材料与结构一次成型的,且材料具有可设计性。复合材料结构设计不同于常规的金属结构设计,它是包含材料设计和结构设计在内的一种新的结构设计方法,比常规的金属结构设计方法复杂得多。复合材料结构设计可以从材料与结构两方面进行考虑,以满足各种设计要求,尤其要利用材料的可设计性,以达到优化设计的目的。

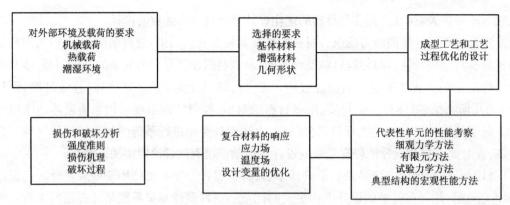

图 2-1　复合材料及其结构设计的基本步骤

2.3.2　复合材料的结构设计条件

在结构设计中,先应明确设计条件,即根据使用目的提出性能要求,搞清载荷情况、环境条件、几何形状和尺寸的限制条件等,这些往往是设计任务书的内容。

对于某些未曾遇到过的结构,通常不清楚结构的外形,为了明确设计条件,应首先大致假定结构的外形,以确定在一定环境条件下的载荷,常常经过多次反复才能确定合理的结构外形。

设计条件有时也不十分明确,尤其是结构所受载荷的性质和大小在许多情况下是变化的,因此明确设计条件也有反复的过程。

2.3.2.1　结构性能要求

一般来说,对结构性能的主要要求如下:

(1)结构应能承受各种载荷,以确保结构在使用寿命内的安全;

(2)结构应能提供装置各种配件、仪器等附件的空间,这对结构的形状和尺寸有一定的限制;

(3)结构应能隔绝外界的环境状态而保护内部物体。

结构的性能与结构的质量有密切关系:在运输用的车辆、船舶、飞机、火箭等的结构中,若结构本身的质量轻,则运输效率就高,用于运输自重所消耗的无用功就少,特别是飞机,只要减轻质量,就能多运载旅客、货物和燃料,提高效率;对于固定在某处的设备结构,看起来它的自重不直接影响它的性能,但实际上减轻自重不仅能改善其性能,还能提高结构的经济效益,例如化工厂的处理装置往往使用大型圆柱形结构,它的主要设计要求是耐腐蚀,而结构的质量增加将使圆柱壳体截面的静应力和由风、地震引起的动弯曲应力等增大,因此减轻结构的质量就能减小应力腐蚀,从而提高结构的经济效益。

复合材料还具有功能复合的特点,可以满足某些结构物除力学性能外的一些特殊的性能要求,如化工装置要求耐腐蚀,雷达罩、天线等要求有一定的电磁性能,飞行器上的构件要求有防雷击的措施等。

2.3.2.2　载荷情况

结构载荷分静载荷和动载荷。静载荷指缓慢地由零增大到一定数值以后就保持不变或变化不显著的载荷,这时构件的加速度和相应的惯性力可以忽略不计,例如固定结构物的自重载荷一般为静载荷。动载荷指能使构件产生较大的加速度,并且不能忽略由此而产生的惯性力的载荷。

在动载荷作用下,构件内所产生的应力称为动应力,例如风扇叶片由于旋转时的惯性力将引起拉应力。动载荷又可分为瞬时作用载荷、冲击载荷和交变载荷。

瞬时作用载荷指在几分之一秒的时间内从零增大到最大值的载荷,例如火车突然启动时所产生的载荷。冲击载荷指在施加载荷的瞬间使承受载荷的物体具有一定动能的载荷,例如打桩机打桩所产生的载荷。交变载荷是连续周期性变化的载荷,例如火车运行时各种轴杆和连杆所承受的载荷。

在静载荷作用下,应使结构具有抵抗破坏和抵抗变形的能力,即具有足够的强度和刚度;在冲击载荷作用下,应使结构具有足够的抵抗冲击载荷的能力;而在交变载荷作用下,结构疲劳问题较为突出,应根据疲劳强度和疲劳寿命来设计结构。

2.3.2.3　环境条件

一般在设计结构时,除了应明确结构的使用目的、要完成的使命,还应明确它在保管、包装、运输等过程中的环境条件,以及这些过程耗费的时间等,以确保在这些环境条件下结构的正常使用。必须充分考虑各种可能的环境条件,一般将环境条件分为下列四种类型:①力学条件,如加速度、冲击、振动、声波等;②物理条件,如压力、温度、湿度等;③气象条件,如风雨、冰雪、日光等;④大气条件,如放射线、霉菌、风沙等。

条件①和②主要影响结构的强度和刚度,是与材料的力学性能有关的条件;条件③和④主要影响结构的腐蚀、磨损、老化等,是与材料的理化性能有关的条件。

一般来说,上述环境条件虽有单独作用的场合,但是两种或两种以上条件同时作用的情况更多一些。两种或两种以上条件之间不是简单相加的影响关系,而往往是复杂的相互影响关系,因此在进行环境试验时应尽可能接近实际情况,同时施加各种环境条件,例如当温度与湿度综合作用时会加速腐蚀与老化。

分析各种环境条件的作用与了解复合材料在各种环境条件下的性能,对于正确进行结构设计是很有必要的。此外,还应从长期使用的角度出发,积累复合材料的变质、磨损、老化等长期性能变化的数据。

2.3.2.4　结构的可靠性与经济性

现代的结构设计,特别是飞机结构设计,对于设计条件往往还提出结构可靠度的要求,因此还必须进行可靠性分析。所谓结构的可靠性,指结构在规定的使用寿命内,在给定的载荷情况和环境条件下,充分实现预期的性能时正常工作的能力,这种能力用概率来度量称为结构的可靠度。由于结构破坏一般分为静载荷破坏和疲劳断裂破坏,所以结构可靠性分析的主要对象包括结构静强度可靠性和结构疲劳寿命可靠性。

结构的强度最终取决于构成这种结构的材料的强度,要确定结构的可靠度,必须对材料特性作统计处理,整理出它们的性能分布和分散性资料。

结构设计的合理性主要表现在可靠性和经济性两方面,通常要提高可靠性就得增加初期成本,而维修成本是随可靠性提高而降低的,所以总成本降低(即经济性最好)时的可靠性最为合理,如图 2-2 所示。

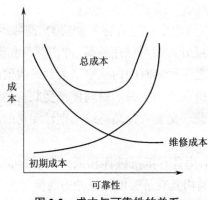

图 2-2　成本与可靠性的关系

2.3.3　复合材料的原材料选择

材料设计通常是选用几种原材料组合制成具有所要求的性能的材料的过程,这里的原材料主要指基体材料和增强材料。由不同原材料构成的复合材料有不同的性能,甚至纤维的编织形式不同也会使由纤维与基体构成的复合材料的性能不同。对于层合复合材料,由纤维和基体构成的复合材料的基本单元是单层板,由单层板构成的层合板是构成结构的基本单元。复合材料设计包括原材料选择、单层板性能的确定和层合板设计。

原材料的选择与复合材料的性能关系很大,正确选择合适的原材料才能得到需要的复合材料的性能。

2.3.3.1　原材料选择原则

在复合材料选材前需对不同材料体系的基本特性有所了解,借助精确的实验技术、数值分析方法或先进的理论知识,可对复合后的材料特性进行评价,反过来为复合材料的选材提供理论依据。一般来说,原材料的比较和选择标准根据用途而变化,不外乎物性、成型工艺、可加工性、成本等几个方面,至于哪一个最重要应视具体结构而定。通常原材料选择依据以下原则。

(1)比强度、比刚度高。对于结构,特别是航空、航天结构,在满足强度、刚度、耐久性和损伤容限等要求的前提下,应使其质量最轻。对于聚合物基复合材料,比强度、比刚度指单向板纤维方向的强度、刚度与材料的密度之比,实际结构中的复合材料为多向层合板,其比强度和比刚度要比单向纤维板低 30%~50%。

(2)材料与结构的使用环境相适应。通常根据结构的使用温度范围和材料的工作温度范围对材料进行合理的选择,要求材料的主要性能在整个使用环境条件下下降幅值不大于

10%。一般引起性能下降的主要环境条件是温度,对于聚合物基复合材料,湿度对性能也有较大的影响,特别是高温、高湿度对聚合物基复合材料的影响更大。聚合物基复合材料受温度与湿度的影响,主要是基体受影响的结果,可以改进或选用合适的基体以适应使用环境。

（3）满足特殊性要求。除了刚度和强度以外,许多结构还要求有一些特殊的性能,如飞机雷达罩要求有透波性、隐身飞机要求有吸波性、客机的内装饰件要求有阻燃性等,要着重考虑,合理地选取基体材料,以满足特殊性要求。

（4）满足工艺性要求。复合材料的工艺性包括预浸料工艺性、固化成型工艺性、机械加工装配工艺性和修补工艺性四个方面。

（5）成本低、效益高。成本包括初期成本和维修成本,初期成本包括材料成本和制造成本。效益指通过减重获得节省材料、提高性能、节约能源等方面的经济效益。成本低、效益高是一项重要的选材原则。

2.3.3.2　纤维选择原则

目前已有多种纤维可作为复合材料的增强材料,如各种玻璃纤维、凯夫拉（Kevlar）纤维、氧化铝纤维、硼纤维、碳化硅纤维、碳纤维等,有些纤维已经有多种具有不同性能的品种。选择纤维时,首先要确定纤维的类别,其次要确定纤维的品种、规格。选择纤维的类别是根据结构的功能选取能满足一定的力学、物理和化学性能的纤维。

（1）若结构要求有良好的透波、吸波性能,则可选用 E- 玻璃纤维或 S- 玻璃纤维、Kevlar 纤维、氧化铝纤维等作为增强材料。

（2）若结构要求有好的刚度,则可选用高模量碳纤维或硼纤维。

（3）若结构要求有好的抗冲击性能,则可选用玻璃纤维、Kevlar 纤维。

（4）若结构要求有很好的低温工作性能,则可选用在低温下不脆化的碳纤维。

（5）若结构要求尺寸不随温度变化,则可选用 Kevlar 纤维或碳纤维。它们的热膨胀系数可以为负值,可设计成零膨胀系数的复合材料。

（6）若结构要求既有较大的强度又有较大的刚度,则可选用比强度和比刚度均较高的碳纤维或硼纤维。

工程上通常选用玻璃纤维、Kevlar 纤维或碳纤维作为增强材料。硼纤维由于价格昂贵,且刚度、直径和弯曲半径大,成型困难,所以应用范围受到很大限制。

除了选用单一纤维外,还可用多种纤维混合构成混杂复合材料。混杂复合材料既可以由两种或两种以上纤维混合铺层构成,也可以由不同纤维构成的铺层混合构成,其特点在于能以一种纤维的优点来弥补另一种纤维的缺点。

纤维的规格是按比强度、比模量、强度价格比、模量价格比选取的,要求有较好的抗冲击性能和充分发挥纤维的作用时,应选取有较高断裂伸长率的纤维。常见纤维的比强度、比模量、强度价格比、模量价格比和断裂伸长率见表 2-2,供选择纤维的规格时参考。

表 2-2　常见纤维的性能指标

项目	纤维								
	E-玻璃纤维	S-玻璃纤维	Kevlar-49	氧化铝纤维	硼纤维	碳化硅纤维	碳纤维T300	碳纤维T1000	碳纤维P1000
比强度	0.67	1.04	1.9	0.35	1.64	0.98	1.74	3.9	0.99
比模量	29.6	32.1	85.5	97.4	160	135	130	162	328
强度价格比	—	0.22	0.11	0.007	0.013	0.015	0.153	—	0.037
模量价格比	—	6.67	4.96	1.9	2	2.13	8.51	—	1.03
断裂伸长率/%	2.43	3.25	2.23	0.36	0.88	0.73	1.33	2.4	0.3

纤维有交织布形式和无纬布或无纬带形式。玻璃纤维和芳纶纤维采用交织布形式,碳纤维两种形式都采用。形状复杂处采用交织布形式容易成型,操作简单且由交织布构成的复合材料表面不易崩落和分层,适用于制造壳体结构。采用无纬布或无纬带形式构成的复合材料的比强度、比刚度大,可使纤维方向与载荷方向一致,易于实现铺层优化设计,并且材料的表面较平整、光滑。

2.3.3.3　基体选择原则

（1）按使用环境条件选材。所谓使用环境条件指材料或制品使用时经受的周围环境的温度、湿度以及接触介质等。根据用途的不同,温度条件可由南、北极的低温到赤道、沙漠地区的高温,或者是宇航环境的高、低温,甚至是发生火灾时的高温等。湿度条件可从在水中长期或间歇浸泡到露天雨淋再到冬天的干燥状态（30% RH）。有的制品在特殊气体中使用或者用于接触化学液体、溶液的场合。制品在自然暴露状态下除了受风、雨、雾等影响外,还受太阳光的曝晒等。

（2）按所要求的性能选材。首先要详细了解使用条件及其对材料性能的要求,然后根据性能要求选材并进行设计。根据材料性能数据选材时,制品设计者应该注意,聚合物基复合材料和金属基复合材料之间有明显的差别,金属的性能数据基本上可用于材料的筛选和制品设计,而具有黏弹性的塑料却不一样,各种测试标准和文献记载的聚合物基复合材料的性能数据代表了特定条件（通常是短时期作用力或者指定温度或低应变速率）下的性能,这些条件可能与实际工作条件差别较大,尤其不适于预测聚合物基复合材料的使用强度和对升温的耐力,因此所有聚合物基复合材料的选材都要把全部功能要求转换成与实际使用性能有关的工程性能,并根据要求的性能进行选材。

在交变应力作用下工作的制品选材时,要考虑所选用材料的疲劳特性。通常把疲劳强度作为选材和制品的设计应力,如果未测得材料的疲劳强度,通常可以抗拉强度代用。金属材料的疲劳强度为其抗拉强度的 50%,未增强的树脂制品的疲劳强度是其抗拉强度的20%~30%。没有疲劳强度数据时,应在考虑材料滞后效应和环境效应的情况下,选择足够大的安全系数。材料的疲劳性能与其力学性能有着密切的关系,所以用纤维增强的树脂复合材料的疲劳强度也会显著提高。

（3）按制品的受力类型和作用方式选材。根据制品的受力类型、受力状态和其使材料产生的应变来筛选满足使用要求的材料是很必要的，要考虑各种环境下的外力作用，如拉伸、压缩、弯曲、扭曲、剪切、冲击、摩擦，或几种力的组合作用。另外，要考虑外力的作用方式是快速的（短暂的）还是恒应力或恒应变的，是反复应力还是渐增应力等。

对承受冲击载荷的制品，应选择冲击强度高的材料；对有恒定应力持续作用且必须防止变形的制品，应选择蠕变小的材料；对有反复应力作用的制品，应选择疲劳强度比较高的材料。选材时还应充分考虑复合材料的各向异性和层间强度较低的特点等。

（4）按使用对象选材。使用对象指使用复合材料制品的国家、地区、民族和具体使用者。不同国家的标准规格不同，如美国的电气部件用的复合材料为保证热和电气的安全性，必须符合美国保险商实验室（Underwriters Laboratories Inc., UL）规格。对色彩、图案和形状的要求也会因国家、民族的习惯和爱好不同而不同，应选择合适的色彩、图案和形状。针对不同使用对象的产品，如儿童、老年、妇女用品，对其的要求各有不同，在工业上要考虑使用对象而选择不同的材料。

（5）按用途选材。为了便于选材，人们把现有的复合材料根据其固有的特性按用途进行分类。

按用途分类的方法有多种，有的按应用领域分类，如汽车运输工业材料、家用电器设备材料、机械工业材料、建筑材料、航空航天材料等；有的按应用功能分类，如结构材料（用于制造外壳、容器等的材料）、低摩擦材料（用于制造轴承、阀衬等的材料）、受力机械零件材料、耐热耐腐蚀材料（用于制造化工设备、耐热设备和火箭、导弹的材料）、电绝缘材料（用于制造电器制品的材料）、透光材料。当有几种材料同属一类时，应根据其使用特点和性能进一步比较和筛选，最好选择两三种进行试验比较。例如外壳就包括动态外壳、静态外壳、绝缘外壳等，要求使用具有不同特性的复合材料。动态外壳是经常受到剧烈振动或轻微撞击的容器，要求材料除有刚性和尺寸稳定性外，还要有较高的冲击强度。室内应用可选用一般通用聚合物基或通用工程聚合物基复合材料，户外应用则应选用热固性聚合物基复合材料。先进聚合物基复合材料通常用作结构件、承力件和功能部件等。

2.3.4　复合材料结构设计中应考虑的因素

复合材料结构设计在设计原则、工艺性要求、许用值与安全系数的确定、设计方法和应考虑的各种因素方面都有其自身的特点，一般不完全沿用金属结构的设计方法。

2.3.4.1　结构设计的一般原则

复合材料结构设计的一般原则，除连接设计原则和层合板设计原则外，还包括满足强度和刚度要求的原则。满足结构的强度和刚度要求是结构设计的基本任务之一。复合材料结构与金属结构在满足强度、刚度要求的总原则上是相同的，但由于复合材料具有明显区别于金属的一些结构特性，所以复合材料结构在满足强度、刚度要求的原则上还是有别于金属结构的。

（1）复合材料结构一般采用按使用载荷设计、按设计载荷校核的方法。

（2）按使用载荷设计时，采用使用载荷对应的许用值，称之为使用许用值；按设计载荷校核时，采用设计载荷对应的许用值，称之为设计许用值。

（3）复合材料失效准则只适用于复合材料的单层。在未规定使用某一失效准则时，一般采用蔡－胡失效准则作为复合材料的失效判定准则。

（4）对没有刚度要求的一般部位，材料的弹性常数可采用试验数据的平均值；而对有刚度要求的重要部位，需要选取 B 基准值。

2.3.4.2　结构设计应考虑的工艺性要求

工艺性包括构件的制造工艺性和装配工艺性。进行复合材料结构设计时方案的选取和细节的设计对工艺性的好坏有重要影响，应考虑的主要工艺性要求如下。

（1）构件的拐角应具有较大的圆角半径，以避免在拐角处出现纤维断裂、富树脂、架桥（各层之间未完全黏结）等缺陷。

（2）对于外形复杂的复合材料构件，可采用合理的分离面将构件分成两个或两个以上构件；对于曲率较大的曲面，应采用织物铺层；在外形突变处，应采用光滑过渡；壁厚应避免突变，可采用阶梯形变化。

（3）构件的两面角应设计成直角或钝角，以避免出现富树脂、架桥等缺陷。

（4）当对构件的表面质量要求较高时，应使该表面成为贴膜面，或在可加均压板的表面加均压板，或分解构件使该表面成为贴膜面。

（5）复合材料的壁厚一般应控制在 7.5 mm 以下。对于壁厚大于 7.5 mm 的构件，除须采取相应的工艺措施保证质量外，设计时应适当降低力学性能参数。

（6）机械连接区的连接板应尽量在表面铺贴一层织物铺层。

（7）为减少装配工作量，在工艺可能的条件下应尽量设计成整体件，并采用共固化工艺。

2.3.4.3　许用值与安全系数的确定

许用值是结构设计的关键要素之一，是判断结构强度的基准，因此正确地确定许用值是结构设计和强度计算的重要任务之一。此外，安全系数的确定也是一项非常重要的工作。

1. 许用值的确定

确定使用许用值和设计许用值的具体方法如下。

（1）拉伸时使用许用值的确定方法。拉伸时使用许用值是在三种情况下得到的许用值中的最小值。第一，开孔试样在环境条件下进行单轴拉伸试验，测定其断裂应变，并除以安全系数，经统计分析得出使用许用值（开孔试样参见有关标准）。第二，非缺口试样在环境条件下进行单轴拉伸试验，测定其基体不出现明显的微裂纹所能达到的最大应变值，经统计分析得出使用许用值。第三，开孔试样在环境条件下进行拉伸两倍疲劳寿命试验，测定其所能达到的最大应变值，经统计分析得出使用许用值。

（2）压缩时使用许用值的确定方法。压缩时使用许用值是在三种情况下得到的许用值中的最小值。第一,低速冲击试样在环境条件下进行单轴压缩试验,测定其破坏应变,并除以安全系数,经统计分析得出使用许用值。低速冲击试样的尺寸、冲击能量参见有关标准。第二,带销开孔试样在环境条件下进行单轴压缩试验,测定其破坏应变,并除以安全系数,经统计分析得出使用许用值(带销开孔试样参见有关标准)。第三,低速冲击试样在环境条件下进行压缩两倍疲劳寿命试验,测定其所能达到的最大应变值,经统计分析得出使用许用值。

（3）剪切时使用许用值的确定方法。剪切时使用许用值是在两种情况下得到的许用值中的最小值。第一, ±45° 层合板试样在环境条件下进行反复加载、卸载的拉伸(或压缩)疲劳试验,并逐渐加大峰值载荷的量值,测定无残余应变下的最大剪应变值,经统计分析得出使用许用值。第二, ±45° 层合板试样在环境条件下经小载荷加载、卸载数次后,将其单调地拉伸至破坏,测定其在各级小载荷下的应力－应变曲线,并确定线性段的最大剪应变值,经统计分析得出使用许用值。

设计许用值是在环境条件下对结构材料破坏试验进行数量统计后确定的,其中环境条件是使用温度取上限且含水率为 1%(对于环氧类基体)。对破坏试验的结果应进行分布(韦伯分布还是正态分布)检查,并按一定的可靠性要求给出设计使用值。

2. 安全系数的确定

在结构设计中,在确保结构安全工作的同时,还应考虑结构的经济性,要求质量轻、成本低。在保证安全的条件下,应尽可能降低安全系数,下面简述选择安全系数时应考虑的主要因素。

（1）载荷的稳定性。作用在结构上的外力一般是采用力学方法简化或估算的,很难与实际情况完全相符,动载荷应选用比静载荷大的安全系数。

（2）材料性质的均匀性和分散性。材料组织的非均质和缺陷对结构强度有一定的影响,材料组织越不均匀,其强度试验结果的分散性就越大,安全系数就要选大一些。

（3）理论计算公式的近似性。因为对实际结构进行简化或假设推导的公式一般都是近似的,所以选择安全系数时要考虑到计算公式的近似程度,近似程度越大,选取的安全系数越大。

（4）构件的重要性与危险程度。如果构件损坏会引起严重的事故,则安全系数应取大一些。

（5）加工工艺的准确性。由于加工工艺水平有限,结构的缺陷或偏差在所难免,加工工艺的准确性差造成产品性能的不稳定,因而安全系数应取大一些。

（6）无损检验的局限性。

（7）使用环境条件。

通常玻璃纤维复合材料可保守地取安全系数为 3,民用结构产品也有取至 10 的,对质量有严格要求的构件可取 2;对硼／环氧、碳／环氧、Kevlar／环氧构件,安全系数可取 1.5,对重要构件可取 2。由于复合材料构件在一般情况下开始产生损伤的载荷(即使用载荷)约为最终破坏载荷(即设计载荷)的 70%,故安全系数取 1.5~2 是合适的。

2.3.4.4　结构设计应考虑的其他因素

复合材料结构设计除了要考虑强度和刚度、稳定性等因素外,还需要考虑热应力、防腐蚀、防雷击、抗冲击等因素。

1. 热应力

复合材料与金属零件的连接是不可避免的。当使用温度与装配温度不同时,由于热膨胀系数的差异,连接处常常出现翘曲变形,复合材料与金属材料中会产生由温度变化引起的热应力。假定连接是刚性连接,并忽略胶接接头中黏结剂的剪应变和机械连接接头中紧固件(铆钉或螺栓)的应变,复合材料和金属材料中的热应力分别为

$$\sigma_c = \frac{(\alpha_m - \alpha_c)\Delta T E_m}{\dfrac{A_c}{A_m} + \dfrac{E_m}{E_c}} \tag{2-8}$$

$$\sigma_m = \frac{(\alpha_c - \alpha_m)\Delta T E_c}{\dfrac{A_m}{A_c} + \dfrac{E_c}{E_m}} \tag{2-9}$$

式中:σ_c、σ_m 分别为复合材料和金属材料中的热应力;α_c、α_m 分别为复合材料和金属材料的热膨胀系数;E_c、E_m 分别为复合材料和金属材料的弹性模量;A_c、A_m 分别为复合材料和金属材料的横截面面积;ΔT 为连接件的使用温度与装配温度之差。

通常 $\alpha_m > \alpha_c$,所以在温度升高时复合材料产生拉伸的热应力,而金属材料产生压缩的热应力,温度下降时正好相反。进行复合材料结构设计时,对于工作温度与装配温度不同的环境条件,不但要考虑该条件对材料性能的影响,还要考虑热应力所引起的附加应力,以确保复合材料在工作应力下的安全。当复合材料的工作应力为拉应力,而热应力也为拉应力时,其强度条件为

$$\sigma_i + \sigma_c \leqslant [\sigma] \tag{2-10}$$

式中:σ_i 为根据使用载荷算得的复合材料连接件的工作应力;σ_c 为根据式(2-8)和式(2-9)计算得到的热应力;$[\sigma]$ 为许用应力。

为了减小热应力,在复合材料的连接中可采用热膨胀系数较小的钛合金。

2. 防腐蚀

玻璃纤维增强塑料是一种耐腐蚀性很好的复合材料,常用于制造各种耐酸、耐碱、耐多种有机溶剂腐蚀的储罐、管道、器皿等。碳纤维复合材料与金属材料之间的电位差使得碳纤维复合材料对大部分金属都有很强的电化学腐蚀作用,特别是在水或潮湿的空气中,碳纤维的阳极作用导致金属结构加速腐蚀,因而需要采取某种形式的隔离措施。可在紧固件的钉孔中涂漆或在金属材料与碳纤维复合材料表面之间加一层薄的玻璃纤维层(厚度约为0.08 mm),使之绝缘或密封,从而达到防腐蚀的目的;胶接装配件可采用胶膜防腐蚀;钛合金、耐蚀钢和镍铬合金等可与碳纤维复合材料直接接触而不会引起电化学腐蚀。

玻璃纤维复合材料和 Kevlar-49 复合材料不会对金属产生电化学腐蚀,故不需要另外采取防腐蚀措施。

3. 防雷击

雷击是一种自然现象。碳纤维复合材料是半导体材料,相较于金属构件,它受雷击的损伤程度更大,因为雷击引起的强大电流通过碳纤维复合材料后会产生很大的热量,使复合材料的基体热解,导致其力学性能大幅度下降,造成结构破坏。当碳纤维复合材料构件位于容易受雷击影响的区域时,必须进行雷击防护,如加铝箔、网状表面层、喷涂金属层等。另外,在碳纤维复合材料构件边缘安装金属元件也可以减小碳纤维复合材料构件的损伤程度,因为在金属表面层形成防雷击导电通路,可以通过放置的电刷来释放电荷。

玻璃纤维复合材料和 Kevlar-49 复合材料在防雷击方面是相似的,因为它们的电阻和介电常数相近。它们都不导电,对内部的金属结构起不到屏蔽作用,因此要采取保护措施,如加金属箔、金属网或喷涂金属等,不能采用在夹心结构中加金属蜂窝的方法。

大型民用复合材料结构,如冷却塔等,应安装避雷器来防雷击。

4. 抗冲击

冲击损伤是复合材料结构设计需要考虑的主要损伤形式,冲击后的压缩强度是评定材料和改进材料需要考虑的主要性能指标。

冲击损伤可按冲击能量和结构上的缺陷情况分为三类:①高能量冲击,对结构造成贯穿性损伤,并伴随少量的局部分层;②中等能量冲击,在冲击区造成外表凹陷,内表面纤维断裂和内部分层;③低能量冲击,在结构内部造成分层,而在表面只产生目视几乎不能发现的表面损伤。高能量冲击与中等能量冲击造成的损伤为可见损伤,而低能量冲击造成的损伤为难见损伤。损伤会影响材料的性能,特别是会使压缩强度下降很多。

进行复合材料结构设计时,如果构件受应力作用,应同时考虑低能量冲击载荷引起的损伤,可通过限制设计许用应变或许用应力减小低能量冲击损伤对强度的影响。从材料方面考虑:碳纤维复合材料的抗冲击性能很差,所以不宜用于易受冲击的部位;玻璃纤维复合材料与 Kevlar-49 复合材料的抗冲击性能相似,均比碳纤维复合材料的抗冲击性能好得多。常采用碳纤维和 Kevlar 纤维构成混杂纤维复合材料来改善碳纤维复合材料的抗冲击性能,此外由一般织物铺层构成的层合板结构比由单向铺层构成的层合板结构的抗冲击性能好。

2.3.5　复合材料的力学性能设计

2.3.5.1　单向复合材料的力学性能设计

复合材料的力学性能设计主要根据复合材料的力学原理进行。复合材料的性能一般等于各组分的性能与其体积分数的乘积的代数和(即该性能的混合率)。

1. 单向复合材料纵向弹性模量的混合率(并联模型)

$$E_c = E_f \Phi_f + E_m \Phi_m \tag{2-11}$$

式中:下标 c、f、m 分别代表复合材料、纤维、基体;E 为弹性模量;Φ 为体积分数。

2. 单向复合材料横向弹性模量的混合率(串联模型)

$$\frac{1}{E_c} = \frac{\Phi_f}{E_f} + \frac{\Phi_m}{E_m} \tag{2-12}$$

3. 单向复合材料在一般情况下力学性能的混合率通式

$$X_c^n = X_A^n \Phi_A + X_B^n \Phi_B \qquad (2\text{-}13)$$

式中: X 为某项力学性能;下标 A、B 表示不同的组分;n 为幂指数,在并联模型中 $n=1$,在串联模型中 $n=-1$。

4. 其他呈线性变化的物理性能的混合率

除力学性能外,式(2-13)还可应用于其他呈现线性复合效应的物理性能的估算。在复合材料设计中,它表示各组分对性能的贡献,可据此调整组分的材质(X_i)和比例(Φ_i),以改变复合材料的性能。在有关复合材料力学和理化性能的著作中给出了许多公式,包括:单向连续纤维增强复合材料沿纤维方向和垂直于纤维方向(正轴方向)的弹性模量、泊松比、剪切模量、拉伸与压缩强度;短纤维增强复合材料相应的力学性能;两种以上组分复合的混杂复合材料的性能;偏轴与正轴情况下的应力转换;复杂应力状态下的强度理论。

2.3.5.2 层合复合材料的力学性能设计

将单向复合材料层片叠排压合,每层设定不同的方向,可以得到层合复合材料。层合复合材料具有各向异性,通过不同方向(0°、90°、30°、60°、45° 等)和不同层次(对称、非对称、各层性能相同或不同等)铺叠次序的安排,可以灵活地组成具备各种性能的复合材料层合板或夹心层合板。层合复合材料的力学性能设计涉及对层合板在给定载荷下的应力分布、变形和强度储备的分析。

2.3.6 复合材料其他物理性能的复合原理

由两种或两种以上组分组成复合材料的目的是期望获得比单一材料更好的物理性能,了解有关性能的复合定律,就有可能获得性能最佳的复合材料。复合定律已经了解得比较清楚的物理性能是单纯加成性(符合线性法则)的简单性能,如密度、比热、介电常数、磁导率等,其中电导率、电阻、磁导率和热导率等物性的复合法则与力学性能一样,混合物定律大致也是成立的。

2.3.6.1 热导率

1. 单向增强复合材料

纵向和横向的热导率可按以下两式估算。

纵向热导率:

$$K_L = K_{fL} \Phi_f + K_m \Phi_m \qquad (2\text{-}14)$$

横向热导率:

$$K_T = K_m + [\Phi_f K_m (K_{fT} - K_m)] / [0.5\Phi_m (K_{fT} - K_m) + K_m] \qquad (2\text{-}15)$$

式中:K 为热导率;下标 L、T 分别表示纵向和横向,f、m 分别表示纤维和基体。

2. 二维随机短纤维增强复合材料

纤维排布平面法线方向的热导率为

$$K_c = K_m^2 \Phi_f [(K_f - K_m)(S_{11} + S_{33}) + 2K_m] / A \qquad (2\text{-}16)$$

其中

$$A = 2\varPhi_{m}(K_f - K_m)^2 S_{11} S_{33} + K_m(K_f - K_m)(1 + \varPhi_m)(S_{11} + S_{33}) + 2K_m^2 \tag{2-17}$$

式中：S_{11} 为纤维排布平面法线方向形状因子；S_{33} 为纤维排布平面形状因子。

如果短纤维是椭圆形截面的粒状体(设椭圆离心率 α_1、$\alpha_2 \ll \alpha_3$)，则

$$S_{11} = \alpha_2 / (\alpha_1 + \alpha_2) \tag{2-18}$$
$$S_{33} = 0$$

如果短纤维为圆形截面的粒状体，则

$$K_c = K_m \varPhi_f (3K_m + K_f) / [2(K_m + K_f) + (K_m - K_f)\varPhi_f] \tag{2-19}$$

3. 三维随机短纤维增强复合材料

这种复合材料可视为各向同性，其热导率为

$$K = K_m^2 \frac{\varPhi_f (K_m - K_f)[2(K_m - K_f)(S_{33} - S_{11}) + 3K_m]}{3\varPhi_m (K_m - K_f)^2 S_{11} S_{33} + K_m(K_m - K_f)R + 3K_m^2} \tag{2-20}$$

其中

$$R = 3(S_{11} + S_{33}) - \varPhi_f (2S_{11} + S_{33}) \tag{2-21}$$

对于圆形截面的柱形短纤维：

$$K = \frac{7\varPhi_f (K_m - K_f)}{2\varPhi_f - 3} \tag{2-22}$$

4. 颗粒增强复合材料

当颗粒呈球状时，复合材料的热导率为

$$K = K_m \frac{(1 + 2\varPhi_p)K_p + (2 - 2\varPhi_p)K_m}{(1 - \varPhi_p)K_p + (2 + \varPhi_p)K_m} \tag{2-23}$$

式中：下标 p 代表颗粒。

2.3.6.2　热膨胀系数

两种各向同性的材料复合后，体系的热膨胀系数为

$$\alpha_c = (\alpha_1 K_1 \varPhi_1 + \alpha_2 K_2 \varPhi_2) / (K_1 \varPhi_1 + K_2 \varPhi_2) \tag{2-24}$$

式中：α_1、α_2 为复合材料中两种组分的热膨胀系数；K 为热弹性系数；$\varPhi$ 为体积分数。

当两种组合的泊松比相等时，用 E 代替 K，有

$$\alpha_c = (\alpha_1 E_1 \varPhi_1 + \alpha_2 E_2 \varPhi_2) / (E_1 \varPhi_1 + E_2 \varPhi_2) \tag{2-25}$$

对于物理常数差别不是很大的多层复合体系，可采用下式作为第一近似计算式：

$$\alpha_c = \sum \alpha_i \varPhi_i \tag{2-26}$$

2.3.6.3　电导率

对于单向连续纤维增强复合材料，若基体的电导率大于纤维的电导率，则有如下两式。

纵向电导率：

$$C_L = C_m(1 - \varPhi_f)[1 - 1.77\varPhi_f T^{-108} / (1 - \varPhi_f)] \tag{2-27}$$

横向电导率：

$$C_{\mathrm{T}} = [0.5(1-2\varPhi_{\mathrm{f}})(C_{\mathrm{m}}-C_{\mathrm{f}})]\{1+[1-4C_{\mathrm{f}}C_{\mathrm{m}}/(1-2\varPhi_{\mathrm{f}})^2(C_{\mathrm{f}}-C_{\mathrm{m}})^2]^{1/2}\} \tag{2-28}$$

式中：C_{L} 和 C_{T} 分别为纵向和横向的电导率；T 为绝对温度。

对于颗粒增强复合材料，将颗粒看成均匀分散于基体中的球形粒子，复合材料的电导率 C_{c} 可以用下式表示：

$$C_{\mathrm{c}} = C_{\mathrm{m}}\frac{(1+2\varPhi_{\mathrm{p}})C_{\mathrm{p}}+(2-2\varPhi_{\mathrm{p}})C_{\mathrm{m}}}{(1-\varPhi_{\mathrm{p}})C_{\mathrm{p}}+(2+\varPhi_{\mathrm{p}})C_{\mathrm{m}}} \tag{2-29}$$

式中：下标 c、m、p 分别代表复合材料、基体、颗粒；C 为电导率。

此公式的准确范围为 $\varPhi_{\mathrm{p}} \leqslant 0.1$，第一近似计算的范围为 $\varPhi_{\mathrm{p}} \leqslant 0.35$。用类似于这种形式的公式还可以表示电阻、磁导率的复合规律。

复合材料制件的设计程序如图 2-3 所示。

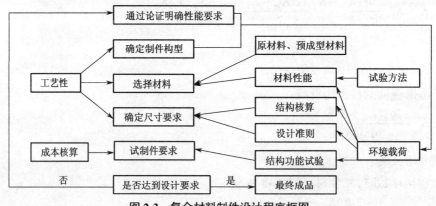

图 2-3　复合材料制件设计程序框图

复合材料设计基于物理、化学、力学原理，涉及多相混合物体系的宏观性能估算。复合材料学是一门新兴的学科，还是一门典型的边缘学科，这就需要复合材料及其结构设计者与相关学科的专家学者密切配合，努力学习有关知识，并能灵活应用。在复合材料设计中遇到的问题往往是崭新的、没有现成答案的探索性课题，这给复合材料设计增加了困难，但同时也给复合材料工作者提供了发展新思维、新概念、新方法的广阔空间与动力。

2.3.7　复合材料的一体化设计

各类复合材料制造的共同核心问题是将增强体掺入基体中，或者将基体渗入由增强体构成的骨架中，使之形成相互复合的固态整体。通常增强体为固态，而基体则需经历由液态（或气态）转变为固态的过程。增强体必须按照设计要求的方向和数量均匀分布，然后固定在已转变为固态的基体之中。原位生长复合材料则是在基体由液态转变为固态的过程中，按预定的分布与方向原位生长出一定数量比例的增强体（晶须或颗粒）。

复合材料制造中的关键问题包括：对增强体尽量不造成机械损伤；使增强体按预定的方向规则排列并均匀分布；基体与增强体之间结合良好。其中尤其以增强体与基体的良好结合最为重要。

　　选择复合材料的制造方法指选择其工艺方法和工艺参数。复合材料的制造方法已有几十种,分别被不同的复合材料体系采用,它们都需要依赖一系列的专用或通用设备。工艺方法和工艺参数的选择直接影响上述三个关键问题。复合材料的力学、化学、界面研究将贯穿复合材料制造与评价过程的始终。

　　复合材料设计包括对组成复合材料的单元组分材料的选择、对复合制造工艺的选择和对复合效应的估算。选择组成复合材料的单元组分材料时应明确如下几点。首先,由于当前科技与生产水平的限制,可供选用的组分(包括增强体、基体和由它们组成的材料体系)品种有限,其性能不是呈连续函数变化而是呈阶梯形式变化。其次,设计者在选择单元组分材料时,应当事先明确各组分在组成复合材料后所承担的使用功能。最后,所选择的各组分材料应当服务于复合材料设计的主要目标和适应服役期间的环境条件,在组成复合材料后能发挥各组分的特殊使用性能。因此,设计者必须基于现有的科技与生产水平,在经过努力后可以获得的前提下挑选最合适的组分材料,使所选择的增强体和基体在构成复合材料和构件后能够按照预先选定的功能发挥作用。

　　选择单元组分材料时必须注意的问题有:①各组分材料之间的相容性(包括物理的、化学的和力学的相容性),如各组分材料之间热膨胀系数是否匹配,各组分材料在制造和服役期间是否会发生有害反应,当复合材料承受载荷时各组分与复合材料的应变能否彼此协调;②按照各组分在复合材料中所起的作用确定增强组分的几何形状(如颗粒状、条带状、纤维状和它们的编织、堆集状态等)和在复合材料中的位置、取向;③制成复合材料后各组分应保持它们固有的优良性质,并能扬长避短、相互补充,产生所需要的复合效应。

　　在选择组成复合材料的基体材料时,应明确复合材料的耐温性和耐环境性主要取决于基体,其他性质(如对纤维的黏结性、传递和分散载荷的功能等)也依赖基体。纤维增强复合材料的使用温度范围通常按基体划分,如:聚合物基复合材料(PMC)的使用温度在300 ℃以下;金属基复合材料(MMC)的使用温度为300~450 ℃(Al、Mg 基)、650 ℃以下(Ti 基)、650~1 260 ℃(高温合金基和金属间化合物基);陶瓷基复合材料(CMC)的使用温度可达980~2 000 ℃。

　　复合材料与传统材料相比有许多不同的特点,最明显的是性能的各向异性和可设计性。在传统材料的设计中,均质材料可以用少数几个性能参数表示,较少考虑材料的结构与制造工艺问题,设计与材料具有一定意义上的相对独立性。而复合材料的性能往往对材料的结构和制造工艺有很强的依赖性,可以根据设计要求使受力方向具有很高的强度或刚度。在产品设计的同时必须进行材料结构的设计,并选择合适的工艺方法,材料、工艺、设计三者必须一体化,形成一个有机的整体。

　　在产品的设计阶段,应尽早考虑产品结构生命周期内所有的影响因素,建立完整、统一的产品结构信息模型,将工艺、制造、材料、质量、维修等要求体现在早期设计中。通过设计中各个环节的密切配合,避免在制造和使用过程中出现问题而引起不必要的返工,这样可以在较短的时间内以较少的投资获得高质量的产品。美国研制 F414 发动机时,就采用了设计、制造一体化技术;在研制单晶低压涡轮叶片时,使研制周期从 44 周缩短为 22 周;在研制先进战术战斗机(ATF)所用推重比为 10 的 F119-PW-100 发动机时,采用了一体化的产品研制技术,使性能、可靠性、维修性、可制造性、成本等多项指标达到了最佳。在对现代复合材料结构进行设计的同时,也应对其性能进行适当的评价,以判断产品结构是否达到人们所期望的指标。

复合材料的选材、设计、制造、评价一体化技术是今后发展的趋势,它可以有效地促进产品结构高度集成化,并保证产品的高效性和高可靠性。

第3章 基体材料和增强材料的设计原理

3.1 基体材料的设计原理

3.1.1 聚合物基体材料

3.1.1.1 热固性树脂基体

热固性树脂指在热和化学固化剂等的作用下,能发生交联反应而变成不溶、不熔状态的树脂,如不饱和聚酯树脂(下文中的聚酯树脂均指不饱和聚酯树脂)、环氧树脂、酚醛树脂等。

1. 力学性能

固化后树脂的力学性能与玻璃纤维增强体相比差得多,但树脂可与玻璃纤维或碳纤维等增强体黏结成一个整体,起传递载荷和均衡载荷的作用,最后使复合材料的力学性能有很大的提高。常用热固性树脂的力学性能见表3-1。

表 3-1 常用热固性树脂的力学性能

性能	酚醛树脂	聚酯树脂	环氧树脂	有机硅树脂
相对密度	1.30~1.32	1.10~1.46	1.11~1.23	1.70~1.90
抗拉强度 /MPa	42~64	42~71	85	21~49
伸长率 /%	1.5~2	5	5	—
拉伸弹性模量 /MPa	3 200	2 100~4 500	3 200	—
压缩强度 /MPa	88~110	92~190	110	64~130
弯曲强度 /MPa	78~120	60~120	130	69

此外,复合材料依靠树脂的黏结才具有压缩强度。同理,固化树脂的断裂伸长率直接影响玻璃纤维或碳纤维增强的复合材料抗拉强度的充分发挥。

2. 耐热性能

树脂的耐热性能包括两方面的含义:一是树脂在一定温度下仍能保留其作为基体材料的机械强度,即所谓的耐温性;二是树脂发生热老化的温度范围,即所谓的耐热性。

树脂基体的耐温性和耐热性都比玻璃纤维、碳纤维等增强体差得多,通用型聚酯树脂和通用型环氧树脂的热变形温度仅为 40~80 ℃。树脂在 300 ℃下一般都会发生氧化、降解等化学反应而性能迅速变差。玻璃纤维的长期使用温度,对有碱纤维为 500~550 ℃,对无碱纤维达 600~700 ℃,在此高温条件下,玻璃纤维不发生氧化和燃烧反应,性能是稳定的。

3. 耐化学腐蚀性能

在组成复合材料的基体和增强体中,玻璃纤维对水、酸或碱侵蚀的抵抗能力是比较差的,但能较好地耐有机溶剂侵蚀。

树脂对水、酸或碱侵蚀的抵抗能力一般比玻璃纤维好,而对有机溶剂侵蚀的抵抗能力比玻璃纤维差。树脂的耐化学腐蚀性能随着其化学结构的不同有很大的差异。常用热固性树脂的耐化学腐蚀性能见表3-2。

表 3-2　常用热固性树脂的耐化学腐蚀性能

性能	酚醛树脂	聚酯树脂	环氧树脂	有机硅树脂
24 h 吸水率	0.12%~0.36%	0.15%~0.60%	0.10%~0.14%	—
弱酸的影响	轻微	轻微	无	轻微
强酸的影响	被侵蚀	被侵蚀	被侵蚀	被侵蚀
弱碱的影响	轻微	轻微	无	轻微
强碱的影响	分解	分解	轻微	被侵蚀
有机溶剂的影响	部分侵蚀	部分侵蚀	耐侵蚀	部分侵蚀

由此可见,玻璃纤维增强的复合材料的耐化学腐蚀性能与树脂的类别和性能有很大的关系,同时复合材料中树脂的含量,尤其是表面层树脂的含量,与其耐化学腐蚀性能有着密切的关系。

4. 介电性能

树脂作为一种有机材料,具有良好的电绝缘性能。热固性树脂的介电性能与其化学结构有密切的联系。常用热固性树脂的介电性能见表3-3。

表 3-3　常用热固性树脂的介电性能

性能	酚醛树脂	聚酯树脂	环氧树脂	有机硅树脂
密度 /(g/cm^3)	1.30~1.32	1.10~1.46	1.11~1.23	1.70~1.90
体积电阻率 /(Ω·cm)	10^{12}~10^{13}	10^{14}	10^{16}~10^{17}	10^{11}~10^{13}
介电强度 /(kV/mm)	14~16	15~20	16~20	7.3
介电常数(60 Hz)	6.5~7.5	3.0~4.4	3.8	4.0~5.0
功率因数(60 Hz)	0.10~0.15	0.003	0.001	0.006
耐电弧性 /s	100~125	125	50~180	—

由表3-3中的数据可见,树脂的介电性能一般比玻璃纤维好,尤其是非极性的热固性树脂,如脂环族环氧树脂、热固性丁苯树脂、1,2- 聚丁二烯树脂等具有更好的介电性能。

5. 其他物理性能

常用热固性树脂的其他物理性能见表3-4。

表 3-4　常用热固性树脂的其他物理性能

性能	酚醛树脂	聚酯树脂	环氧树脂	有机硅树脂
密度 /(g/cm³)	1.30~1.32	1.10~1.46	1.11~1.23	1.70~1.90
24 h 吸水率 /%	0.12~0.36	0.15~0.60	0.10~0.14	—
热变形温度 /℃	78~82	60~100	120	—
热膨胀系数 /(10⁻⁶/℃)	60~80	80~100	60	308
洛氏硬度	120	115	100	45
体积收缩率 /%	8~10	4~6	1~2	4~8
对玻璃、陶瓷、金属的黏结力	优良	良好	优良	较差

6. 热固性树脂的结构与性能的关系

树脂基体的分子结构是决定该树脂的性能的内在因素,掌握树脂的结构与性能的依赖关系对于正确选用树脂、改性树脂和合成新树脂都具有重要意义。

1)树脂的结构与内聚强度的关系

未固化的热固性树脂为线形大分子结构,当分子质量不大时一般呈黏流态,此时的内聚强度是很低的。当发生固化反应时,其分子质量逐渐增大,内聚强度也逐渐提高;随着固化反应的进一步发展,树脂分子间会产生交联,当交联度达一定数值后,树脂的内聚强度就会稳定在一个相当大的数值上。交联度过大会使树脂呈现脆性。

2)树脂的结构与断裂伸长率的关系

树脂的断裂伸长率体现了树脂在外力作用下变形的能力。聚合物大分子链的链段移动会引起高弹形变,一般认为高弹形变在玻璃化温度以上才会出现。由于高分子链的松弛特性,在外力足够大、作用时间足够长时,就有可能在玻璃化温度以下出现强迫高弹形变。影响断裂伸长率的主要因素是分子链的柔顺性和分子链间的交联度。

具有柔性链结构的脂肪链树脂的断裂伸长率就较大,而具有刚性结构的芳香环链树脂的断裂伸长率比较小,树脂呈脆性。分子链间交联度越大,树脂的断裂伸长率就越小,树脂就越脆。

3)树脂的结构与体积收缩率的关系

热固性树脂在固化时伴随着体积收缩的现象,树脂体积收缩会引起界面处树脂与增强体黏结不良,树脂会出现裂纹,对复合材料制品的质量影响很大。

引起树脂体积收缩的因素有:①固化前树脂体系(包括树脂、交联剂、固化剂等)的密度;②固化后树脂的交联度;③在固化过程中有无小分子放出。

由于环氧树脂在固化前无交联剂而密度较大,固化后的网络结构也不太紧密,而且在固化过程中无小分子放出,因此环氧树脂的固化体积收缩率比较小。

邻或间苯二甲酸二烯丙基树脂(DAP、DAIP)的固化体积收缩率也较小,除了与环氧树脂体系相似的原因外,还因为其具有固化剂用量少、交联方向和密度均匀的特点,通常 DAP 的固化体积收缩率为 0.2%~0.4%,DAIP 的固化体积收缩率为 0.07%~0.10%。

不饱和聚酯树脂由于固化时用苯乙烯作为交联剂,固化前树脂体系密度小,在固化过程中由于苯乙烯单体及其二聚体、三聚体与顺酐双键交联时,分子间距离变化很大,体积收缩率比较大;热固性酚醛树脂固化时有水分子放出,因此体积收缩率也比较大。

将热塑性聚合物(如 PMMA 等)加入热固性树脂体系中可以减小体积收缩率,并且得到的复合材料制品尺寸精度高,表面光洁。

4)树脂的结构与热变形温度的关系

线形高分子聚合物存在着三种力学状态,即玻璃态、高弹态和黏流态。已固化的热固性树脂不存在黏流态,只存在玻璃态和高弹态两种物态。固化后树脂如果呈高弹态,就不宜承载负荷,这时树脂失去刚性,弹性模量急剧下降,产生高弹形变,由玻璃态向高弹态转变的温度称为玻璃化温度。在实际应用中,固化树脂浇注体的耐温性一般用热变形温度、马丁耐热或维卡耐热来表示。

从高分子物理性能来看,耐温性反映了温度升高时树脂中大分子链段运动或整个大分子运动的能力。引进能束缚分子运动的因素(如在树脂分子主链上引入刚性基团、增大大分子间的交联度等),可提高固化树脂的耐温性。

一般来讲,树脂的大分子链柔顺性好,交联度小,则固化树脂玻璃化温度低,相应的热变形温度也低;树脂的大分子链刚性好,交联度大,则玻璃化温度高,相应的热变形温度也高。

固化后树脂的热变形温度和断裂伸长率之间存在一定的内在联系。对于同一种树脂,随着交联度增大,热变形温度往往升高,同时断裂伸长率下降,树脂呈现脆性。

5)树脂的结构与耐化学腐蚀性能的关系

在树脂和介质之间作用引起腐蚀的过程中主要发生物理作用和化学作用。物理作用指树脂吸附介质引起溶胀或溶解,导致树脂结构破坏、性能下降;化学作用指树脂分子在介质的作用下化学键断裂或生成新的化学键而导致树脂结构破坏、性能下降。树脂耐介质的能力主要取决于体系的化学结构,极性、电负性和相互间的溶剂化能力都影响树脂的耐化学腐蚀性能。

通常树脂交联度大,其耐化学腐蚀性能好。热固性树脂固化时必须控制一定的固化度,固化度太低会严重影响它的耐化学腐蚀性能。

固化树脂耐水、酸、碱等介质的能力主要与其可水解的基团在相应的酸、碱介质中水解的活化能有关,活化能高,耐水解性就好。向双酚 A 的基团中引入卤素,既可保留其耐水解能力,又可大大提高其耐氧化性。

环氧树脂的耐腐蚀性能因所用的固化剂不同而不同,用酸酐固化形成的酯基交联键就不耐碱。胺类固化环氧树脂的交联键中的—O—键和 C—N 键可被强酸、弱酸和有机酸水解,用不同的胺类固化剂,交联键的类型不同,固化后树脂的耐腐蚀性能也不相同:用芳香族二胺固化的树脂,由于体积屏蔽效应,其耐酸性、耐碱性均优于用脂肪族胺固化的树脂;用苯酐固化的环氧树脂的耐酸性比较好。

6)树脂的结构与电绝缘性能的关系

树脂分子由共价键组成,因此树脂是一种优良的电绝缘材料。影响树脂的电绝缘性能的因素有两个:一是树脂大分子链的极性,二是已固化的树脂体系中的杂质。一般来说,树脂大分子链中极性基团越多,极性越强,电绝缘性能越差。如果树脂大分子由非极性分子组成,无极性基团,例如热固性丁苯树脂和 1,2- 聚丁二烯树脂,则该树脂具有非常优良的电绝缘性能。

3.1.1.2　热塑性树脂基体

热塑性树脂指具有受热软化、受冷硬化的性能,不起化学反应,无论加热和冷却重复进行多少次,均能保持这种性能的树脂。常见的热塑性树脂有聚氯乙烯、聚乙烯、聚丙烯、聚苯乙烯、丙烯腈－丁二烯－苯乙烯共聚物(ABS)、丙烯腈－氯化聚乙烯－苯乙烯共聚物(ACS)、聚酰胺等。

1. 力学性能

决定聚合物的力学性能的结构因素有大分子链的主价力、分子间的作用力、大分子链的柔顺性、分子质量及其分布、分子链间的交联度等。热塑性树脂与热固性树脂在分子结构上的显著差别是前者为线形结构而后者为体形网状结构。分子结构上的差别使热塑性树脂在力学性能上有如下几个显著特点:①具有明显的力学松弛现象;②在外力作用下形变较大,当应变速度不太大时具有相当大的断裂伸长率;③抗冲击性能较好。

1)机械强度

试验结果表明,一般热塑性和热固性树脂的机械强度并不取决于大分子链的主价力,而取决于分子间的作用力。在外力作用下,聚合物一般不发生大分子链的断裂,而是发生大分子链的相对滑移。聚合物表面或多或少存在微裂纹,往往使聚合物的实测强度比理论强度低得多。试验结果表明,对多数热塑性树脂,当平均聚合度低于 200 时,实测强度随着分子质量增大而增大;当平均聚合度高于 200 时,实测强度增大得很少。

聚合物的多分散性对机械强度的影响可以分为三种情况:当聚合物中含有相当大数量的低分子质量的组分(聚合度低于 100)时,多分散性对聚合物力学性能的影响颇为严重;当低分子质量的组分占比达 10%~15% 时,多分散性会明显地降低聚合物的力学性能;当聚合物中各组分的平均聚合度均在 20 以上时,多分散性对聚合物力学性能的影响一般很小。

断裂前的最大伸长率受聚合物的脆性限制,最大伸长率与平均聚合度的关系类似于机械强度与平均聚合度的关系。

此外,温度对热塑性树脂机械强度的影响比热固性树脂明显得多。温度对力学性能的影响表现为:①温度升高,弹性模量下降;②温度升高,断裂伸长率增大。

2)应力与形变

在外力作用下,热塑性树脂的形变由普弹形变、高弹形变和塑性形变三部分组成。

(1)普弹形变:由原子间的键角、键长改变所致,特点是数值小(约 1%),瞬时完成(以音速计),为可逆形变,与温度无关,产生形变时吸热,恢复原状时放热,形变伴随着体积改变。

(2)高弹形变:由大分子链的链段移动引起,特点是数值大(可达 100%~200%),为可逆形变,具有松弛特性,产生形变时放热,恢复原状时吸热,形变不伴随体积变化。

由此可见,由于大分子链的力学松弛现象,树脂具有黏弹性:①应力一定时,形变随时间延长而增大（蠕变现象）；②形变一定时，应力随时间延长而衰减（松弛现象）；③在交变应力的作用下，形变滞后于应力（滞后现象）。

2. 电性能

按聚合物大分子的极性，可将聚合物分成以下几类。

1）非极性聚合物

该类聚合物的偶极矩 $\mu = 0$；介电常数 $\varepsilon = 1.8 \sim 2.0$；介质损耗角正切值 $\tan \delta = (2 \sim 4) \times 10^{-4}$；体积电阻系数 $\rho_V = 10^{16} \sim 10^{18}$ $\Omega \cdot cm$。属于此类聚合物的树脂有聚乙烯、聚丙烯、聚丁二烯、聚四氟乙烯等。

2）弱极性聚合物

该类聚合物的 $\mu \leqslant 0.5$；$\varepsilon = 2.0 \sim 3.0$；$\tan \delta = 10^{-4} \sim 10^{-3}$；$\rho_V = 10^{15} \sim 10^{16}$ $\Omega \cdot cm$。属于此类聚合物的树脂有聚苯乙烯、聚异丁烯、天然橡胶、聚二氯苯乙烯等。

3）极性聚合物

该类聚合物的 $\mu > 0.5$；$\varepsilon = 3.0 \sim 4.0$；$\tan \delta = 10^{-3} \sim 10^{-2}$；$\rho_V = 10^{13} \sim 10^{14}$ $\Omega \cdot cm$。属于此类聚合物的树脂有聚氯乙烯、聚醋酸乙烯酯、聚酰胺、聚甲基丙烯酸甲酯等。

4）强极性聚合物

该类聚合物的 $\mu > 0.7$；$\varepsilon = 4.0 \sim 7.0$；$\tan \delta > 10^{-2}$；$\rho_V = 10^7 \sim 10^{12}$ $\Omega \cdot cm$。属于此类聚合物的树脂有酚醛树脂、脲醛树脂、聚乙烯醇等。

非极性树脂具有优异的绝缘性能，对腐蚀性介质稳定，可作为高频率的电介质和耐腐蚀材料；弱极性与极性树脂可用作中频率的电工材料；强极性树脂只能作为低频率的介电材料。

合成树脂的极性取决于偶极矩，偶极矩与聚合物大分子中原子团的性质、数量和排列方式有关。聚合物大分子链的交联度也会对树脂的极性产生影响，随着交联度的增大，某些极性基团被包围在大分子网状结构中，使树脂显示出较弱的极性。

总的来说，树脂大分子的极性越强，介电常数越大，电阻越小，击穿电压越小，介质损耗角正切值越大，材料的介电性能越差。

3.1.1.3 橡胶基体

常用的橡胶基体有天然橡胶、丁苯橡胶、氯丁橡胶、丁基橡胶、丁腈橡胶、乙丙橡胶、聚丁二烯橡胶、聚氨酯橡胶等。

橡胶基复合材料所用的增强材料有纤维、晶须和颗粒。纤维增强橡胶用的主要是长纤维，常用的有天然纤维、人造纤维、合成纤维、玻璃纤维、金属纤维等。用晶须增强橡胶制造的轮胎已用于航空工业。颗粒增强橡胶主要有炭黑和白炭黑，它们主要用于制造汽车的轮胎。

橡胶基复合材料与树脂基复合材料不同，除了要求轻质高强外，还要求有柔性和较大的弹性。纤维增强橡胶的主要制品有轮胎、皮带、增强胶管等，其力学性能介于橡胶和塑料之间，近似于皮革。

3.1.2　金属基体材料

基体是金属基复合材料的主要组成之一,起着固结增强体、传递和承受载荷、赋予复合材料以特定形状的作用。在颗粒增强金属基复合材料中基体是承受外载荷的主要组成,即便在纤维增强金属基复合材料中,基体对力学性能的贡献也远大于它在聚合物基和陶瓷基复合材料中的贡献。复合材料的比强度、比刚度,耐高温、耐介质、导电、导热等性能与基体的关系更为密切,其中有些性能主要由基体决定。基体在复合材料中占有很大的体积比,在连续纤维增强金属基复合材料中基体占 50%~70%;在颗粒增强金属基复合材料中,根据不同的性能要求,基体含量可在 25%~90% 的范围内变化,多数为 80%~90%;在短纤维、晶须增强金属基复合材料中基体含量在 70% 以上,一般为 60%~90%。在设计和制造复合材料时,需充分了解金属基体的化学、物理特性和金属基体与增强体的相容性,以正确、合理地选择基体材料和制备方法,确定工艺参数。

金属与合金的品种繁多,目前可作为复合材料基体的金属有铝及铝合金、镁合金、钛合金、镍合金、铜及铜合金、锌合金、铅、铝钛和铝镍金属间化合物等。正确选择基体的种类和成分对充分发挥金属基体和增强体的性能特点,获得预期的优异的综合性能十分重要。

1. 金属基复合材料的性能要求

金属基复合材料构(零)件的性能要求是选择金属基体的最重要的依据,航空、先进武器、电子、汽车等领域对复合材料构(零)件的性能要求有很大的差别。

在航天、航空领域,高比强度、比模量、尺寸稳定性是最重要的性能要求。航天飞行器和卫星的构件宜选用密度小的轻金属合金——镁合金、铝合金作为基体,与高强度、高模量的石墨纤维、硼纤维等组成连续纤维复合材料。

高性能发动机要求复合材料不仅有高的比强度、比模量,而且有优良的耐高温持久性能,能在高温氧化性气氛中长期正常工作,因此不宜使用铝、镁合金,而应选用钛基合金、镍基合金和金属间化合物作为基体材料,如碳化硅纤维增强钛合金和钨丝增强镍基超合金复合材料可用于制造喷气发动机的叶片、传动轴等重要零件。

汽车发动机要求零件耐热、耐磨,热膨胀系数小,具有一定的高温强度,同时又要求成本低,适合批量生产,可选用铝合金与陶瓷颗粒、短纤维组成复合材料,如碳化硅 / 铝、碳 / 铝、氧化铝 / 铝等复合材料可用来制造发动机的活塞、缸套、连杆等零件。

电子工业集成电路需要高导电、高导热、低热膨胀的金属基复合材料作为散热元件和基板,通常选用导电和导热性能优异的银、铜、铝等作为基体材料与高导电、高导热、低热膨胀的高模量石墨纤维等组成复合材料。

2. 金属基复合材料的组成特点

金属基复合材料有连续增强和非连续增强两种,由于增强材料的性质和增强机制不同,基体材料的选择原则有很大的差别。

对于连续纤维增强金属基复合材料,纤维是主要承载组分,它本身具有很高的强度和模量,如高强度碳纤维的强度最高可达 7 GPa,超高模量石墨纤维的弹性模量高达 900 GPa。

金属基体的强度和模量远远低于纤维,因此在连续纤维增强金属基复合材料中基体的主要作用是充分发挥纤维的性能,要求基体有好的塑性,与纤维有良好的相容性,而不要求其具有高的强度和弹性模量。在碳纤维增强铝基复合材料中纯铝或含有少量合金元素的铝合金作为基体比高强度铝合金作为基体要好得多。在研究碳/铝复合材料合金基体的优化时发现,铝合金的强度越高,复合材料的性能越差,这与基体与纤维间的界面状态、脆性相的存在、基体本身的塑性有关。图 3-1 所示为不同铝合金和以其为基体的复合材料性能的比较(图中 LF$_6$ 为镁铝合金,LD$_2$ 为铝硅合金,LD$_{10}$ 为铝铁合金,LC$_4$ 为铝铜合金)。

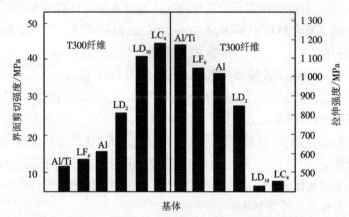

图 3-1   不同铝合金和以其为基体的复合材料性能的比较

对于非连续增强金属基复合材料,如颗粒、晶须、短纤维增强金属基复合材料,基体是主要承载组分,基体的强度对复合材料的性能具有决定性的影响,欲获得高性能的复合材料,必须选用高强度的、能通过热处理进行强化的合金作为基体。

3. 基体与增强体的相容性

在金属基复合材料的制备过程中,金属基体与增强体在高温复合过程中会发生不同程度的界面反应,生成脆性反应产物;金属基体中含有的不同类型的合金元素也会与增强体发生不同程度的反应,生成各类反应产物。这些产物往往对复合材料的性能有害,也就是常说的基体与增强体的化学相容性不好,因此在选用基体时需充分考虑,尽可能选择既有利于基体与增强体润湿复合,又有利于形成合适的、稳定的界面的合金元素,如在碳纤维增强纯铝基复合材料中加入少量的钛、锆等元素即能明显改善复合材料的界面结构和性质,从而大大提高复合材料的性能。

3.1.3   无机非金属基体材料

3.1.3.1   无机黏结剂

1. 水泥

水泥是目前世界上产量最大、应用最广的人造无机材料之一,中国水泥年产量居世界第一。水泥作为结构材料也有很多缺陷,如抗拉强度和弯曲强度低、断裂伸长率小、韧性差等,属于脆性材料,这极大地限制了它的开发应用。纤维增强水泥基复合材料大大弥补了水泥的上述缺陷, 20 世纪 30 年代就有 30 多个国家能够生产石棉纤维增强水泥制品,并且在世界范围内形成了一门工业。但石棉是致癌物质,现已被世界各国禁止使用。为了寻求石棉代用品和开发新材料, 20 世纪 40 年代人们开始研究玻璃纤维和钢纤维增强水泥基复合材料。

与树脂基体相比,水泥基体有如下特征。

(1)水泥基体为多孔体系,其孔隙尺寸可由十分之几纳米到数十纳米,孔隙既会影响基体的性能,也会影响纤维与基体的界面黏结。

(2)纤维与水泥的弹性模量比不大,水泥的弹性模量比树脂高,多数有机纤维与水泥的弹性模量比小于 1,这意味着在纤维增强水泥基复合材料中应力的传递效应远不如纤维增强树脂。

(3)水泥基材的断裂伸长率较小,仅是树脂基材的 1/20~1/10,在纤维尚未从水泥基材中拔出拉断前,水泥基材即开裂。

(4)水泥基材中含有粉末或颗粒状的物料,与纤维形成点接触,故纤维的掺量受到很大限制。树脂基体在固化前是黏稠的液体,可较好地浸透纤维,故纤维的掺量可高些。

(5)水泥基材呈碱性,可对金属纤维起保护作用,但对大多数矿物纤维是不利的。

2. 石膏

石膏是一种古老的气硬性无机凝胶材料,在我国已有上千年的使用历史。石膏黏结剂固化后强度低,耐水性差,故多年来石膏仅用于建筑工程的墙粉刷、室内装饰、浇注陶瓷坯料的石膏模型等,用量有限。为了改善石膏的性能,人们采用增强和填充的方法,成功研究出石膏基复合材料,扩大了其应用范围。

石膏基复合材料的原材料主要是石膏黏结剂和纤维增强塑料,其中基体材料石膏黏结剂由天然石膏加工而成。我国是世界上天然石膏矿蕴藏量最多的国家之一,全国总储量达 600 亿 t 以上,矿产主要分布在华东、中南、华北、西北、东北和西南六大地区,其中华东地区的储量为 400 亿 t,占全国总储量的 67%。

石膏的种类很多,用于石膏基复合材料的黏结剂主要是建筑石膏,它以二水石膏(石膏矿石)为原料,在一定温度和压力下脱水分解,生成半水石膏。根据生产建筑石膏的加热温度和脱水条件,所获得的半水石膏又分为 α 型半水石膏和 β 型半水石膏两种,在建筑石膏中,β 型半水石膏是主要形式。

石膏黏结剂的性能如下。

(1)石膏黏结剂为白色粉末状固体物质,相对密度为 2.5~2.7,散装时的容重为 800~1 100 kg/m³,紧装时则为 1 250~1 400 kg/m³,孔隙率为 50%~60%。

(2)石膏粉的细度为 850 号筛子上的筛余量不超过 2%。

(3)石膏黏结剂加水后,初凝时间不短于 6 min,终凝时间不长于 30 min, 7 d 左右完全固化。由于凝结快,在实际使用过程中需要加入适量缓凝剂。

(4)石膏固化后孔隙率较高,强度较低。

(5)半石膏能从空气中吸收水分,变成二水石膏而失去活性。

（6）固化后的石膏制品孔隙率较高,隔热和吸声性好,耐水性差。

（7）固化后的石膏制品防火性能较好。

（8）石膏制品的孔隙率高,吸湿性强。

（9）石膏制品硬化时体积略有膨胀。

（10）石膏制品装饰性好。

（11）石膏制品可锯、可钉、可刨、可粘,加工性好,施工方便。

3. 氯氧镁

氯氧镁水泥基复合材料是以氯氧镁水泥为基体,由各种类型的纤维增强材料和不同的外加剂组成,用一定的加工方法复合而成的多相固体材料,属于无机胶凝材料基复合材料,具有质量轻、强度高、不燃烧、成本低和生产工艺简单等优点。

氯氧镁水泥也称镁水泥,至今已有一百多年的历史,是 MgO-$MgCl_2$-H_2O 三元体系,因水化物的耐水性较差,其开发和应用受到限制。人们通过引入不同类型的抗水性外加剂,改进生产工艺,使其抗水性大幅度提高,氯氧镁水泥复合材料从单一的轻型屋面材料发展到复合地板、玻璃瓦、浴缸、风管等多种制品。

氯氧镁水泥的主要成分为菱苦土（MgO）,它是菱镁矿石经 $800\sim850$ ℃煅烧而成的气硬性胶凝材料。我国菱镁矿资源丰富,主要分布在辽宁、山东、四川、河北、新疆等地。开发和利用这巨大的资源优势,对于推动玻璃纤维增强水泥（GRC）复合材料的发展将起到不可估量的作用。

镁水泥复合材料广泛采用玻璃纤维、石棉纤维和木质纤维增强材料,为改善制品的性能,还添加各种粉状填料（如滑石粉、二氧化硅粉等）和抗水性外加剂。其生产方法根据所用纤维材料的形式不同而异,有铺网法（即用玻璃纤维网格布增强水泥砂浆）、喷射法（即将连续纤维切短后与水泥砂浆同时喷射到模具中）、预拌法（即将短切纤维与水泥砂浆通过机械搅拌混合后浇注到模具中）。

3.1.3.2 陶瓷

1. 氧化物陶瓷

1）氧化铝

氧化铝为结构陶瓷中的典型材料,通常用于承受载荷、腐蚀、高温、绝缘等条件苛刻的环境中,其制品的性能随化学组成和结构不同而有很大的变化。

以氧化铝为主要成分的陶瓷称为氧化铝陶瓷,其可根据主晶相矿物名称分类,也可根据氧化铝的含量分类。如按配方或瓷体中 Al_2O_3 的含量进行分类,可分为两大类:高纯氧化铝陶瓷和普通氧化铝陶瓷。瓷体的性能取决于其组成与显微结构,随氧化铝含量的减少,瓷体的熔点降低。

2）氧化锆

氧化锆的传统应用主要是耐火材料、涂层和釉料,随着对氧化锆陶瓷力学和电学性能的深入了解,它逐步成为高性能结构陶瓷和固体电解质材料,特别是随着对氧化锆相变过程的深入了解,在 20 世纪 70 年代出现了氧化锆陶瓷增韧材料,使氧化锆陶瓷材料的力学性能获得了大幅度提高,室温韧性高居陶瓷材料榜首,用于热机、耐磨机械部件,受到广泛关注。人们对氧化锆陶瓷的增韧机理进行了大量研究,在增韧理论和增韧陶瓷方面有许多重要成果。

3）氧化镁

氧化镁陶瓷的主晶相为 MgO,属立方晶系氯化钠型结构,其熔点为 2 800 ℃,密度为 3.58 g/cm³,0~100 ℃的平均热膨胀系数为 10.5×10^{-6} ℃$^{-1}$,在高温下比体积电阻大,介质损耗低,相对介电常数（20 ℃,1 MHz）为 9.1,具有良好的电绝缘性,属于弱碱性物质。MgO 对碱性金属熔渣有较强的抗侵蚀能力,与镁、镍、铀、钍、锌、铝、铁、铜、铂等不起作用,可用于制备熔炼金属的坩埚、浇注金属的铸模、高温热电偶的保护管、高温炉的炉衬等。MgO 温度高于 2 300 ℃时易挥发,在高温下易被还原成金属镁,在空气中特别是当湿度大时,极易水化生成氢氧化镁。

4）氧化铍

氧化铍（BeO）晶体无色,熔化温度范围为 2 530~2 570 ℃。BeO 有 α 和 β 两种晶相:α 相属于六方晶体结构,其中氧原子呈六方最密堆积,较小的铍原子处于中间,和氧原子连接牢固,结构稳定；β 相属于四方晶体结构,其理论密度仅为 2.69 g/cm³,在（2 332 ± 50）℃时转变为 α 相。β 相在真空中可于 1 800 ℃下长期使用,在惰性气体中可于 2 000 ℃下使用,在氧化气氛中于 1 800 ℃下有明显的挥发,当有水蒸气存在时在 1 500 ℃下大量挥发,这是 BeO 与水蒸气作用生成 Be(OH)$_2$ 的缘故。

氧化铍陶瓷最突出的性能是热导率大,约为 209.3 W/(m·K),与金属铝相近,热膨胀系数不大,20~1 000 ℃时为（5~8.9）× 10^{-6} ℃$^{-1}$,高温绝缘性好。

2. 非氧化物陶瓷

1）氮化物

氮化物陶瓷主要有 Si$_3$N$_4$、AlN、BN、TiN 和赛隆陶瓷等。氮化物陶瓷通常密度小,热膨胀系数小,组成可在一定范围内变化,可作为高级耐火材料、耐磨材料、制造坩埚和机械工程部件的原料。多数氮化物陶瓷的熔点都比较高,特别是元素周期表中的ⅢB、ⅣB、ⅤB、ⅥB 过渡元素都能形成高熔点氮化物。氮化物的生成热比碳化物高得多,BN、Si$_3$N$_4$、AlN 等在高温下不出现熔融状态,而是直接升华分解。多数氮化物在蒸气压达到 10^{-6} Pa 时对应的温度都不到 2 000 ℃,表明氮化物易蒸发,该性质限制了其在真空条件下的使用。氮化物陶瓷一般有非常高的硬度,即使是硬度很低的六方 BN,当其晶体结构转变为立方结构后也具有仅次于金刚石的硬度。氮化物陶瓷的后加工是非常困难的,和氧化物相比,氮化物抗氧化能力较差,限制了其在空气中的使用。氮化物的导电性能变化很大:一部分过渡金属氮化物属于间隙相,其晶体结构与原来金属元素的结构是相同的,氮原子位于金属原子的间隙中,因此具有金属的导电特性；B、Si、Al 元素的氮化物则由于生成共价键晶体而成为绝缘体。通常氮化物陶瓷原料和制品的制造成本都比氧化物陶瓷高,一些共价键强的氮化物难以烧结,往往需要加入烧结助剂,甚至需要采用热压工艺。

2）碳化物

碳化物陶瓷的共同特点是熔点高,是最耐高温的一种材料,碳化物的软化点多在 3 000 ℃以上。碳化物在非常高的温度下会被氧化,许多碳化物的抗氧化能力比石墨和 W、

Mo 等高熔点金属好,这是因为在许多情况下碳化物氧化后所形成的氧化膜具有提高抗氧化性能的作用。表 3-5 所示为几种常见碳化物的主要性能,从表中可以看出,大多数碳化物都具有良好的电导率和热导率,许多碳化物都有非常高的硬度,特别是 B_4C,其硬度仅次于金刚石和立方氮化硼,但碳化物的脆性一般较大。

表 3-5　几种常见碳化物的主要性能

碳化物	晶系	熔点 /℃	密度 /(g/cm³)	电阻率 /(Ω·cm)	热导率 / [W/(m·K)]	显微硬度 /GPa
SiC(α)	六方	—	3.2	$10^{-5} \sim 10^{13}$	33.4	—
SiC(β)	立方	2 100(相变)	3.21	107~200	—	33.4
B_4C	六方	2 450	2.51	0.3~0.8	28.8	49.5
TiC	立方	3 160	4.94	(1.8~2.5) $\times 10^{-4}$	17.1	30
HfC	立方	3 887	12.2	1.95×10^{-4}	22.2	29.1
ZrC	立方	3 570	6.44	7×10^{-5}	20.5	29.3
WC	立方	2 865	15.5	1.2×10^{-5}	—	24.5

3)硼化物

硼化物陶瓷是一类具有特殊的物理性能与化学性能的新型结构陶瓷,可应用于众多工业和高新技术领域。硼化物陶瓷及其复合材料在世界范围内得到广泛研究,其主要特点如下。

(1)熔点高和难挥发。几乎所有硼化物的熔点都在 2 000 ℃以上,其中 ZrB_2 的熔点为 3 040 ℃, TiB_2 的熔点为 2 980 ℃,因此硼化物是能在超高温(2 000~3 000 ℃)下使用的最佳材料之一。硼化物陶瓷具有优异的耐高温性能,使用温度达 1 400 ℃,抗蠕变性好,可在高温下长期工作,可用于制造火箭喷嘴、内燃机喷嘴、高温轴承等耐高温的部件。

(2)硬度高。二硼化物的硬度比较高,如 TiB_2 的维氏硬度达到 33.5 GPa,比 SiC 的维氏硬度高约 30%; ZrB_2/B_4C 复合陶瓷的耐磨耗指数是 SiC 和 Si_3N_4 的 2 倍左右,其耐磨性优于部分稳定氧化锆。二硼化物因具有高硬度和优异的耐磨性而作为硬质工具材料、磨料、合金添加剂和用于制造耐磨部件、高温轴承、内燃机喷嘴等。

(3)导电性好。二硼化物具有很低的电阻率,特别是 ZrB_2、TiB_2 与金属铁、铂的电阻率相当。其导电机制为电子传导,具有正的电阻温度系数,作为电阻发热体时,温度易于控制,可用作特殊用途的电极材料。

(4)耐腐蚀性好。硼化物陶瓷对熔融金属具有良好的耐腐蚀性,特别是与熔融铝、铁、铜、锌几乎不反应,并且有很好的润湿性,这一特性使其可应用于金属铝、铜、锌、铁的冶炼。在钢铁冶炼中,硼化物陶瓷可用于制作铁水测温热电偶的保护管、喷嘴和吹起管等。在炼铝工业中,硼化物陶瓷可用于制作熔融铝的料位传感器或模铸体用模型,炼铝槽的阴极材料采用硼化物陶瓷后,可节电 30% 以上。

硼化物陶瓷的组成主要为硼和过渡金属形成的二硼化物,包括硼化铬、硼化钼、硼化钛、硼化钨和硼化锆等,常见的硼化物陶瓷材料有以下两种。

（1）硼化锆。以硼化锆为基体的耐火材料可以抵抗熔融锡、铅、铜、铝等金属的侵蚀,所以可用于制造冶炼各种金属的铸模、坩埚、盘器等。硼化锆具有较好的热稳定性,用它制成的连续测温热电偶套管可在熔融的铁水中使用 10~15 h,在熔融的钢水(1 700 ℃)中连续使用几小时,在熔融的黄铜和紫铜中使用 100 h。

（2）二硼化钛。二硼化钛的相对分子质量为 69.52,它是一种最有希望得到广泛应用的硼化物陶瓷,具有极其优异的物理化学性能,耐磨损,抗酸碱,导电性能优良,导热性好,热膨胀系数小,具有极好的化学稳定性和耐高温性能,可广泛用于制造耐高温件、耐磨件、耐腐蚀件和有其他特殊要求的零件。

4）二硅化钼

二硅化钼是介于无机非金属与金属间化合物之间的材料,其原子结合方式是共价键和金属键混合,因此二硅化钼表现出既像陶瓷又像金属的综合性能。二硅化钼有两种晶型,在 1 900 ℃以下为稳定的四方晶体,在 1 900~2 300 ℃为不稳定的六方晶体。二硅化钼的熔点为 2 030 ℃,密度为 6.24 g/cm³,在 800 ℃以上时发生氧化反应,形成黏附、凝聚、玻璃状的二氧化硅保护层,能够防止氧化侵蚀,但高于 1 800 ℃时氧扩散通过二氧化硅层使保护性能恶化,形成挥发的二氧化硅,而且在高温下二氧化硅沿晶界形成弱的玻璃态第二相或液相,降低了高温强度和抗蠕变性;在 1 000 ℃左右二硅化钼发生脆－塑性转变,由脆性材料变为塑性材料,这一特性使其有可能成为高温结构陶瓷材料的高温连接材料。

二硅化钼粉末的制备方法有以下几种:机械合金法、自蔓燃高温合成法、低真空度等离子喷涂沉积法、固态置换反应法和放热扩散法等。自蔓燃高温合成法工艺简单,成本较低;用低真空度等离子喷涂沉积法得到的粉末晶粒尺寸非常小,化学均匀性好;固态置换反应是利用扩散相变使 2 或 3 种元素或化合物以固态形式反应生成热力学稳定的新化合物的过程;放热扩散是在第三相存在的情况下对高温相的元素粉末进行加热,使其在一定温度下发生放热反应并在基体内形成微米尺寸的粒子的过程。

二硅化钼陶瓷多采用电弧熔炼、铸造或粉末压制／烧结的工艺制成,通常用于制造电阻发热体和抗高温氧化涂层,从 20 世纪 80 年代开始向高温结构材料发展,其需要解决的问题是低温脆性和高温蠕变。研究发现,二硅化钼与许多潜在的陶瓷增强体(如 Mo_5Si_3、WSi_2、$NbSi_2$ 等)有进行合金化、提高性能的可能。

3.2　增强材料的设计原理

在复合材料中,凡是能提高基体材料力学性能的物质,均称为增强材料。对于纤维复合材料,起主要承载作用的是纤维;在颗粒增强复合材料中,起主要承载作用的是基体。用于制造受力构件的复合材料大多为纤维增强复合材料,纤维不仅能使材料显示出较高的抗拉强度和刚度,而且能减小材料的收缩,提高材料的热变形温度和低温冲击强度等。复合材料的性能在很大程度上取决于纤维的性能、含量和使用状态,如聚苯乙烯塑料加入玻璃纤维后,抗拉强度可从 6 000 MPa 提高到 10 000 MPa,弹性模量可从 3 000 MPa 提高到

8 000 MPa,热变形温度可从 85 ℃提高到 105 ℃,在 -40 ℃下的冲击强度比加入玻璃纤维前提高 10 倍。总的来说,增强材料对于复合材料是不可或缺的,在基体中加入增强体,目的在于获得更为优异的力学性能或赋予复合材料新的性能。

增强材料总体上可分为无机增强材料和有机增强材料两大类,其中无机增强材料有玻璃纤维、碳纤维、硼纤维、金属纤维、晶须等,有机增强材料有芳纶纤维、聚酯纤维、超高分子质量聚乙烯纤维等。增强材料以玻璃纤维、碳纤维、芳纶纤维应用最为广泛。

高性能纤维是材料领域发展非常迅速的一类特种纤维,通常指具有高强度、高模量、耐高温、耐环境、耐摩擦、耐化学药品等性能的纤维。高性能纤维品种很多,如芳香族聚酰胺纤维、芳香族聚酯纤维、高强度聚烯烃纤维、碳纤维和各种无机金属纤维等。

3.2.1　玻璃纤维

3.2.1.1　玻璃纤维的分类

根据化学组成,玻璃纤维可分为:①无碱纤维,含碱量在 1%(质量分数)以下;②低碱纤维,含碱量为 2%~6%(质量分数);③有碱纤维,含碱量为 10%~16%(质量分数)。

根据外观形状,玻璃纤维可分为:①长纤维;②短纤维;③空心纤维;④卷曲纤维。

根据特性,玻璃纤维可分为:①高强度和高模量纤维;②耐高温纤维;③耐碱纤维;④普通纤维。

3.2.1.2　玻璃纤维的物理性能

玻璃纤维的物理性能主要包括玻璃纤维的外观和密度、力学性能、热性能和电性能等。

1. 玻璃纤维的外观和密度

玻璃纤维与天然纤维、人造纤维不同,其外观是光滑的圆柱体,横截面接近圆形。用作复合材料的玻璃纤维的直径一般为 5~20 μm,密度为 24~27 g/cm³,其中有碱玻璃纤维的密度较无碱玻璃纤维小。

2. 玻璃纤维的力学性能

玻璃纤维的抗拉强度很高,但是抗扭强度和剪切强度均较其他纤维低很多。玻璃纤维的抗拉强度比相同成分的玻璃高很多,如有碱玻璃的抗拉强度只有 40~100 MPa,而用它拉制的玻璃纤维的抗拉强度可达 2 000 MPa,是有碱玻璃的 20~50 倍。有多种假说解释了玻璃纤维强度高的原因,其中以微裂纹假说、"冻结"高温结构假说和分子取向假说较有说服力。

(1)微裂纹假说认为,玻璃的理论强度取决于分子或原子间的吸引力,其理论强度很高,可达 2 000~12 000 MPa,但实际测试结果低很多,这是因为在玻璃或玻璃纤维中存在着数量不等、尺寸不同的微裂纹,大大降低了其强度。微裂纹分布在玻璃或玻璃纤维的整个体积内,但以表面的微裂纹危害最大。在外力作用下,玻璃或玻璃纤维的微裂纹处会产生应力集中,首先发生破坏。

玻璃纤维的强度比玻璃高很多,是因为玻璃纤维经高温成型减小了玻璃熔液的不均一性,使微裂纹产生的机会减少。玻璃纤维的断面较小,微裂纹存在的概率也较小,故强度较高。

（2）"冻结"高温结构假说认为,在玻璃纤维成型过程中,由于冷却速度很快,熔态玻璃的结构被"冻结"起来,使玻璃纤维中的结晶、多晶转变和微观分层等都较块状玻璃少很多,从而提高了玻璃纤维的强度。

（3）分子取向假说认为,在玻璃纤维成型过程中,拉丝机的牵引力作用使玻璃纤维分子定向排列,从而提高了玻璃纤维的强度。

影响玻璃纤维的强度的因素有很多,其中玻璃纤维的直径和长度、化学组成、存放时间和负荷时间对玻璃纤维的强度的影响较大。

玻璃纤维的直径和长度直接影响其力学性能,在相同的拉丝工艺条件下制得的玻璃纤维,直径越小,抗拉强度越高。测试结果见表 3-6。

表 3-6　玻璃纤维的直径对抗拉强度的影响

直径 /μm	4	5	7	9	11
抗拉强度 /MPa	3 000~3 800	2 400~2 900	1 750~2 150	1 250~1 700	1 050~1 250

玻璃纤维的长度对抗拉强度的影响见表 3-7,玻璃纤维的抗拉强度随长度增大而显著下降。玻璃纤维的直径和长度对强度的影响可以用微裂纹假说来解释:随着玻璃纤维的长度和直径减小,纤维中的微裂纹会相应地减少,从而纤维的强度提高。

表 3-7　玻璃纤维的长度对抗拉强度的影响

长度 /mm	直径 /μm	抗拉强度 /MPa
5	13	1 500
20	12.5	1 210
90	12.7	360

玻璃纤维的化学组成对抗拉强度的影响见表 3-8。表 3-8 中的数据表明,含 K_2O 和 PbO 成分多的玻璃纤维的强度较低。

表 3-8　玻璃纤维的化学组成对抗拉强度的影响(直径为 3 μm)　　　　　　(%*)

纤维的类型	SiO_2	Al_2O_3	BaO	B_2O_3	MgO	K_2O	Na_2O	PbO	抗拉强度 /MPa
铝硅酸盐玻璃纤维	57.6	25	7.4	—	8.4	2	—	—	4 000
铝硼酸盐玻璃纤维	54	14	16	10	4	—	2	—	3 500
钠钙硅酸盐玻璃纤维	71	3	8.5	2.5	—	—	15	—	2 700
含铅玻璃纤维	64.2	0.3	—	—	—	12	2	21.5	1 700

注:* 表示质量分数。

　　玻璃纤维存放一定时间后强度会降低,尤其是含碱量较高的玻璃纤维,这主要是受空气中的水分侵蚀的结果。存放两年的无碱玻璃纤维的强度下降得很少,而存放两年的有碱玻璃纤维的强度降低幅度达33%。

　　随着施加负荷的时间增加,玻璃纤维的抗拉强度降低,当环境湿度较高时降低程度更大,这可能是因为吸附在微裂纹中的水分在外力作用下使微裂纹扩展速度加快,从而导致玻璃纤维的强度降低。

　　玻璃纤维属弹性材料,其应力－应变关系表现为一条直线,没有明显的塑性变形阶段,其断裂伸长率在3%左右。玻璃纤维的弹性模量比木材、有机纤维高,但是比钢材低很多。

　　玻璃纤维的耐磨性和耐扭折性很差,摩擦和扭折很容易使纤维受伤断裂,用表面处理的方法可以大大提高其耐磨性和耐扭折性,例如经0.2%阳离子活性剂水溶液处理后,玻璃纤维的耐磨性比未处理时高200多倍。

　　3. 玻璃纤维的热性能

　　玻璃纤维的耐热性较好,其热膨胀系数为 4.8×10^{-6} ℃$^{-1}$,软化点为 550~850 ℃。在250 ℃以下,玻璃纤维的强度不变,但会发生收缩现象。玻璃纤维的耐热性由其化学成分决定,石英和高硅氧玻璃纤维的耐热温度高达2 000 ℃以上。

　　4. 玻璃纤维的电性能

　　在外电场的作用下,玻璃纤维内的离子发生迁移而使玻璃纤维具有导电性。玻璃纤维的化学组成、温度和湿度是影响玻璃纤维的导电性的主要因素。碱金属离子容易迁移,因此玻璃纤维中碱金属氧化物的含量越高,玻璃纤维的电绝缘性能就越差。无碱玻璃纤维中的碱金属离子比有碱玻璃纤维少很多,因此无碱玻璃纤维的电绝缘性能大大优于有碱玻璃纤维;石英纤维和高硅氧纤维具有优异的电绝缘性能,在室温下其体积电阻率为 10^{16}~10^{17} Ω·cm,在 700 ℃的高温下,其介电性能无变化。

3.2.1.3　玻璃纤维的化学性能

　　玻璃纤维的化学性能与其直径、化学组成、接触介质等有关。

　　1. 玻璃纤维的直径对其化学性能的影响

　　玻璃具有优异的耐化学性能,但用玻璃制成的玻璃纤维的耐化学性能远不如玻璃。玻璃纤维的比表面积大是造成这种现象的主要原因,例如质量为1 g、2 mm厚的玻璃的表面积为 5.10 cm²,而质量为1 g、直径为5 μm的玻璃纤维的表面积为 3 100 cm²,玻璃纤维受化学介质腐蚀的面积约为玻璃的608倍,使玻璃纤维的耐化学性能大大下降。玻璃纤维的直径对其化学性能的影响见表3-9,表中数据表明,玻璃纤维的直径越小,其化学稳定性越差。

表 3-9　玻璃纤维的直径对其化学稳定性的影响

玻璃纤维的直径 /μm	玻璃纤维的失重率 /%			
	H_2O	2 mol/L HCl 溶液	0.5 mol/L NaOH 溶液	0.5 mol/L Na₂CO₃ 溶液
6.0	3.75	1.54	60.3	24.8
8.0	2.73	1.16	55.8	16.1

玻璃纤维的直径 /μm	玻璃纤维的失重率 /%			
	H_2O	2 mol/L HCl 溶液	0.5 mol/L NaOH 溶液	0.5 mol/L Na_2CO_3 溶液
19.0	1.26	0.39	30.0	7.6
57.0	0.44	—	10.5	2.2
881.0	0.02	—	0.7	0.2

2. 玻璃纤维的化学组成对其化学性能的影响

玻璃纤维的化学性能主要取决于其中二氧化硅和碱金属氧化物的含量,二氧化硅能大大提高玻璃纤维的化学稳定性,而碱金属氧化物会使其化学稳定性降低。在玻璃纤维的组成中,增加 SiO_2、Al_2O_3、ZrO_2、TiO_2 的含量可以提高玻璃纤维的耐酸性能;增加 SiO_2、CaO、ZrO_2、TiO_2、ZnO 的含量可以提高玻璃纤维的耐碱性能;增加 Al_2O_3、ZrO_2、TiO_2 的含量可以大大提高玻璃纤维的耐水性能。

有碱玻璃纤维中碱金属氧化物含量高,在水或空气中的水分的作用下容易发生水解,因此有碱玻璃纤维耐水性较差,一般控制碱金属氧化物的质量分数不超过 13%。

3. 接触介质对玻璃纤维化学性能的影响

石英、高硅氧玻璃纤维对水的化学稳定性极好;对任何浓度的有机酸或无机酸,即使在高温下也很稳定;在碱性介质中,稳定性较差,但是比普通玻璃纤维要好得多。氢氟酸能在室温下破坏石英、高硅氧玻璃纤维,而磷酸则要在 300 ℃以上才能使其破坏。几种玻璃纤维的耐化学性能试验数据见表 3-10,数据表明无碱玻璃纤维(用"E"表示)的耐碱性比有碱玻璃纤维(用"A"表示)好,有碱玻璃纤维(A)的耐酸性比无碱玻璃纤维(E)好很多,无碱玻璃纤维(E)和有碱玻璃纤维(A)的耐碱性都不好,中碱玻璃纤维(用"C"表示)的耐水性和耐酸性均比前两种纤维优越。

表 3-10　玻璃纤维的耐化学性能

纤维的类型	耐水性,水煮 1 h 的失重率 /%	耐酸性,在 1 mol/L H_2SO_4 溶液中煮沸 1 h 的失重率 /%	耐碱性,在 0.1 mol/L NaOH 溶液中煮沸 1 h 的失重率 /%
A	1.7	48.2	9.7
C	0.13	0.1	—
E	11.1	6.2	13.5

水与玻璃纤维的作用主要有如下两种。

(1)吸附作用。玻璃纤维的比表面积很大,吸附水的能力比玻璃大得多。表面吸附的水既降低了纤维的电绝缘性能,又使纤维与树脂的黏结力减小,从而影响复合材料的强度。

(2)溶解作用。水能使玻璃纤维中的碱金属氧化物溶解,使玻璃纤维表面的微裂纹扩展,从而降低玻璃纤维的强度。

3.2.1.4 玻璃纤维制品的性能

1. 玻璃纤维无捻粗纱

玻璃纤维由于直径、股数不同而有很多规格。国际上通常用"tex"来表示玻璃纤维的规格，"tex"指 1 000 m 长原丝的质量（单位为 g），例如 1 200 tex 就是指 1 000 m 长的原丝质量为 1 200 g。

无捻粗纱是由原丝或单丝集束而成的，前者指由多股原丝拼合而成的无捻粗纱，也称多股无捻粗纱；后者指由从漏板上拉下来的单丝集束而成的无捻粗纱，也称直接无捻粗纱。一般无捻粗纱的单丝直径为 13~23 μm。

为了适应不同的复合材料成型工艺、产品性能和基体类型，需采用不同类型的浸润剂，所以就有了各种用途的无捻粗纱。

（1）喷射成型用无捻粗纱。对喷射成型用无捻粗纱的性能要求如下：①剪切性能好，切割时产生的静电少，偶联剂常用有机硅和有机铬化合物；②分散性好，切割后分散成原丝的比例达到 90% 以上；③贴模性好；④浸润性好，能被树脂快速浸透，气泡易于驱赶；⑤丝束引出性好。

（2）SMC 用无捻粗纱。在制造片状模塑料（sheet molding compound，SMC）时将无捻粗纱切割成长 25 mm 的段，分散在树脂糊中。对 SMC 用无捻粗纱的性能要求如下：①短切性能好；②抗静电性能好；③容易被树脂浸透；④硬挺度适宜。

（3）缠绕用无捻粗纱。缠绕用无捻粗纱一般采用直接无捻粗纱，对其的性能要求如下：①成带性好，呈扁带状；②退绕性好；③张力均匀；④线密度均匀；⑤浸润性好，易被树脂浸透。

（4）织造用无捻粗纱。织造用无捻粗纱主要用于织造各种规格的方格布和单向布。对织造用无捻粗纱的性能要求如下：①具有良好的耐磨性，在纺织过程中不起毛；②具有良好的成带性；③张力均匀；④退解性好，从纱筒上退卷时无脱圈现象；⑤浸润性好，能被树脂快速浸透。

2. 无捻粗纱方格布

方格布是无捻粗纱平纹织物，可直接用无捻粗纱织造，主要用于手糊复合材料制品。无捻粗纱方格布在经纬向强度最高，在单向强度要求高的情况下，可以织成单向方格布，一般在经向布置较多的无捻粗纱。

对无捻粗纱方格布的质量要求如下：①织物均匀，布边平直（从手糊成型工艺的角度看，布边最好是毛边），布面平整，无污渍，不起毛，无皱纹；②单位面积质量、布幅及卷长均符合标准；③浸润性好，能被树脂快速浸透；④力学性能好；⑤在潮湿环境下强度损失小。

用无捻粗纱方格布制成的复合材料的特点是层间剪切强度低，耐压和疲劳强度低。

3. 短切原丝毡

将玻璃纤维原丝或无捻粗纱切割成长 50 mm 的段，均匀地铺设在网带上，随后撒上聚酯粉末黏结剂，加热熔化，然后冷却制成短切原丝毡。所用玻璃纤维的单丝直径为 10~12 μm，原丝集束根数为 50 或 100，短切原丝毡的单位面积质量为 150~900 g/m²，常用的是 450 g/m²。

按照黏结剂在树脂中的溶解速率的不同,短切原丝毡可分为高溶解度型毛毡和低溶解度型毛毡。高溶解度型毛毡适合采用手糊成型工艺,树脂能快速浸透毡片;低溶解度型毛毡适合采用 SMC 等模压成型工艺,可防止在模压时树脂将纤维冲掉。

短切原丝毡应达到如下要求:①单位面积质量均匀,无大孔眼形成,黏结剂分布均匀;②干毡强度适中,在使用时可以根据需要容易地将其撕开;③具有优异的浸润性,能被树脂快速浸透。

4. 连续原丝毡

将玻璃纤维原丝呈 8 字形铺设在连续移动的网带上,经聚酯粉末黏结剂黏合即制得连续原丝毡。所用玻璃纤维的单丝直径为 11~20 μm,原丝集束根数为 50 或 100,连续原丝毡的单位面积质量为 150~650 g/m²。

连续原丝毡中的纤维是连续的,因此用其制造复合材料时增强效果优于短切原丝毡,可采用复合材料的拉挤成型工艺、树脂转移模塑(RTM)成型工艺和用于制造玻璃纤维毡增强热塑性塑料(GMT)。

5. 表面毡

表面毡由于毡薄、玻璃纤维直径小,可形成富树脂层,树脂的质量分数可达 90%,因此使复合材料具有较好的耐化学性能、耐候性能,并遮盖了由方格布等增强材料引起的布纹,起到了较好的表面修饰效果。

表面毡的单位面积质量较小,一般为 30~150 g/m²,其常用湿法工艺制造。

6. 缝合毡

用缝编机将短切玻璃纤维或长玻璃纤维缝合成毡,短切玻璃纤维缝合毡可代替短切原丝毡使用,长玻璃纤维缝合毡可代替连续原丝毡使用。其优点是不含黏结剂(树脂的浸透性好),价格较低。

7. 加捻玻璃布

加捻玻璃布有平纹布、斜纹布、缎纹布、纱罗和席纹布等。

平纹布是每根经纱(或纬纱)交替地从一根纬纱(或经纱)的上方和下方穿过织成的织物。平纹布结构稳定,布面密实,但变形性差,适于制造平面复合材料制品。在各种织物中,平纹结构的织物强度较低。

斜纹布是经纬纱以"三上一下"的方式交织形成的织物,其手感柔软,具有一定的变形性,强度高于平纹布,适于采用复合材料的手糊成型工艺。

缎纹布是经纬纱以"几上一下"的方式交织形成的织物,由于浮经或浮纬较长,纤维弯曲少,制成的复合材料制品具有较高的强度。

纱罗是每根纬纱处有两根经纱绞合的织物,其特点是稳定性好。

席纹布是两根或多根经纱在两根或多根纬纱的上下交织形成的织物。

8. 单向布

单向布是用粗经纱和细纬纱织成的四经破缎纹布或长轴缎纹布,其特点是在经向具有高强度。

9. 三维织物

三维织物是由二维织物发展而来的。由三维织物增强的复合材料具有良好的整体性，层间剪切强度和抗损伤容限大大提高。三维织物的类型有机织、针织、编织、细编穿刺等。三维织物的形状有柱状、管状、块状及变厚度异型截面等。

3.2.2 碳纤维

碳纤维是由有机纤维在惰性气氛中加热至 1 500 ℃所形成的纤维材料，其含碳量为 90%（质量分数）以上，纤维结构为沿纤维轴向排列的不完全石墨结晶，各平行层原子堆积不规则，呈乱层结构。如果将碳纤维在 2 500 ℃以上进一步碳化，其含碳量大于 99%（质量分数），纤维结构由乱层结构向三维有序的石墨结构转化，称为石墨纤维。碳纤维和石墨纤维在层面上主要以碳原子共价键相结合，而层与层之间主要由范德华力相连接，因此碳纤维和石墨纤维是各向异性材料。

碳纤维及其复合材料具有优异的性能，在宇宙飞船、人造卫星、航天飞机、导弹、原子能、航空和一般工业部门中都得到了日益广泛的应用。碳纤维作为宇宙飞行器部件的结构材料和热防护材料，不仅可以满足苛刻环境的要求，而且可以大大减轻部件的质量，提高有效载荷、航程或射程，例如宇宙飞船的质量每减轻 1 kg，就可以使运送它的火箭减轻 500 kg。

碳纤维复合材料的使用还解决了许多关键技术问题：载人飞船的推力结构和导弹战斗部的稳定裙采用碳纤维复合材料，可使重心前移，从而提高了命中精度，并解决了弹体的平衡问题；使用碳/碳复合材料制作导弹鼻锥，烧蚀率低且烧蚀均匀，从而提高了导弹的突防能力和命中率；用碳纤维增强的树脂基复合材料是宇宙飞行器喇叭天线的最佳材料，它能适应温度骤变的太空环境。

碳纤维复合材料是为满足宇航、导弹、航空等部门的需要而发展起来的高性能材料，不过一般工业部门对产品的质量和可靠性的要求不如上述部门严格，所以开发碳纤维复合材料的周期较短，推广和应用速度更快。例如用碳纤维复合材料制造汽车，可减轻汽车的质量，从而节省燃料，并减少环境污染。碳纤维复合材料可用于汽车中不直接承受高温的各个部位，如传动轴、支架、底盘、保险杠、弹簧片、车体等。随着成本的降低，碳纤维复合材料会在汽车工业中得到越来越多的使用。

根据所用原料不同，碳纤维可以分为：①聚丙烯腈基碳纤维；②沥青基碳纤维；③纤维素基碳纤维；④酚醛基碳纤维；⑤其他有机纤维基碳纤维。

用气相催化法可以合成晶须状纳米碳纤维，这种碳纤维具有更广阔的应用前景。

碳纤维具有低密度、高强度、高模量、耐高温、耐化学腐蚀、低电阻、高热导率、低热膨胀系数、耐辐射等优异的性能，其物理、力学性能见表 3-11。

表 3-11　碳纤维的物理、力学性能

性能	通用型碳纤维	标准型碳纤维（T-300）	高强型碳纤维（T-1000）	高强高模型碳纤维（M-40J）	通用型石墨纤维	高模型石墨纤维
密度 /(g/cm³)	1.70	1.76	1.82	1.77	1.80	1.81~2.18
抗拉强度 /MPa	1 200	3 530	7 060	4 410	1 000	2 100~2 700
比强度 /(10^6 cm)	7.1	20.1	38.8	24.9	5.6	9.6~14.9
抗拉模量 /GPa	48	230	294	377	100	392~827
比模量 /(10^8 cm)	2.8	13.1	16.3	21.3	5.6	21.7~37.9
断裂伸长率 /%	2.5	1.5	2.4	1.2	1.0	0.5~0.27
体积电阻率 /(10^3 Ω·cm)	—	1.87	—	1.02	—	0.89~0.22
热膨胀系数 /(10^{-6} K^{-1})		−0.5				−1.44
热导率 /[W/(m·K)]	—	8	—	38	—	84~640
碳质量分数 /%	90~96	90~96	90~96	90~96	>99	>99

在碳纤维制备过程中,纤维经碳化和石墨化处理后,碳质量分数达 96% 以上,表面惰性大大增强,为了改变其表面性能,提高其与基体的结合能力,一定要对碳纤维进行表面处理。

碳纤维由于高温抗氧化性和韧性较差,所以很少单独使用,主要用作各种复合材料的增强材料,其主要用途有以下几个方面。

1. 在航空航天方面的应用

在航空工业中,碳纤维可用于航空器的主承力结构,如主翼、尾翼和机体;也可用于次承力构件,如方向舵、起落架、扰流板、副翼、发动机舱、整流罩和碳 / 碳制动片等。

在航天工业中,碳纤维可用作导弹防热材料和结构材料,如火箭喷嘴、鼻锥、防热层,卫星构架、天线、太阳能翼片底板,航天飞机机头、机翼前缘、舱门等。

2. 在交通运输方面的应用

碳纤维复合材料可用来制造汽车的传动轴、板簧、构架等,也可用于制造快艇、巡逻艇、鱼雷快艇等。

3. 在运动器材方面的应用

用碳纤维可制造网球拍、羽毛球拍、棒球杆、曲棍球杆、高尔夫球杆、自行车、滑雪板和赛艇的壳体、桅杆、划水桨等。

4. 在其他工业中的应用

碳纤维可用来制造化工耐蚀复合材料制品,如泵、阀、管道、储罐。碳纤维复合材料还是较好的桥梁和建筑物的修补材料,也广泛用于医疗器械和纺织机部件的制造。

3.2.3　芳纶纤维

主链由芳香环和酰氨基构成,每个重复单元中酰氨基的氧原子和羰基均直接与芳香环中的碳原子相连接的聚合物称为芳香族聚酰胺树脂,由其纺成的纤维总称芳香族聚酰胺纤维,简称芳纶纤维。

芳纶纤维有两大类:全芳族聚酰胺纤维和杂环芳族聚酰胺纤维。全芳族聚酰胺纤维主要包括聚对苯二甲酰对苯二胺(PPTA)和聚对苯甲酰胺纤维、聚间苯二甲酰间苯二胺和聚间苯甲酰胺纤维、共聚芳酰胺纤维等。含有氮、氧、硫等杂原子的二胺和二酰氯经缩聚可以合成芳酰胺纤维。

芳纶纤维的种类繁多,其中作为复合材料的增强材料应用量最大的是PPTA,如美国杜邦公司的Kevlar系列、荷兰阿克苏(Akzo)公司的特瓦纶(Twaron)系列、俄罗斯的特纶(Terlon)纤维都属于这个品种。

PPTA的化学结构是由苯环和酰氨基组成的大分子链,酰氨基接在苯环的对位上。由于大共轭的苯环难以内旋转,大分子链具有线形刚性伸直链构型,因此芳纶纤维具有高强度和高模量。PPTA分子中的酰氨基是极性基团,酰氨基团中的氧原子能够和另一个分子链中供电子的羰基形成氢键,构成梯形聚合物,这种聚合物具有良好的规整性,因此具有高度的结晶性。在纺丝过程中,PPTA在临界浓度的浓硫酸中形成向列型液晶态,聚合物呈一维取向有序排列,成纤时在剪切力作用下容易沿作用力方向取向。采取干喷-湿法液晶纺丝工艺,可抑制纤维中产生卷曲或折叠链,使分子链沿轴向高度取向,形成几乎100%的次晶结构。

PPTA的晶体结构为单斜晶系,每个单胞中含有两个大分子链,分子链间由氢键交联形成片晶,层间是严格对齐的,并且结构中片晶堆集占优势,只有极少量的非晶区。纤维中的分子在纵向具有近乎平行于纤维轴的取向,在横向具有平行于氢键片层的辐射状取向。在液晶纺丝时常见少量正常分子杂乱取向,称为轴向条纹或氢键片层的打褶,即PPTA的辐射状打褶结构,如图3-2所示。

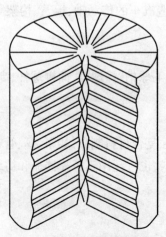

图3-2　PPTA的辐射状打褶结构

PPTA 纤维还有微纤结构、皮芯结构、空洞结构等不同形态的超分子结构。纤维的这种更高层次的有序微纤形态的形成,纤维聚集成束和条状微纤的相连有利于纤维承担更大的载荷。

PPTA 纤维不仅具有优异的抗拉强度和拉伸模量,而且具有优良的减振性、耐磨性、抗冲击性、抗疲劳性、尺寸稳定性、耐化学腐蚀性和介电性能。此外,它还具有低膨胀性、低导热性、低密度、不燃性、不熔性等性能。Kevlar 纤维与其他纤维的性能比较见表 3-12,数据表明 Kevlar 纤维的密度小于 E- 玻璃纤维, Kevlar-49 的拉伸模量比 E- 玻璃纤维高得多,因此 Kevlar-49 可以用作高性能复合材料的增强材料。

表 3-12　Kevlar 纤维与其他纤维的性能比较

性能	Kevlar-29	Kevlar-49	E- 玻璃纤维	尼龙
密度 /(g/cm³)	1.44	1.45	2.54	1.14
抗拉强度 /MPa	2 820	2 820	3 400	1 300
拉伸模量 /GPa	59.8	133.8	71	6.3
断裂伸长率 /%	4.0	2.4	4.0	19

芳纶纤维可用作增强材料和用来制作防弹制品。

1. 增强材料

芳纶纤维作为增强材料主要用于航空航天、船舰、汽车、建筑材料等方面。由于芳纶纤维的比强度、比模量高于高强度玻璃纤维,作为航空航天用复合材料的增强材料,芳纶纤维具有明显的优势。美国的 MX 陆基机动洲际导弹的三级发动机和"三叉戟Ⅱ"D5 导弹的第三级发动机都采用了 Kevlar 纤维增强的环氧树脂缠绕壳体。前苏联的 SS-24、SS-25 机动洲际导弹的各级固体发动机也采用了芳纶纤维壳体。

芳纶 / 环氧复合材料大量地用于制造飞机构件,如发动机舱、中央发动机整流罩、机翼与机身整流罩、挂架整流罩、方向舵和升降舵后缘、应急出口门和窗。以芳纶 / 环氧无纬布和薄铝板交叠铺层,经热压而成的芳纶 / 铝合金超混复合层板(ARALL)是一种具有许多超混杂优异性能的新型航空结构材料,它的比强度和比模量都高于优等铝合金材料,疲劳寿命是铝的 100~1 000 倍,阻尼和隔声性能也较铝好,可加工性能比芳纶复合材料好。

与用玻璃纤维制造的船相比,一条 7.62 m 长、用芳纶纤维制造的船,船体质量减轻 28%,整船质量减轻 16%;消耗同样的燃料时,速度提高 35%,航行距离延长 35%。用芳纶纤维制造的船尽管一次性投资较大,但因节约燃料,在经济上是合算的。

用芳纶纤维制造汽车零部件具有明显的节省燃料的效果,同时可大大提高汽车的性能,常用于制造缓冲器、门梁、变速器支架、压簧、传动轴、制动片等。

使用芳纶纤维代替玻璃纤维应用于赛车,可使赛车减重 40%,同时可提高赛车的抗冲击性、振动衰减性和耐久性。

芳纶纤维在建筑材料方面的应用主要为增强混凝土。芳纶纤维可直接用于混凝土,具有较好的增强效果,也可以制成钢筋或网格形状的芳纶 / 环氧复合材料,再用于增强混凝土。用其增强的混凝土具有强度高、质量轻、耐腐蚀性好等特点,特别适用于桥梁、码头和化工厂的设施。芳纶 / 环氧复合材料也可以用作桥梁和大型建筑的修补材料。

2. 防弹制品

用芳纶纤维制造的防弹制品主要有防弹装甲板和防弹背心。

芳纶复合材料板、芳纶与金属或陶瓷的复合装甲板已广泛用于装甲车、防弹运钞车、直升机防弹板、舰艇装甲防护板,也常用于制造防弹头盔。

用芳纶纤维可以制成软质防弹背心,具有优良的防弹效果。第一代防弹芳纶纤维是Kevlar-29 和 Twaron-1000,第二代防弹芳纶纤维是 Kevlar-129 和 Twaron-2000。

3. 其他应用

芳纶纤维的其他应用包括缆绳、传送带、特种防护服装和体育用品等:芳纶纤维可用于制造降落伞绳、船舰和码头用缆绳、海上油田用支撑绳等;用芳纶纤维制造的传送带可用于煤矿、采石场和港口,也可用于食品烘干线;芳纶纤维织物可用作特种防护织物,用于制造消防服、赛车服、运动服、手套等产品;芳纶纤维还可用于制造弓箭、弓弦、高尔夫球杆、滑雪板和自行车架等。

3.2.4　其他增强纤维

3.2.4.1　碳化硅纤维

碳化硅纤维是以碳和硅为主要成分的陶瓷纤维,它具有高强度、高模量、良好的化学稳定性和耐高温性能,主要用于增强金属和陶瓷。碳化硅纤维的制备方法主要有化学气相沉积法和先驱体法(烧结法)两种,用前者生产的碳化硅纤维是直径为 95~140 μm 的单丝,用后者生产的碳化硅纤维是直径为 10 μm 的细纤维,每根细纤维通常由 500 根纤维组成,成为丝束,可以作为商品出售。

碳化硅纤维的主要生产国是美国和日本,美国的德事隆(Textron)公司是碳化硅单丝的主要生产厂家,其系列产品是 SCS_2、SCS_6 等,该公司也研究开发碳化硅纤维增强铝、钛基复合材料。日本碳公司是用先驱体法制造碳化硅纤维的主要生产厂家,其有系列产品,商品名为尼卡隆(Nicalon)纤维。早在 20 世纪 80 年代末日本就已研制出含钛的碳化硅纤维。

碳化硅纤维由均匀分散的微晶构成,凝聚力很大,应力能沿着致密的粒子界面分散,因此具有优异的力学性能。如日本的 Nicalon 碳化硅纤维,其直径为 10~15 μm,抗拉强度为2 500~3 000 MPa,弹性模量为 180~200 GPa,断裂伸长率为 1.5%,密度为 2.55 g/cm³,热膨胀系数(轴向)为 $3.1 \times 10^{-6} \, ℃^{-1}$。

碳化硅纤维具有优异的耐热氧化性能,在 1 000 ℃ 以下,其力学性能基本没有变化,可以长期使用;在 1 300 ℃ 以上,由于 β-SiC 微晶增大,其力学性能有所下降。

碳化硅纤维具有良好的耐化学腐蚀性能,在 80 ℃ 以下耐强酸(HCl、H_2SO_4、HNO_3),用30% 的 NaOH 溶液浸蚀 20 h 后,纤维失重率在 1% 以下,力学性能基本不变。在 1 000 ℃ 以下,碳化硅纤维与金属几乎不发生反应,但有很好的浸润性,有益于与金属复合。

由于具有耐高温、耐腐蚀、耐辐射性能,碳化硅是一种理想的耐热材料。碳化硅纤维的双向和三向编织布、毡等织物已经用作金属熔体过滤材料,并用于生产高温物质的传输带、高温烟尘过滤器、汽车废气过滤器等,在冶金、化工、原子能工业和环境保护领域都有广阔的应用前景。用碳化硅纤维增强的复合材料已用于制造喷气发动机涡轮叶片、飞机螺旋桨、涡轮主动轴等受力部件。

在军事上,碳化硅纤维复合材料可用于生产大口径军用步枪枪筒套管、M-1 作战坦克履带、火箭推进剂传送系统、先进战斗机的垂直安定面、导弹尾部、火箭发动机外壳、鱼雷壳体等。

3.2.4.2　硼纤维

硼纤维是一种无机纤维,最早由美国研制,并于 20 世纪 60 年代在航天工业中获得应用。硼纤维是采用高温化学气相沉积法将硼沉积在钨丝或碳芯表面制成的高性能增强纤维,具有很高的比强度和比模量,是制造金属基复合材料最早采用的高性能纤维。用硼纤维增强铝复合材料制成的航天飞机舱框强度高,刚性好,代替铝合金材料质量可减轻 44%。美国、俄罗斯是硼纤维的主要生产国,中国从 20 世纪 70 年代开始研制硼纤维及其复合材料,目前硼纤维及其复合材料已广泛应用于众多生产、生活领域。

与其他增强纤维相比,硼纤维具有较低的密度、较高的强度、很高的弹性模量和熔点、较高的高温强度,其性能见表 3-13。

表 3-13　硼纤维的性能

性能	典型值	性能	典型值
抗拉强度 /GPa	3.45	热膨胀系数 /(10^{-6} K^{-1})	1.5
弹性模量 /GPa	400	密度 /(g/cm³)	2.4~2.6

随着科学技术不断进步,硼纤维的性能不断提高,其弹性模量比玻璃纤维高约 4 倍,其强度超过了钢的强度。

硼纤维除了在航天工业中用作结构材料外,在航空工业中也得到应用。例如 B-1 洲际战略轰炸机、F-14 和 F-15 等军用飞机中均使用硼纤维增强钛合金部件。硼纤维作为中子减速剂在原子能工业和防中子弹等方面也有潜在的应用前景。

3.2.4.3　晶须

晶须是目前已知的纤维中强度最高的,其机械强度几乎等于相邻原子间的作用力。晶须强度高的主要原因是它的直径非常小,容纳不下能使晶体削弱的孔隙、位错和不完整等缺陷。晶须的内部结构完整,使它的强度不受表面完整性的严格限制。晶须分为陶瓷晶须和金属晶须两类,用作增强材料的主要是陶瓷晶须。陶瓷晶须的基本性能见表 3-14,其直径只有几微米,断面呈多角状,长度一般为几厘米。晶须兼有玻璃纤维和硼纤维的优良性能,它具有玻璃纤维的伸长率(3%~4%)和硼纤维的弹性模量 [(4.2~7.0) × 10^5 MPa],氧化铝晶须在 2 070 ℃的高温下仍能保持 7 000 MPa 的抗拉强度。

表 3-14 陶瓷晶须的基本性能

晶须名称	密度 /(g/cm³)	熔点 /℃	抗拉强度 /MPa	拉伸模量 /GPa	比强度	比刚度
氧化铝	3.9	2 080	$(1.4\sim2.8)\times10^4$	$(7\sim24)\times10^2$	3 500~7 200	$(1.8\sim6.2)\times10^5$
氧化铍	1.8	2 560	$(1.4\sim2.0)\times10^4$	7×10^2	780~11 000	3.9×10^5
碳化硼	2.5	2 450	0.71×10^4	4.5×10^2	2 800	1.8×10^5
石墨	2.25	3 580	2.1×10^4	10×10^2	9 300	4.5×10^5
α 型碳化硅	3.15	2 320	$(0.7\sim3.5)\times10^4$	4.9×10^2	225~11 100	1.55×10^5
β 型碳化硅	3.15	2 320	$(0.71\sim3.55)\times10^4$	$(7\sim10.5)\times10^2$	225~11 100	$(2.2\sim3.3)\times10^5$
氮化硅	3.2	1 900	$(0.30\sim1.06)\times10^4$	3.86×10^2	1 000~3 320	1.2×10^5

晶须没有显著的疲劳效应,切断、磨粉或其他施工操作都不会降低其强度。

晶须在复合材料中的增强效果与其品种、用量关系极大,根据实践经验总结如下。

（1）作为硼纤维、碳纤维、玻璃纤维的补充增强材料,加入 1%~5% 的晶须可使复合材料的强度有明显的提高。

（2）加入 5%~50% 的晶须,可使模压复合材料和浇注复合材料的强度成倍提高。

（3）在层压板复合材料中加入 50%~70% 的晶须能使其强度提高许多倍。

（4）在定向复合材料中加入 70%~90% 的晶须往往可以使其强度提高一个数量级,定向复合材料所用的晶须制品为浸渍纱和定向带。

（5）对于高强度、低密度的晶须构架,黏结剂只需相互接触就可把晶须黏结起来,因此晶须含量可高达 90%~95%。

晶须复合材料由于价格昂贵,目前主要用在空间技术和尖端技术上,在民用方面主要用于合成牙齿、骨骼和生产直升机的旋翼、高强离心机等。

3.2.4.4 氧化铝纤维

以氧化铝为主要组分的陶瓷纤维称为氧化铝纤维,一般将氧化铝含量大于 70% 的纤维称为氧化铝纤维,而将氧化铝含量小于 70%、其余组分为二氧化硅和少量杂质的纤维称为硅酸铝纤维。用不同的方法可制成氧化铝的短纤维和长（连续）纤维。

氧化铝纤维是多晶 Al_2O_3 纤维,用作增强材料具有优异的机械强度和耐热性能,直到 1 370 ℃,其强度仍下降不大。各种氧化铝纤维的成分和性能见表 3-15。氧化铝纤维的性能主要取决于它的微观结构,如纤维的气孔、瑕疵和晶粒的尺寸等都对纤维的性能有显著的影响,而纤维的微观结构主要取决于纤维的制备方法和工艺过程。

氧化铝纤维抗抗拉强度大,弹性模量高,化学性质稳定,耐高温,多用作高温结构材料,特别是在航空、宇航空间技术方面有广阔的应用前景,也可用作高温绝缘滤波器材料。

表 3-15　各种氧化铝纤维的成分和性能

牌号	直径 /μm	密度 /(g/cm³)	抗拉强度 /MPa	拉伸模量 /GPa
Nextel 312	10~12	2.7~2.9	1 750	157
Nextel 440	10~12	3.5	2 100	189
Nextel 480	10~12	3.05	2 275	224
FP	20	3.9	1 373	382
PRD-166	20	4.2	2 100~2 450	385
TYCO	250	3.99	2 400	460

第 4 章　聚合物基复合材料的制造原理

4.1　概述

　　增强材料与基体材料只有通过成型工艺制成一定的复合材料才能反映出其优越的综合性能。聚合物基复合材料通常不以复合材料的形式供应,而视具体产品供应不同形式的原材料。人们往往在完成材料制造的同时完成产品制造,所以需要根据产品的形状和使用要求选择成型方法,按照材料的力学性能和使用允许的变形条件决定增强纤维在基体中的排列规则和相对位置,使它合理地配置在基体中并与基体保持一定的比例,然后正确地选择基体固化的工艺参数。一般认为,当原材料质量确定后,复合材料的成型工艺参数是影响产品质量的关键因素,因此成型工艺参数方面的研究一直为科技界所重视。

　　复合材料的制造大体有如下过程:预浸料的制造,制件的铺层、固化,制件的后处理与机械加工等。通过上述过程,可以将各种原材料转化为产品,在转化过程中有一个难易程度和质量保证的问题,这个问题是由材料的内在因素决定的。材料的这种内在的因素与外在的表现通常称为材料的工艺性。

　　例如制造一根管子,对于通常的热塑性塑料可用挤压的方法制造,而对于聚四氟乙烯塑料就需用冷压烧结的方法制造,对于连续纤维增强的复合材料则应当采用缠绕成型的方法制造。产品的形状是一样的,但由于采用了不同的材料,而不同的材料具有不同的工艺性,因此必须采用不同的工艺方法,以满足材料工艺性的要求,才能制造出合格的产品。

　　在新材料的研究和应用过程中常常发生这样的事:材料研究单位提出的材料可以满足使用要求,但材料使用单位由于种种原因,在工艺上无法实现。如聚酰亚胺树脂具有很优越的耐高温性能,但成型工艺困难影响了它的应用;一些树脂的黏结剂具有很好的耐高温性能,但由于需要高温固化才能起到黏结作用,就增加了一些器件的制造难度,因此不能充分发挥材料的效能。以上例子说明,具有良好使用性能的材料,还必须有良好的工艺性。材料研究人员应该认识到,研究材料使用性能的过程也是研究材料工艺性的过程,特别是为了节约能源和人力资源,充分利用与改造老材料以满足新要求,研究材料的工艺性更有现实的意义。

　　研究与改善材料的工艺性,概括地讲有四种途径:一是改造现行的工艺方法或创造新的工艺方法,使其与材料的已知物理、化学、力学性能相适应,要求充分利用当代的最新技术,研究新的成型方法;二是在微观测试技术发展的今天,深入研究材料的结构,研究结构与性能的关系,然后通过一定的手段改变材料的组分或加入某些新组分,使材料具有与现行的工艺方法相适应的物理、化学、力学性能;三是挖掘材料的新性能,同时研究与新性能相适应的新工艺;四是研究新材料与新工艺。

　　工艺控制对材料生产有巨大的影响,直接关系到产品性能和生产成本,好的工艺应符合以下标准:①制造制件时,工艺方法简单,产品质量稳定、可靠;②尽可能兼顾生产周期、工艺装备的复杂程度、能源消耗情况、工人的技术水平等因素,经济效益高;③原材料及其制品的毒性小。一般来说,如果材料的使用性能好,但在工艺过程中会产生较大的毒性,危害人体健康,则这样的工艺也不能称为很好的工艺。

复合材料的制造,特别是复合材料产品的制造包含的内容很广,这里重点介绍固化工艺。

4.2　预浸料

预浸料是用树脂基体在严格控制的条件下浸渍连续纤维或织物制成的树脂基体与增强体的组合物,是制造复合材料的中间材料。预浸料按物理状态分类,分成单向预浸料、单向织物预浸料和织物预浸料;按树脂基体分类,分成热固性树脂预浸料和热塑性树脂预浸料;按增强材料分类,分成碳纤维(织物)预浸料、玻璃纤维(织物)预浸料和芳纶(织物)预浸料;按纤维的长度分类,分成短纤维预浸料、长纤维预浸料和连续纤维预浸料;按固化温度分类,分成中温(120 ℃)固化预浸料、高温(180 ℃)固化预浸料和固化温度超过200 ℃的预浸料。预浸料有商品供应,但应在密封状态下贮存,一般产品在 -15~-10 ℃下保存,军工、航天用特种产品一般在 -18 ℃下保存,以保证使用时具有合适的黏性、铺覆性、凝胶时间和树脂流动性等工艺性能。预浸料的常用规格按照单位面积的纤维含量分为 C020、C030、C050、C075、C100、C125、C150、C175、C200 等;按照树脂含量分为 25%、33%、37%、40% 等。

4.2.1　预浸料的制造

20 世纪 60 年代,随着高性能碳纤维、芳纶纤维研制成功,人们开始着手研究其预浸料。最初人们在玻璃板上将一束一束纤维平行靠拢,然后设法倾注树脂基体,就制成了预浸料。20 世纪 70 年代,随着连续高性能纤维的工业化生产,湿法制造预浸料开始走向机械化,其设备简单,操作方便,但存在溶剂挥发、树脂含量控制精度不高等缺点。后来研发的干法工艺因为在制备过程中不需要溶剂溶解树脂,所以不存在溶剂挥发的问题,且树脂含量控制精度较高,因而逐渐替代了湿法工艺。这里主要介绍热固性预浸料和热塑性预浸料的制备方法。

4.2.1.1　热固性预浸料的制备方法

热固性预浸料常用的制备方法包括溶液法和热熔法。溶液法也称湿法,即将树脂溶于低沸点的溶剂中,形成具有特定浓度的溶液,然后将纤维束或者织物按规定的速度浸渍树脂溶液,并用刮刀或计量辊筒控制树脂含量,再通过烘箱干燥使低沸点的溶剂挥发,最后收卷。溶液法又分为滚筒缠绕法和连续浸渍法。滚筒缠绕法是将浸渍树脂基体后的纤维束或织物缠绕在一个金属圆筒上,每绕一圈,丝杆横向进给一圈,这样纤维束或织物就平行地绕在金属圆筒上,待绕满一周后,沿滚筒的母线切开,即形成一张预浸料。该方法效率低,产品规格受限,目前仅在教学或者新产品的开发中使用。连续浸渍法则是几束至几十束纤维同时平行地通过树脂基体溶液槽浸胶,再经过烘箱使溶剂挥发后收集到卷筒上,用这种方法制备的预浸料的长度不像滚筒缠绕法那样受到金属圆筒直径的限制,其工艺过程如图 4-1 所示。用湿法制备的预浸料的浸胶量与浸胶槽中胶液的浓度、浸胶速度、纤维所受的张力等因素有关。

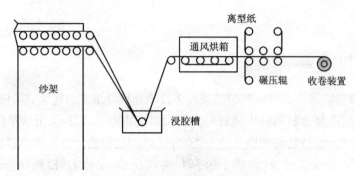

图 4-1　用连续浸渍法制备预浸料

湿法具有设备简单、操作方便、通用性好等特点,主要缺点是增强纤维与树脂基体的比例难以精确控制,树脂基体材料的均匀分布不易实现,挥发分含量的控制也较困难。另外,由于湿法过程中使用的溶剂挥发会造成环境污染,并对人体健康造成一定的危害,所以湿法工艺已逐步被淘汰。

热熔法也称干法,它是先将树脂在高温下熔融,然后通过不同的方式浸渍增强纤维制成预浸料。干法按树脂熔融后的加工状态可分为一步法和两步法。一步法使纤维直接通过含有熔融树脂的浸胶槽浸胶,然后烘干收卷。两步法又称胶膜法,它是先在制膜机上将熔融的树脂均匀涂覆在浸胶纸上制成薄膜,然后与纤维或织物叠合进行高温处理。为了保证预浸料中树脂含量的稳定,树脂胶膜与纤维束通常以"三明治"结构叠合,如图 4-2 所示,最后在高温下使树脂熔融嵌入纤维中形成预浸料。

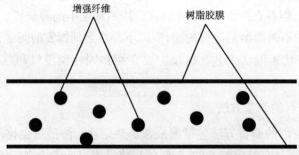

图 4-2　纤维与胶膜叠合的"三明治"结构

热熔法的优点是:预浸料的树脂含量控制精度高;挥发分少,对环境、人体危害小;制品表面外观好,制成的复合材料孔隙率低,避免了由孔隙带来的应力集中导致的复合材料寿命缩短的危害;对胶膜质量的控制较方便,可以随时监测树脂的凝胶时间、黏性等。热熔法的缺点是:设备复杂,工艺烦琐;要求热固性树脂的熔点较低,且在熔融状态下黏度较小,不发生化学反应;对于厚度较大的预浸料,树脂容易浸透不均。为了得到较好的纤维、树脂界面,通常在增强纤维与树脂基体复合前对增强纤维进行加热处理,以提高纤维表面的活性,改善纤维与树脂的界面接合。

刘宝峰等研究发现,采用溶液法和两步热熔法所制备的玻璃纤维预浸料的工艺性能相似,在制品的外观和复合材料的力学性能方面,热熔法优于溶液法。过梅丽等研究发现,用热熔法制备的复合材料的湿热力学性能优于用溶液法制备的复合材料。

4.2.1.2 热塑性预浸料的制备方法

工程用高性能热塑性树脂,如聚醚醚酮(PEEK)、聚酰亚胺醚(PEI)、聚苯硫醚(PPS)等,其熔点超过 300 ℃,熔融黏度一般大于 100 Pa·s,而且随温度的变化很小,因此制备热塑性预浸料的关键是解决热塑性树脂对增强纤维的浸渍问题。学者们对热塑性树脂基预浸料的浸渍已有广泛的研究,热塑性预浸料常用的制备方法包括溶液法、热熔法、粉末法、浸渍法、悬浮浸渍法、纤维混杂法、原位聚合法等。

部分非结晶型树脂,如 PEI、PES(聚醚砜)等,可溶解在低沸点溶剂中,可用溶液法制备预浸料,但一般需要高温条件,以增大热塑性树脂在溶剂中的溶解度,提高预浸料的树脂含量。PEEK、PPS 这类结晶型树脂没有合适的低沸点溶剂可溶,不宜使用溶液法制备预浸料。

热塑性树脂的热熔法与热固性树脂的热熔法相似。

粉末法是制备热塑性预浸料比较典型的方法,它是将带静电的树脂粉末沉积到被吹散的纤维上,再经过高温处理使树脂熔融嵌入纤维中(图 4-3)。粉末法的特点是能快速连续生产热塑性预浸料,纤维损伤小,工艺过程历时短,聚合物不易分解,具有成本低的潜在优势。这种方法的不足之处是仅限于制备直径为 5~10 μm 的树脂粉末,而制备直径在 10 μm 以上的树脂颗粒难度较大,且浸润所需的时间、温度、压力均依赖于粉末的直径和分布状况。

悬浮浸渍法的主要过程是先将纤维通过事先配制好的悬浮液,使树脂粒子均匀分布在纤维上,然后加热烘干悬浮剂,同时使树脂熔融浸渍纤维得到预浸料。悬

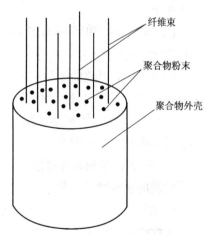

图 4-3 粉末浸渍丝束断面

浮剂多为含有增稠剂(如聚环氧乙烷、甲基乙基纤维素)的水溶液。树脂粉末应尽可能细小,直径最好在 10 μm 以下且小于纤维的直径,以均匀分布并浸透纤维。用这种方法生产的片材纤维分布均匀,成型加工时预浸料流动性好,适合制造复杂几何形状和薄壁结构的制品。与热熔法一样,该法存在技术难度高和设备投资大的缺点。

纤维混杂法是先将热塑性树脂纺成纤维或纤维膜带,再根据含胶量将增强纤维与树脂纤维按一定比例紧密地合并成混合纱,然后将混合纱制成一定形状的产品,最后通过高温作用使树脂熔融嵌入纤维中。几种典型的混杂方法如图 4-4 所示。纤维混杂法的优点是树脂含量易于控制,纤维能充分浸润,可以直接缠绕成型得到外形复杂的制件。纤维混杂法的缺

点是树脂难以均匀浸润。此外,制取直径极小(<10 μm)的热塑性树脂纤维非常困难,同时在织造过程中易造成纤维损伤,因而限制了这一方法的应用。纤维混杂法的独特之处在于树脂浸润过程与预浸料固化过程同时进行,树脂的浸润与纤维混合截面和工艺参数(如温度、压力、时间等)有很大关系。

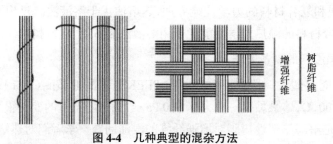

图 4-4　几种典型的混杂方法

4.2.2　对预浸料的性能要求

预浸料的一些性能基本上被原封不动地带到复合材料及其构件中,是复合材料性能的基础。复合材料成型时的工艺性能和力学性能取决于预浸料的性能。通常对预浸料的主要要求如下。

(1)树脂基体和增强体的匹配性好,即增强体表面经过处理和树脂基体相容,以使复合材料有优良的层间强度。

(2)具有适当的黏性和铺覆性。黏性不宜太大,以便铺层有误时可以分开重新进行铺贴而预浸料无损坏;黏性也不能太小,在工作温度下两块预浸料应能粘贴在一起不分开。形状复杂或曲率大的构件,要求预浸料在一定的外力作用下能服帖地贴在模具上,去掉外力也不会反弹而从模具上脱开。

(3)树脂含量偏差尽可能小,至少控制在 ±3% 以内,以保证复合材料纤维体积含量和力学性能的稳定性。尤其是非吸胶预浸料,树脂含量偏差应控制在 ±1% 以内。

(4)挥发分含量尽可能小,一般在 2% 以下,以降低复合材料的孔隙率,提高复合材料的力学性能。主要承力构件预浸料的挥发分含量要求控制在 0.8% 以下。

(5)具有较长的贮存寿命。通常要求在室温下的黏性贮存期长于 1 个月,在 -18 ℃下长于 6 个月,以满足复合材料铺贴工艺和力学性能的要求。

(6)固化成型时有较宽的加压带,即在较宽的温度范围内加压都可得到满意的复合材料构件而对性能无明显的影响。

(7)有适当的流动度。层压件流动度可以大一些,以使树脂均匀分布并浸透增强材料;夹层结构流动度应比较小,以使面板和芯材能牢固地结合在一起。

4.3　聚合物基复合材料的成型固化

复合材料的性能在纤维与树脂体系确定后,主要取决于成型固化工艺。成型固化工艺包括两方面的内容:一是成型,即根据产品的要求将预浸料铺置成一定的形状(一般为产品的形状);二是固化,即使已铺置成一定形状的叠层预浸料在温度、时间和压力等因素的影响下将形状固定下来,并能达到预期的性能要求。

4.3.1　复合材料及其制件的成型

复合材料及其制件的成型方法是根据产品的外形、结构与使用要求,结合材料的工艺性确定的。从 20 世纪 40 年代玻璃纤维复合材料及其制件成型方法的研究与应用开始,至今已发展了许多种成型方法,如手糊成型、喷射成型、模压成型、缠绕成型、真空浸胶成型和挤拉成型等。这些成型方法的使用已较普遍,这里仅作一般的介绍。随着科学技术的发展,复合材料及其制件的成型方法将向更完善的方向发展。

4.3.1.1　接触低压成型

树脂基复合材料于 1932 年在美国出现,1940 年人们以手糊成型的方法制成了玻璃纤维增强聚酯的军用飞机雷达罩。之后美国莱特空军发展中心设计和制造了一架以玻璃纤维增强树脂为机身和机翼的飞机,并于 1944 年 3 月在莱特 - 帕特空军基地试飞成功,从此纤维增强复合材料开始受到军界和工程界的关注。第二次世界大战以后这种材料迅速扩展到民用领域,风靡一时,发展很快。

手糊成型又称接触成型,是通过手工作业把玻璃纤维织物和树脂交替铺在模具上,黏结在一起后固化成型的工艺。该工艺不仅设备简单,容易掌握,还可在产品的不同部位任意增补增强材料,易于满足外形复杂的产品的设计需要。其缺点是:①生产效率低,生产周期长,不宜大批量生产;②产品质量不易控制,性能不稳定,力学性能较差;③生产环境差,气味大,加工时粉尘多,易对人体造成伤害。

1950 年真空袋和压力袋成型工艺的研究成功提高了手糊成型产品性能的稳定性;1960 年左右,玻璃纤维 - 聚酯树脂喷射成型技术得到了应用,使手糊成型的质量和生产效率大为提高。这期间相继出现的喷射成型、袋压成型、热压罐成型和热膨胀模塑成型(低压成型)等工艺与传统的手糊成型工艺统称接触低压成型工艺。图 4-5 是不同接触低压成型工艺的示意图。

接触低压成型工艺的过程是先将材料在阴模、阳模或对模上制成设计的形状,接着加热或常温固化,脱模后再经过辅助加工获得制品。接触低压成型工艺的最大优点是设备简单、适应性强、投资小、见效快,但它同时存在着生产效率低、劳动强度大、产品重复性差等明显的缺点,改进这种工艺成为先进复合材料成型工艺下一步发展的关键。

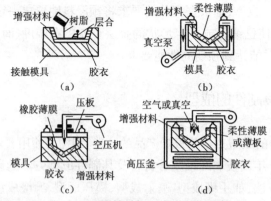

图 4-5 不同接触低压成型工艺示意
（a）手糊成型 （b）真空袋压成型 （c）袋压成型 （d）热压罐成型

在此期间,美、法、日等国先后开发了高产量、大幅宽、连续生产的玻璃纤维复合材料板材生产线,使复合材料制品实现了规模化生产。这使复合材料成型工艺走向了自动化、高效化、专业化的方向,对复合材料工业的发展起到了决定性的作用。现在生产设备的大型化、自动化,生产工艺的连续化、高效化等是接触低压成型工艺发展的关键。

4.3.1.2 缠绕成型

一些环形构件（如压力容器、管件、梁、平板、槽形件等）可用缠绕的方法成型。这种方法能有效地利用纤维的力学性能,它是将浸胶的纤维用缠绕机往复地缠绕到芯模上,待达到厚度和其他要求后再进行固化。缠绕成型是通过各种类型的缠绕机实现的,因此产品重复性好,质量有保证。例如封闭式压力容器缠绕机、连续缠管机、箱式或椭圆形压力容器缠绕机、箱式或长方形容器缠绕机和用于制备梁、平板、曲板、槽形板等非回转体零件的缠绕机等。图 4-6 所示为米克罗萨姆（Mikrosam）公司于 2015 年推出的 5 工位缠绕机。

图 4-6 缠绕成型设备

缠绕成型要根据制件的形状、性能等要求,结合材料的工艺性,选择成型方法和设备,确定缠绕参数。

　　根据成型时树脂基体的物理化学状态,缠绕成型分为干法、湿法和半干法三种。干法成型所用的预浸纱或带是专门制造的,是烘出溶剂的半成品,使用时通过加热使其软化,然后缠绕成型。湿法成型与干法成型相对应,预浸料在制造过程中直接缠绕在芯模上成型。前者制品质量稳定,可以严格控制纱带的含胶量,后者所需设备简单,较经济,各有优劣。在上述两种方法的基础上又发展出了半干法,此法与湿法相比增加了烘干预浸料的工序,与干法相比缩短了烘干时间,降低了烘干程度,这样既除去了溶剂,又提高了缠绕速度和产品质量。硼纤维、玻璃纤维预浸料宜使用干、湿两种方法成型,而碳纤维性脆,容易断头和起毛,所以一般使用湿法成型。

　　根据缠绕规律,缠绕成型可分为三种类型:一是环向缠绕,即芯模绕自己的轴线匀速转动,丝嘴在平行于芯模的轴线方向运动;二是平面缠绕,即丝嘴在固定平面内做匀速圆周运动,芯模绕自己的轴线匀速转动;三是测地线缠绕,即丝嘴以特定速度沿芯模的轴线方向往复运动。

　　用预浸带缠绕管、棒类制品与用预浸纱类似,也是根据圆周方向和圆轴线方向上的应力比决定缠绕角和无纬带的排列规律。一般有两种缠绕方法,即带复式和复绕式。两种方法的原理如图 4-7 所示,缠绕角为 θ,平行缠绕直径为 D,无纬带宽度为 W,带子重复数为 n,缠绕螺距为 P,则有

$$P = \pi D \operatorname{ctan}\theta \qquad (4\text{-}1)$$
$$nW = \pi D \cos\theta \qquad (4\text{-}2)$$

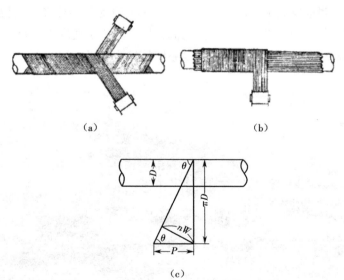

图 4-7　带复式、复绕式缠绕的原理和参数关系
(a)带复式缠绕　(b)复绕式缠绕　(c)带复式缠绕中几个参数的关系

　　复绕式缠绕比较简单,待轴向排列纤维束后,在周向取 $n = 1$ 进行缠绕。轴向与周向的纤维用量比是根据制品的性能要求确定的。

4.3.1.3 挤拉成型

对于一些长的棒材、管材、工字梁、T形梁和各种型材,可以采用挤拉成型的方法。用此法制造的产品可保证纤维排列整齐、含胶量均匀,能充分发挥纤维的力学性能,使制品有高的比刚度和比强度、低的热膨胀系数和优良的抗疲劳特性,还可以根据需要改变制品的纤维体积分数或使用混杂纤维。此外,这种方法成型质量好,效率高,适于大量生产。

挤拉成型的原理是使预浸料连续地通过模具,挤出多余的树脂,在牵引的条件下进行固化。挤拉成型有以下几种方法。

1. 通过模具成型在固化炉中固化法

此法系使预浸料通过挤压辊,以除去多余的树脂,接着在模具内成型,然后牵引到加热炉中固化,并连续引出。此法成型速度快,可同时成型多根型材,但因在模具外固化,树脂易流失,纤维易卷曲混乱,断面不规整,适合生产形状简单的制品。

2. 在加热模具内固化的间断挤拉法

此法是将预浸料放入牵引加热的金属模具内,待达到固化要求时将预浸料迅速牵引出来,同时将后续的预浸料引入模具,这样反复连续地进行。此法与上述方法相比,优点是生产的制品表面有光泽,纤维规整,质量有所提高,缺点是生产的制品每隔一个模具的长度有一条痕迹。

3. 在加热模具内固化的连续挤拉法

此种方法是上述两种方法的改进与发展,要求树脂适用期长、凝胶时间短、固化时间短和对增强材料的浸润性好等。此法可以克服上述两种方法的不足,是用得比较多的方法。

挤拉成型工艺当前发展很快,其关键是解决材料的工艺性与设备的适应性问题,如固化速度必须适应产品的牵引速度。高频预热与高频固化解决了速度不一致的问题。图4-8系英国普尔特里克斯(Pultrex)公司生产的气动系统挤拉成型机。

图4-8 挤拉成型设备

4.3.1.4　模压成型

模压成型是复合材料的生产中最古老而又富有活力的一种成型方法,它是将一定量的预混料或预浸料加入金属对模内,经加热、加压固化成型的方法。模压成型的主要优点是:生产效率高,便于实现专业化和自动化生产,可有效降低制造成本;产品尺寸精度高,重复性好;表面光洁,不需要二次修饰;能一次成型结构复杂的制品。另外,用模压成型工艺制备基体试件可以有效地避免分子取向,能较客观地反映非晶态高聚物的性能。模压成型的不足之处在于模具制造复杂,投资较大,再加上受压机的限制,最适合批量生产中小型复合材料制品。随着金属加工技术、合成树脂工艺性能不断改进、发展和压机制造水平不断提高,压机吨位和台面尺寸不断增大,压机逐渐形成成熟的数控系统,模压料的成型温度和压力降低,使得模压成型制品的生产率显著提高,质量向精细化发展,尺寸逐步向大型化发展,目前已能生产大型汽车部件、浴盆、整体卫生间组件等。

以长短纤维为增强材料,以热塑性、热固性树脂为基体材料的各类复合材料的模压成型工艺发展很快,逐步满足了汽车、航空航天、通信等领域的工业化需求。

4.3.1.5　RTM 成型

RTM(resin transfer molding,树脂传递模塑)成型是模压成型的一种,是为适应飞机雷达罩成型发展起来的。从 20 世纪 50 年代起,英美国家开始采用这种技术,并将其成功地用于各种纤维增强复合材料的生产中。RTM 成型是将树脂注入闭合模具中浸润增强材料并固化的工艺方法,是适合多品种、中批量、高质量先进复合材料制品生产的成型工艺。RTM 成型特点明显,主要体现在:①具有不需要胶衣涂层即可为构件提供双面光滑表面的能力;②能制造出具有良好表面品质的、高精度的复杂构件;③成型效率高,适合中等规模复合材料制品的生产;④便于通过计算机辅助设计进行模具和产品设计;⑤在成型过程中挥发性物质很少,不会对人体造成危害,符合环境保护的要求。但 RTM 成型也存在一些问题:①树脂对纤维的浸渍不够理想,制品孔隙率较高,且存在干纤维的现象;②制品的纤维含量较低(一般为 50%);③在面积大、结构复杂的模具型腔内,不能对模塑过程中树脂的不均衡流动进行预测和控制;④对于制造大尺寸复合材料来说,模具成本高,脱模困难。

针对 RTM 成型存在的问题和局限性,人们进行了大量颇有成效的研究,促使 RTM 成型技术逐渐成熟。真空辅助 RTM(VARTM)成型工艺就是对 RTM 成型工艺的改进,该工艺是在树脂注入的同时在闭合模具出口处抽真空。模具抽真空不仅提高了模具充模的压力,而且排除了模具和预成型体中特别是纤维束中的气体,同时提高了预成型体的宏观流动速度和树脂在纤维束间的微观流动速度,有利于纤维完全浸润,减少了制品的缺陷。压缩RTM(CRTM)成型工艺较好地解决了在成型纤维体积分数较大的复合材料制品时,预成型体的渗透率较小、注射树脂需要较大的压力、注射时间长、效率低、在注射过程中带入的气体很难排除等问题。

在优化 RTM 成型工艺的过程中,发展增强材料自动预成型技术与设备、低成本模具设计与制造技术、自动控制树脂注入系统和 RTM 与其他成型工艺的复合成型技术是关键。树脂传递模塑机组、树脂注射成型技术等先进的设备和工艺就是杰出的研究成果,在很大程度上促进了 RTM 成型的规模化、自动化发展。从 20 世纪 90 年代初开始,掀起了对 RTM 成型工艺和理论的研究热潮, RTM 成型设备、树脂和模具技术日趋完善,美国的 RTM 成型发展尤为迅速。

从 20 世纪 40 年代至今,复合材料成型工艺发生了巨大而深刻的变化,对促进整个复合材料工业的发展起到了决定性的作用。随着社会工业的进步、科学技术的快速发展,复合材料构件的制造技术将朝着以下方向发展:①应用新型成型技术,如 RTM 成型工艺;②提高整体成型技术(特别是大型构件整体成型技术)的比例;③发展快速、优良、稳定的固化技术;④应用新型切割工艺,如超声切割等;⑤采用光导纤维技术检测构件,采用计算机无损检测、在线监测等新型技术,从而实现复合材料构件生产的自动化,降低复合材料的制造成本,促使复合材料制造技术走向智能化、规模化。

4.3.2 复合材料及其制件的固化

热固性树脂基预浸料根据设计要求成型后要进行固化,固化过程使树脂和纤维润湿与黏合,并通过界面形成一个整体。同样的树脂固化体系在不同的工艺条件下可以形成性能相差很大的复合材料。不同固化工艺对在高温下使用的复合材料的性能的影响见表 4-1。从表 4-1 中可知,固化产物的玻璃化转变温度 T_g 随密度增大呈下降的趋势,在缓慢固化的过程中固化得不完全 T_g 就低,有利于形成具有较大密度的固化物。

表 4-1　不同固化工艺与固化产物性能的关系(表中所用的固化体系为:环氧 828: 100 份;甲基四氢邻苯二甲酸酐:94 份;苄基二甲胺:1 份)

固化周期 /(h/℃)	拉伸性能			压缩性能		T_g/℃	密度 /(10^3 kg/m³)	热变形温度 /℃
	强度 /MPa	断裂伸长率 /%	弹性模量 /GPa	强度 /MPa	弹性模量 /GPa			
16/130+4/190	80.36	3.42	338.10	135.24	372.40	118	1.221	—
16/130+24/190	75.95	3.87	325.36	134.26	352.80	141	1.221	—
16/130+24/190	73.50	2.79	323.40	141.12	354.76	151	1.219	—
16/130+24/190+4/220	61.74	2.61	303.80	130.34	320.46	178	1.217	—
4/100+4/190	88.20	3.39	348.88	183.26	340.06	134	1.221	120
64/100+4/190	89.67	3.59	333.20	134.26	343.00	133	1.220	122
4/120+4/190	70.56	2.38	350.84	144.06	372.40	124	1.222	96
16/120+4/190	73.50	2.60	345.94	138.18	362.60	135	1.223	112
4/140+4/190	58.80	1.85	359.66	143.08	380.24	123	1.225	94
1/160+4/190	59.29	1.74	382.20	140.14	375.34	87	1.232	71

固化工艺可以分为三种类型,即静态固化工艺、动态固化工艺和固化模型。一般复合材料制件常采用静态固化工艺。静态固化工艺根据经验和大量试验数据分析制定时间、温度和压力固化工艺规范,在严格控制各种因素的情况下能得到良好的结果。但是如遇到一些

干扰因素(如电压的波动、材料批量的差异等),静态固化工艺难以调节工艺规范,常常造成固化工艺不当,影响产品质量,因此动态固化工艺和固化模型得到了发展。

4.3.2.1 静态固化工艺

预浸料成型后进行固化,固化过程的参数是温度、时间和压力,通过参数的选择和控制得到合格的复合材料制件。固化过程是整个工艺过程中最关键的部分,它是决定产品质量和材料性能的主要因素,因为基体和纤维是在这一过程中复合的,树脂由低分子物成为高分子物,并与纤维形成界面黏合。这一过程既有化学反应又有物理变化,同样的固化体系在不同的固化参数下固化可以聚合成性能相差很大的不同结构,同样的预浸料在不同的时机加压可以形成孔隙率和纤维含量不同的复合材料,因此必须确定正确反映材料内部变化的工艺参数,并掌握温度、压力、时间三者的相互关系。

对工艺参数的研究长期以来采用经验的方法,即通过对大量基体体系的浇注料和复合材料性能数据的分析,总结出工艺参数,用这种方法确定工艺参数费时费力,一般来说效果也不甚好。随着科学技术的发展,人们正逐渐摆脱经验的方法,开始利用各种热分析技术确定工艺参数。下面具体介绍几种方法。

1. 差热分析(DTA)与差示扫描量热(DSC)分析

热分析是在程序控温下测量物质的物理性质随温度变化的函数关系的技术。早在 19 世纪末到 20 世纪初,热分析技术就在黏土矿物和合金的研究中得到应用,但直到 20 世纪中期才作为分析技术应用到化学领域。如今热分析技术在聚合物领域大量应用,成为研究聚合物的热行为、动力学性质和结构与性能的关系等的重要手段。聚合物的热分析技术主要包括差热分析、热重分析、差示扫描量热分析、热机械分析、动态力学性能分析和热分析联动等技术。

差示扫描量热分析是在 DTA 的基础上发展起来的一种热分析技术。物质在等速加热过程中会发生物理或化学变化,差热分析方法用来测量物质与参比物之间的温度差与温度的函数关系。在升温过程中如果试样没有热效应,则试样与参比物间的温度差 ΔT 为零。如果试样在某一温度下发生吸热反应(或放热反应),则会产生温度差 ΔT,将 ΔT 对试验温度作图,即得到差热曲线。实际上物质发生熔融、结晶、升华、氧化、聚合、固化、硫化、脱水等变化时有吸热或放热行为,因此在差热曲线上会出现相应吸热或放热峰。如果试样无吸热或放热现象,而温度突然变化,差热曲线将发生基线偏移,如高聚物的玻璃化转变。图 4-9 所示是典型的差热曲线。

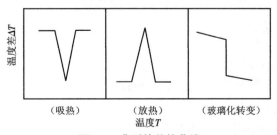

图 4-9　典型的差热曲线

　　差热分析仪一般由加热炉、温度控制系统、信号放大系统、差热系统、显示记录系统、数据处理系统等部分组成,其结构如图 4-10 所示。差热分析利用温差热电偶测定热中性体与被测试样在加热过程中的温差。将温差热电偶的两个热端分别插在热中性体和被测试样中,在均匀加热过程中,若试样不发生物理或化学变化,没有热效应产生,则试样与热中性体之间无温差,温差热电偶两端的热电势互相抵消;若试样发生了物理或化学变化,有热效应产生,则试样与热中性体之间就有温差,温差热电偶就会产生温差电势。将测得的试样与热中性体间的温差对时间(或温度)作图,就得到差热曲线(DTA 曲线)。当试样没有热效应时,由于温差是零,差热曲线为水平线;当有热效应时,曲线上便会出现峰或谷。曲线开始转折的地方代表试样物理或化学变化的开始,峰或谷的顶点表示试样变化最剧烈时的温度,热效应越大,则峰越高、谷越低,曲线所包围的面积越大。

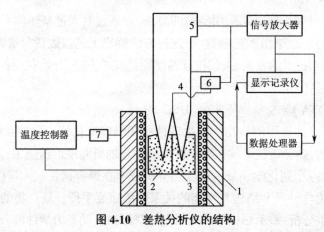

图 4-10　差热分析仪的结构

1—加热炉;2—试样;3—参比物;4—测温热电偶;5—温差热电偶;6—测温元件;7—温控元件

　　利用差热分析方法可以测定聚合物的熔融温度、玻璃化温度、热分解温度等。测定玻璃化温度的原理是高聚物在玻璃化转变过程中伴随着比热的突变,这反映在差热曲线上便是基线的偏移。已知偏移的位置,用差热分析方法测定聚合物的熔融温度已是一种常规方法,它不仅简单快速,而且很准确,即使聚合物样品不纯,也能很好地分辨出来。聚合物的熔融温度是熔融峰的峰值温度。

　　从聚合物差热曲线的熔融峰不仅能得到聚合物的熔融温度,而且可以通过熔融峰的面积计算熔融潜热(ΔH)。关于热量计算,斯伯勒(Speil)和麦灵(Melling)提出了两种公式,这两种公式基本类似。

　　Speil 等提出的曲线所包围的面积与反应热之间的积分关系如下:

$$S = \int_{t_2}^{t_3} \Delta T \mathrm{d}t = \frac{qm}{g\lambda} \tag{4-3}$$

式中　S——曲线所包围的面积,mm^2;

　　　　q——每毫克反应物的热焓变化,$mcal/mg$;

　　　　m——样品的实际质量,mg;

　　　　g——几何系数,取决于样品的温度梯度;

　　　　λ——样品的热传导系数;

ΔT——温度差；

t_2、t_3——积分下限和上限。

在式（4-3）中加热速度不作为校正因素。一旦样品、仪器等条件确定，$m/g\lambda$ 是一个常数，即

$$A = \frac{m}{g\lambda} \tag{4-4}$$

有研究指出，若样品为对称的圆柱形，则 A 用下式求得：

$$A = \frac{\rho r^2}{4\lambda} = \frac{m}{4\pi h\lambda} \tag{4-5}$$

式中　ρ——样品的密度，g/cm^3；

r——样品的半径，cm；

h——样品的高度，cm。

Melling 提出的峰面积和热焓的关系类似于式（4-3），即

$$S = \frac{\Delta H \cdot m}{\lambda K} \tag{4-6}$$

式中　ΔH——单位质量的热量，mcal/mg；

K——取决于样品的几何分布的系数，即几何系数。

式（4-3）和式（4-6）都说明，偏离基线的峰的面积与样品的质量和反应热成正比，与样品的热传导系数和几何系数成反比。

峰面积 S 的计算方法一般有称纸质量法、数毫米格法、机械求积仪法、三角形法、自动积分仪法、计算机数据处理法等。

根据上述的原理，可以通过差热曲线计算玻璃化温度、熔融潜热和聚合物的分解热等。

差示扫描量热分析的原理与差热分析相似，不同之处在于在试样与参比物容器的下面增加了补偿加热器。当试样在加热过程中由于热反应而出现温度差 ΔT 时，补偿加热器将电能转变为热量给予热量补偿而使 ΔT 为零，用于热量补偿的电流经放大器放大后将信号输入记录仪中记录下来，便得到 DSC 曲线。

DSC 可用于测定样品的热焓发生变化的温度范围，此点与 DTA 一样，还可用来测定相变、相图、聚合物的转变温度和化学反应的温度范围等。根据热焓变化的数值，可用 DSC 测定比热、相变热、反应热，并能利用测出的温度数据计算反应活化能、反应级数等动力学研究数据。

在复合材料的研究过程中，热分析是一种重要的技术手段，它在从原料到成品的整个工艺过程中的每个阶段都发挥作用。图 4-11 列出了热分析技术在聚合物基复合材料研制过程中的应用。

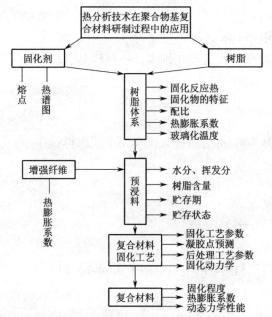

图 4-11   热分析技术在聚合物基复合材料研制过程中的应用

用 DSC 测定聚合物的玻璃化转变温度,如图 4-12 所示。A 点是开始偏离基线的点,将两条基线延长,设两条基线的垂直距离为 ΔJ(阶差),在 $\Delta J/2$ 处可找到 C 点,从 C 点作曲线的切线与前基线的延长线相交于 B 点,取 B 点的温度为 T_g。也有取 C 点的温度为 T_g 或取 D 点的温度为 T_g 的。ΔJ 除了与样品在玻璃化转变前后的比热差有关外,还与升温速度和仪器的灵敏度有关。

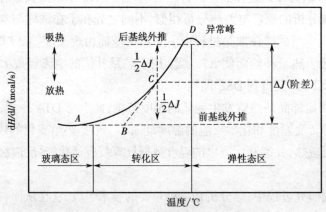

图 4-12   玻璃化转变温度的 DSC 曲线

用 DSC 测定 T_g,与 DTA 和以后要提到的 TMA(热机械分析)比较,有样品量少、形状要求不高等优点。图 4-13 是几种聚合物的 DSC 曲线,图中标出了各种物质的 T_g。

下面介绍用 DSC 测定熔融热及其热量的计算方法。

样品的总热量

$$H = S_x \frac{12a}{25b} \qquad (4-7)$$

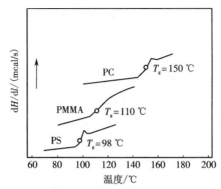

图 4-13　几种聚合物的 DSC 曲线

PC—聚碳酸酯；PMMA—聚甲基丙烯酸甲酯；PS—聚苯乙烯

单位质量的熔融热

$$\Delta H = \frac{H}{x} \tag{4-8}$$

$$相对误差 = \frac{\Delta H - H_L}{H_L} \times 100\% \tag{4-9}$$

式中　S_x——波峰面积，mm^2；

　　　a——所取的热量量程，$mcal/s$；

　　　b——记录仪的走纸速度，mm/min；

　　　x——试样的质量，mg；

　　　H_L——样品的单位质量熔融热的文献值，$mcal/mg$。

峰面积的计算方法与 DTA 相同，利用熔融热还可以计算聚合物的结晶度、共混聚合物的配比等。

用 DSC 研究树脂体系的固化参数主要根据固化反应过程中的热效应参数。表 4-2 是环氧树脂 /EMI2.4 乳酸盐体系的固化 DSC 数据，此种方法是以不同的扫描速度测定树脂固化过程的差热曲线。一般扫描速度与出峰温度的关系是扫描速度越快，出峰温度越高，但复合材料的固化过程总是在某恒定温度下进行的，因此为接近固化工艺的实际情况，应找出扫描速度趋于零的出峰温度。对上述体系以 2 ℃/min、5 ℃/min、10 ℃/min 的扫描速度进行分析，将在不同扫描速度下测定的结果连成一条直线，然后外推到扫描速度为零就得到所需要的温度。

表 4-2　环氧树脂 /EMI2.4 乳酸盐体系的固化 DSC 数据

扫描速度	峰始温度 T_a/℃	峰顶温度 T_b/℃	峰终温度 T_c/℃
10 ℃/min	105	143	163
5 ℃/min	95	135	148
2 ℃/min	85	120	131
0 ℃/min*	82	121	128

注：* 表示数据由外推得到。

一般在确定固化工艺的温度参数时,将扫描速度为 0 ℃/min 对应的峰始温度作为预固化温度的参考温度,此外还要考虑时间的因素、加压时机的选择等。

2. 动态力学性能分析

聚合物是典型的黏弹性材料,当它受静载荷时,一部分能量转变成位能贮存起来,而另一部分能量变成热损耗掉;当载荷解除后,变形不能完全恢复。

聚合物的动态力学性能指聚合物在周期性变化的载荷作用下所反映出来的力学行为,即储能模量、损耗模量和力学损耗。聚合物的应力 $\sigma(t)$ 可用下式表示:

$$\sigma(t) = \sigma_0 \sin \omega t \tag{4-10}$$

聚合物的应变响应 $\varepsilon(t)$ 也是一个相同频率的正弦函数:

$$\varepsilon(t) = \varepsilon_0 \sin(\omega t - \delta) \tag{4-11}$$

式中　σ_0——应力;

　　　ε_0——应变;

　　　ω——角频率。

应变比应力滞后相位 δ,可以分解成两个分量,即与应力同相位的分量和滞后于应力 90° 的分量。聚合物的模量是一个复数,称为复数模量,其表示式为

$$E^* = E' + \mathrm{i}E'' \tag{4-12}$$

$$\tan \delta = \frac{E''}{E'} \tag{4-13}$$

式中　E^*——复数模量;

　　　E'——储能模量;

　　　E''——损耗模量;

　　　$\tan \delta$——相位角的正切。

复数模量 E^* 的实数部分 E' 表示物体在变形过程中由于弹性形变而储存的能量,称为储能模量;其虚数部分 E'' 则表示物体在变形过程中热损耗的能量,称为损耗模量。两模量之比称为损耗角正切,它在数值上等于应力与应变间的相位角差之正切值,通常也称为内耗、力学损耗或力学阻尼。

通过研究聚合物的动态力学性能,可以了解聚合物聚集态结构的分子运动和多重转变,了解聚合物结构、物理状态的变化与性能间的关系,了解复合材料的固化过程,评价复合材料的耐热性等。

测定聚合物动态力学性能的方法有四种:①自由振动法,如扭摆和扭辫分析;②强迫振动非共振法,如黏弹谱仪;③声频共振法,如振簧法;④声波传播法,如超声法。这四种方法所适用的频率范围是不同的,大致如下:

自由振动法　　　　　　　　0.1~10 Hz

强迫振动非共振法　　　　　$10^{-3} \sim 10^2$ Hz

声频共振法　　　　　　　　50~5 × 10^4 Hz

声波传播法　　　　　　　　$10^5 \sim 10^7$ Hz

上述四种方法各有特点,一般实验室易于实现的有自由振动法和声频共振法。

1）扭辫分析（TBA）

TBA 对于研究复合材料的固化过程和选择固化工艺参数是一种重要的方法,具体操作是把树脂基体涂在增强纤维辫子上,其下端悬挂惯性盘来回扭摆。由于树脂结构单元发生分子运动,吸收了扭摆运动的能量,扭摆幅度减小,周期改变,在转变点处阻尼曲线将出现一个高峰,而模量在该处则急剧下降。树脂基体可以从黏流态发展到固态,其内耗逐渐将体系的弹性能转变为热损耗,扭摆幅度随时间自由衰减。自由衰减摆动周期与基体的剪切模量之间有下列关系：

$$G = \frac{8\pi L I}{R^4 P^2} \qquad (4\text{-}14)$$

式中　G——基体的剪切模量；

　　　L——试样的长度；

　　　R——试样的半径；

　　　I——试样的转动惯量；

　　　P——摆动周期。

振幅 A 与阻尼因子 Δ 有下列关系：

$$\Delta = \frac{1}{n} \ln \frac{A_r}{A_{r+n}} \qquad (4\text{-}15)$$

式中　A_r——基准峰的振幅；

　　　A_{r+n}——n 个周期后峰的振幅；

　　　Δ——阻尼因子。

用式（4-14）和式（4-15）测得的剪切模量 G 和阻尼因子 Δ 是复合材料基体的数值。式（4-14）中 G 与 P^2 成反比,由于试样的几何形状不规则,难以精确计算剪切模量,所以以计算值代表相对刚度。公式中其他参数不受温度影响。

对于固化过程和固化工艺参数的选择,以孙慕瑾等研究的 509 树脂基体体系为例加以说明。将该体系装入扭辫仪反应室,在空气中以 1.5 ℃/min 的升温速率等速升温,测得热－力谱,如图 4-14 所示。由图 4-14 可知,从 100 ℃到 180 ℃,体系刚度变化最快,可将其选为固化温度区。根据固化温度区进行等温固化,测得时－力谱,如图 4-15 所示。对固化的试样在 250 ℃下进行后处理,然后在 1.5 ℃/min 的升温速率下测定热－力谱。结果发现在不同固化条件下得到的阻尼曲线和刚度曲线基本上相似,但 T_g 峰出现的温度有差别,如图 4-16 所示。

从图 4-16 中可以看出,固化温度为 120 ℃时 T_g 最高。在 120 ℃下固化 200 min,然后在 250 ℃下后处理 2 h 制备的浇注体试样,其性能试验结果如表 4-3 所示。表 4-3 列出了在三种温度下固化的浇注体的性能数据,由数据可知在 120 ℃下固化 200 min 所得材料的综合性能较好,可作为选择固化工艺参数的参考数据。此外,还要考虑其他因素,如加压时机等。

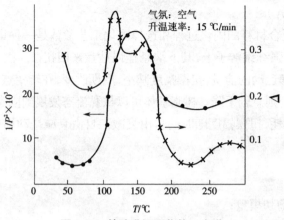

图 4-14   等速升温固化热－力谱

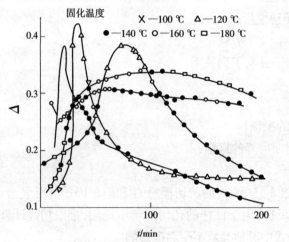

图 4-15   等温固化时－力谱

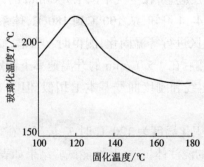

图 4-16   固化温度与 T_g 的关系

表 4-3　固化温度对弯曲性能的影响

性能 ＼ 固化条件	100 ℃ /200 min	120 ℃ /220 min	160 ℃ /200 min
弯曲强度 /MPa	27.24	145.82	122.11
弯曲弹性模量 /GPa	2.65	4.96	4.92
韧性 /（ kg/m³ ）	30.46	88.16	80.03

2）声频共振法

声频共振法是用频率连续改变的信号激振试样,使试样发生共振,再从试样的振幅 - 频率曲线上测量动态模量和内耗的方法。根据振动模式不同,所用测量仪器分为两种,即振簧仪与自由 - 自由共振仪。下面介绍刘士昕等用振簧仪确定固化工艺参数的过程。

当振簧仪中信号发生器的频率改变到某一频率时,试样自由端的振幅会出现最大值,如图 4-17 所示。

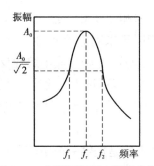

图 4-17　典型的振幅 - 频率曲线

图中曲线的峰值为 A_0,其对应的频率称为试样的共振频率 f_r。对于矩形截面的簧片试样,在一阶共振时其动态力学性能和共振频率 f_r 有如下关系:

$$E' = \frac{38.24 l^4 \rho}{h^2} \cdot f_r^2 \qquad (4-16)$$

$$E'' = \frac{38.24 l^2 \rho}{h^2} \cdot f_r \Delta f \qquad (4-17)$$

$$\tan \delta = \frac{E''}{E'} = \frac{\Delta f}{f_r} = \frac{f_2 - f_1}{f_r} \qquad (4-18)$$

式中　E' ——振幅为 A_0 时的模量;

　　　E'' ——振幅为 $A_0/\sqrt{2}$ 时的模量;

　　　ρ ——试样的密度,g/cm³;

　　　$\tan \delta$ ——内耗（ 阻尼 ）;

　　　l ——试样自由端的长度,cm;

　　　h ——试样的厚度,cm;

　　　f_r ——试样的共振频率,Hz;

　　　f_1、f_2 ——试样的振幅为（ $1/\sqrt{2}$ ）A_0 时对应的频率,Hz;

Δf——共振半指数宽度频率,Hz。

用振簧仪进行固化过程和固化工艺参数的选择时,首先将浸有树脂基体的预浸料制成组合试样,以 20 ℃/min 的升温速率升温,测定 E 和 $\tan\delta$ 随温度的变化,结果如图 4-18 所示。

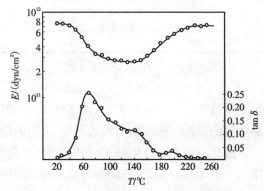

图 4-18 E 和 $\tan\delta$ 随温度的变化(1 dyn/cm² = 0.1 Pa)

从内耗曲线可以看出,在 70 ℃和 200 ℃附近有两个内耗峰,在 150 ℃附近有一个"肩状峰"。在 70 ℃附近出现的峰归因于未固化胶液的流动,在这个温度范围模量急剧下降。在 150 ℃附近,树脂体系发生固化反应,开始形成不熔性反应产物,此时相应的模量开始随温度急剧上升。在 200 ℃附近出现的峰可称为固化峰,此时体系的固化程度已相当高,随着温度再升高,模量增加很缓慢。从上述的固化过程可以发现,"肩状峰"对应的温度是选择固化反应温度的参考温度。

用热分析技术确定工艺参数主要是提供一个温度参数,此法相对于长期靠经验确定工艺温度的方法来说已科学多了,但仍不能完全脱离经验,还需观察实际的固化过程,以确定加压的时机。这样拟定出来的工艺规范不能根据实际情况的变化及时改变,因为没有手段能直接测定出复合材料的内部变化规律,只能在发现问题后实测材料的性能,再对工艺参数进行调整,这当然是很不经济的,因此发展了动态固化工艺的监控技术。

4.3.2.2 动态固化工艺

所谓动态固化工艺主要指利用介电分析技术监测树脂体系的固化过程,将与树脂的固化特性相关的介电特性曲线作为选取各种工艺参数的依据,并监控固化过程。

动态介电分析(DDA)是在温度程序控制条件下自动连续跟踪树脂体系在固化过程中的介电特性变化的测量技术,这种方法可以将试样固化过程的各个阶段以测试信号的形式如实地反映出来,以便及时地调整、控制固化过程,它与静态固化工艺相比有突出的优点。

在交流电压作用下,电介质要消耗一定量的电功率产生热能,损失的这部分能量称为电介质损耗,这主要是由周期性极化和电导引起的。热固性树脂体系作为一种电介质,当交变电压加到试样上时,在电场作用下偶极矩力图沿电场方向发生旋转并取向。因为极性基团连接到大分子上限制了大分子的迁移,所以大分子偶极矩自由旋转的程度与极性基团在聚合物中自由运动的程度有关。当树脂发生固化反应时,其结果总是增加对偶极矩迁移的约束,因此树脂固化体系对外加交变电场的响应特性随着反应过程的进行而发生变化。偶极矩取向排列的情况与树脂的介电常数有关,偶极矩取向旋转时的滞后现象与介电损耗因子有关,两者都是温度的函数。当温度比较低时,树脂黏度很大,极性分子在交变电场作用下能够旋转的角度很小,偶极子热运动少,因而电介质损耗小。当温度升高使树脂黏度达到某一范围时,极性分子的松弛时间与交变电场的周期相近,极化跟不上电场的变化从而产生滞后现象,此时一部分电能将变为热能,电介质损耗增大。当温度继续升高时,树脂发生固化反应,其黏度迅速增大,极性分子运动困难,旋转角变小,则电介质损耗降低。介电分析技术就是利用树脂内在的介电性质变化规律实现树脂固化过程的监测的。所用仪器设备有奥德丽(Audrey)介电测试仪等。

热固性树脂在固化过程中,其黏度、介电性能等随着时间发生变化,典型的变化曲线如图 4-19 所示。通过导线直接将热压罐内的制件与仪器连接,从而显示出树脂体系介电性能的变化,可随着各种外界因素的变化而及时调整工艺参数,实现动态监控。

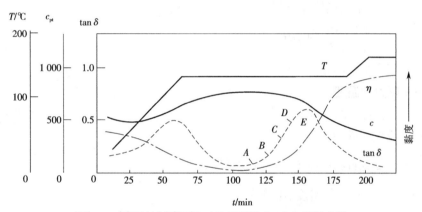

图 4-19　热固性树脂固化时的典型黏度、介电特性曲线

从上图可知 $\tan\delta$、η 随着时间变化,温度处于程序控制之下,在此情况下获得最佳复合材料的关键是选取加压的时机,因为加压的时机将影响纤维和树脂的含量、孔隙率等因素,而这些因素与成型后复合材料的性能有直接的关系,此外还有加压的大小、固化过程中温度保持相应的热平衡等。加压的时间既不能过早也不能太迟:如在图 4-19 中的 A 点加压,树脂将流失过多,造成贫胶,脱层、挥发物脱气不充分导致孔隙多;如果加压过晚,如在图 4-19 中的 E 点加压,树脂可能已固化,外压不能压紧预浸料,造成材料疏松、出现大的孔洞等。加压点应选在凝胶点之前适当的时间,如图 4-19 中 C 点的位置,才可能得到高质量的复合材料。当然这还要用相应的材料性能指标进行验证。一般加压的时间应在加压带内调整,这就要用加压带桥对应的介电特性曲线来控制复合材料固化的变化过程,调整工艺参数可以得到比静态固化工艺更令人满意的效果。

这种方法虽然比静态固化工艺有了很大的进步,但是它仅对复合材料工艺过程进行局部控制,对变厚度的复合材料还有不适应的方面。

4.3.2.3　环氧基复合材料固化模型

根据固化模型通过计算机进行计算,可以提供较为合理的复合材料固化工艺参数,使所制造的复合材料固化均匀、孔隙率低、固化周期短、质量好。

斯普林格(Springer)提出的环氧基复合材料固化模型包括四个部分,即热化学模型、流动模型、孔隙模型和应力模型。

1. 热化学模型

在固化过程中,复合材料的内部存在着温度、黏度和固化程度的变化。所谓热化学模型就是用热传导方程、反应动力学方程和黏度方程对固化过程中的变化进行解析。

1)热传导方程

在固化过程中,向复合材料传热的速率和树脂固化反应产生热的速率决定了材料内部的温度分布、树脂的固化程度和黏度,其中温度分布决定了复合材料整体固化的均匀性,因此可将上述内在的变化用数学方程表示。

Springer 将复合材料固化过程的热传导看成带有热源的固体传热过程,并由傅里叶(Fourier)定律导出下列热传导方程:

$$\frac{\partial \rho c T}{\partial t} = \frac{\partial}{\partial z}\left(K\frac{\partial T}{\partial z}\right) + \rho H \tag{4-19}$$

式中 K——复合材料的导热系数;

T——热力学温度;

Z——复合材料的厚度;

H——反应热效应;

$\dfrac{\partial T}{\partial z}$——复合材料厚度方向的温度梯度;

ρ、c——复合材料的密度、比热。

复合材料的导热系数可用 Springer 和 Tsai(蔡)提出的近似公式求出:

$$\frac{K}{K_m} = 1 - 2\sqrt{\frac{V}{\pi}} + \frac{1}{B}\left[\pi - \frac{4}{\sqrt{1-BV/\pi}}\tan^{-1}\left(\frac{\sqrt{1-B^2V/\pi}}{1+\sqrt{B^2V/\pi}}\right)\right] \tag{4-20}$$

$$B = 2\left(\frac{K_m}{K_f} - 1\right)$$

式中 K、K_f 和 K_m——复合材料、纤维和树脂的导热系数;

V——纤维的体积分数。

只要求出式(4-19)中的有关参数,并把初始条件和边界条件代入,便可对热传导方程求解。

2)反应动力学方程

Springer 根据动力学理论,用下式定义固化程度:

$$\alpha = \frac{H(t)}{H_R} \tag{4-21}$$

式中 $H(t)$、H_R——反应进行到 t 时刻的热效应和总的热效应。将式(4-21)微分得

$$\frac{\mathrm{d}\alpha}{\mathrm{d}t} = \frac{1}{H_R}\cdot\frac{\mathrm{d}H(t)}{\mathrm{d}t} = \frac{1}{H_R}\cdot\frac{\mathrm{d}\theta}{\mathrm{d}t} \tag{4-22}$$

对式（4-22）积分得

$$\alpha = \int_0^t \frac{d\alpha}{dt} dt = \frac{1}{H_R} \int_0^t \frac{d\theta}{dt} dt \qquad (4\text{-}23)$$

式中　$\dfrac{d\theta}{dt}$——固化反应的放热速率。$\dfrac{d\theta}{dt}$ 和 H_R 可用 DSC 测定,由式（4-23）可计算某时刻的 α。

苏尔（Souour）和卡玛尔（Kamal）根据环氧树脂与胺类固化剂作用的反应机理,建立了如下动力学方程:

$$\frac{d\alpha}{dt} = (K_1 + K_2\alpha)(1-\alpha)(B-\alpha) \qquad (4\text{-}24)$$

式中　K_1、K_2——反应速率常数;

　　　B——固化剂与环氧树脂的起始当量比。

Souour 和 Kamal 将按式（4-24）计算出的数据与实验值进行了比较,如图 4-20 所示。从该图中的曲线可知,在反应初期计算值与实验值比较一致,而在反应后期两者出现较大的差异。Springer 利用两个动力学方程描述反应的全过程,当 $\alpha \leqslant 0.3$ 时用式（4-24）,而当 $\alpha > 0.3$ 时采用下式:

$$\frac{d\alpha}{dt} = K_3(1-\alpha) \qquad (4\text{-}25)$$

式中　K_3——反应速率常数。

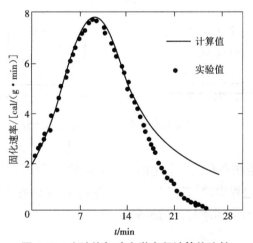

图 4-20　实验值与动力学方程计算值比较

Springer 在不同的温度下进行了恒温实验,并对实验值与计算值进行比较,结果比较一致,可见所建立的动力学方程是可用的。

3）黏度方程

在固化过程中,由于温度和交联反应等因素的作用,树脂体系的黏度处于变化状态。斯托林（A. M. Stolin）等提出了下述黏度方程:

$$\mu = \mu_\infty \exp(U/RT + K_V\alpha) \qquad (4\text{-}26)$$

式中　μ_∞、K_V、U——常数;

μ——黏度。

可用盘板式旋转黏度计测定黏度,并可测出某一温度下的黏度随时间的变化关系。将用动力学方程求出的 α 代入黏度方程,通过 $\mu\text{-}\alpha$、$\mu_\infty\exp(U/RT)\text{-}\dfrac{1}{T}$ 的关系曲线,可确定方程中的常数,从而求解黏度方程。

Springer 应用该方程进行了计算并与实验值进行比较,两者基本一致,只有在较高温度下,当 $\alpha > 0.5$ 时才出现偏差。

2. 流动模型

Springer 将树脂在固化过程中的流动分为垂直模板方向和平行模板方向的流动。他首先提出树脂在垂直模板方向流动时预浸料层片运动的方式,认为层片运动是波状的,而不是均匀同时压紧。第一层先向第二层运动,当第一、二层贴紧后,两层一起向第三层运动,如此推进,直到最后一层。层片的运动方式如图 4-21 所示。

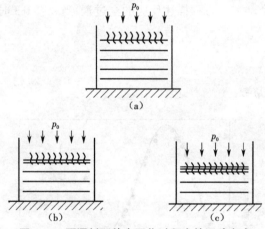

图 4-21　预浸料层片在固化过程中的运动方式

(a)$n_s=1$　(b)$n_s=2$　(c)$n_s=3$

Springer 用玻璃纤维和多孔板对上述的波状运动进行了模拟实验,证实了这一过程,并且认为在复合材料固化过程中,树脂在垂直模板方向上的流动是以渗透的方式进行的,根据达西(Darcy)定律,任一瞬间树脂的流动速率为

$$V = \frac{S}{\mu}\cdot\frac{\mathrm{d}p}{\mathrm{d}z} \tag{4-27}$$

式中　V——流动速率;

S——渗透性;

$\dfrac{\mathrm{d}p}{\mathrm{d}z}$——厚度方向的压力梯度;

μ——流体的黏度。

再运用质量守恒定律,可得到复合材料固化过程中的质量变化速率:

$$\frac{\mathrm{d}M}{\mathrm{d}t} = -\rho_\mathrm{r} A_z V_z = -\rho_\mathrm{r} A_z S_\mathrm{c}\frac{p_\mathrm{c}-p_\mathrm{u}}{\int_0^{h_\mathrm{c}}\mu\mathrm{d}z} \tag{4-28}$$

式中　ρ_r——树脂体系的密度；

　　　A_z——复合材料板面积；

　　　V_z——树脂沿厚度方向流出复合材料的速率；

　　　S_c——复合材料的渗透性；

　　　p_c、p_u——在 h_c（贴紧层高度）处的压力和复合材料与吸胶层界面上的压力；

　　　$\dfrac{\mathrm{d}M}{\mathrm{d}t}$——质量变化速率。

　　如果忽略边界效应，则任一瞬间树脂流出复合材料的量应等于流进吸胶层的量：

$$\rho_r A_z V_z = \rho_r A_z V_b \tag{4-29}$$

式中　V_b——树脂流进吸胶层的速率。

　　假如吸胶层内部的温度和黏度只随时间变化，不随位置变化，则

$$\rho_r A_z V_z = \rho_r A_z \frac{S_b}{\mu_b} \cdot \frac{p_u - p_b}{h_b} \tag{4-30}$$

式中　S_b——吸胶层的渗透性；

　　　μ_b——吸胶层中树脂的黏度；

　　　p_u——复合材料与吸胶层界面上的压力；

　　　p_b——复合材料四周的压力，即吸胶层中的压力；

　　　h_b——树脂流进吸胶层中的深度。

　　整理式（4-29）和式（4-30），可得质量变化率（M_{rz}）：

$$M_{rz} = \frac{\mathrm{d}M_T}{\mathrm{d}t} = \frac{-\rho_r A_z S_c}{\int_0^{h_c} \mu \mathrm{d}z} \cdot \frac{p_c - p_b}{1 + G(t)} \tag{4-31}$$

式中

$$G(t) = \frac{S_c \mu_b h_b}{S_b \int_0^{h_c} \mu \mathrm{d}z} \tag{4-32}$$

　　在 t 时间内流出复合材料或流进吸胶层的树脂质量（M_T）为

$$M_T = \int_0^t \frac{\mathrm{d}M_T}{\mathrm{d}t} \mathrm{d}t \tag{4-33}$$

　　树脂流进吸胶层中的深度与填充吸胶层树脂的质量有关：

$$h_b = \frac{1}{\rho_r \phi_b A_z} \int_0^t \frac{\mathrm{d}M_T}{\mathrm{d}t} \mathrm{d}t \tag{4-34}$$

　　将式（4-34）代入式（4-33）中，则有

$$M_T = h_b \rho_r \phi_b A_z \tag{4-35}$$

式中　ϕ_b——复合材料的孔隙率。

　　由此可知，只要测出 h_b，并将它与参数 ρ_r、ϕ_b、A_z 一起代入式（4-35），就可得到吸胶层中的树脂质量。

　　以上讨论的是垂直模板方向树脂流动的问题。

　　Springer 在预浸料层数 $N > 32$ 的实验和固化压力增大的实验中发现，平行模板方向的

树脂流动是不能忽略的,他分析了平行模板方向的树脂流动,也就是主要考虑平行于纤维方向的流动,这时垂直于纤维方向的流动忽略不计。

对平行于纤维方向的树脂流动行为,假定在距离为 d_n 的平行板之间是黏滞流动,且当 $d_n < L$(复合材料板厚度)时,横向和间隙方向的树脂流动是恒定的,则任何给定的间隙中心与边缘的压力降($p_H - p_L$)由下式表示:

$$\frac{2(p_H - p_L)}{\rho_r (V_x)_n^2} = \lambda \frac{X_L}{d_n} + B_1 \tag{4-36}$$

式中　$p_H - p_L$——间隙中心与边缘的压力降;

　　　$(V_x)_n$——树脂在第 n 层与第 $n-1$ 层的间隙中的平均流速;

　　　d_n——第 n 层与第 $n-1$ 层之间的平行距离,即间隙厚度;

　　　X_L——间隙长度;

　　　λ——比例系数;

　　　B_1——常数。

假设有一层预浸料便有一个间隙,且所有多余的树脂均贮在间隙中,则

$$d_n = \frac{M_n}{\rho_n A_z} - \frac{M_{com}}{\rho_{com} A_z} \tag{4-37}$$

式中　M_n——第 n 层预浸料的质量;

　　　ρ_n——第 n 层预浸料的密度;

　　　M_{com}——第 n 层预浸料贴紧后的质量;

　　　ρ_{com}——第 n 层预浸料贴紧后的密度,由混合定律计算得到。

上述几个方程中参数的求解如下。

$$M_{com} = \frac{M}{N} - M_f \tag{4-38}$$

式中　M——复合材料总质量;

　　　N——复合材料总层数;

　　　M_f——复合材料中的纤维质量。

如果用平行板间层流来确定 λ,则有下列恒定式:

$$\lambda = \frac{96 \mu_n}{\rho_r (V_x)_n d_n} \tag{4-39}$$

式中　μ_n——树脂在间隙中的黏度。

将式(4-39)代入式(4-36),便可求出树脂在间隙中的平均流动速率:

$$(V_x)_n = \frac{1}{B} \cdot \frac{d_n^2}{\mu_n} \cdot \frac{p_H - p_L}{X_L} \tag{4-40}$$

式中　B——常数,由实验确定。那么树脂的质量流动速率为

$$(M_{rx})_n = \rho_r A_x (V_x)_n \tag{4-41}$$

式中　A_x——间隙横截面积。考虑到在各间隙中树脂均同时向两端流动,所以第 n 层预浸料的质量变化率表示为

$$\frac{\mathrm{d}(M_\mathrm{r})_n}{\mathrm{d}t} = -2(M_\mathrm{rx})_n = -2\rho_\mathrm{r}A_x(V_x)_n \tag{4-42}$$

若将式（4-40）和 $A_x = Wd_n$ 代入式（4-42），则有

$$\frac{\mathrm{d}(M_\mathrm{r})_n}{\mathrm{d}t} = -\rho_\mathrm{r}\frac{2}{B}\cdot\frac{d_n^3}{\mu_n}\cdot\frac{p_\mathrm{H}-p_\mathrm{L}}{X_\mathrm{L}}\cdot W \tag{4-43}$$

式中　W——间隙宽度。据此可求得在时间 t 内树脂离开第 n 层预浸料的质量 $(M_\mathrm{E})_n$：

$$(M_\mathrm{E})_n = \int_0^t\frac{\mathrm{d}(M_\mathrm{r})_n}{\mathrm{d}t}\mathrm{d}t = \int_0^t[-\frac{2}{B}\rho_\mathrm{r}\frac{d_n^3 W}{\mu_n}\cdot\frac{p_\mathrm{H}-p_\mathrm{L}}{X_\mathrm{L}}]\mathrm{d}t \tag{4-44}$$

则树脂沿平行模板方向的总流量为

$$M_\mathrm{E} = \sum_{n=1}^{N-n_3}(M_\mathrm{E})_n \tag{4-45}$$

这就是树脂沿平行模板方向的流动行为。结合垂直模板方向的树脂流动，树脂从复合材料中流出的总质量为

$$M_\mathrm{b} = M_t + M_\mathrm{E} \tag{4-46}$$

因此在 t 时间后，复合材料的总质量为

$$M = M_\mathrm{i} - M_\mathrm{b} \tag{4-47}$$

式中　M_i——复合材料的起始质量。复合材料在时间 t 时厚度为 L，则有下式：

$$L = \frac{M}{2pX_\mathrm{L}W} \tag{4-48}$$

故只要将复合材料的一些几何参数和必要的物理量求出，代入有关方程，即可求出 M。

在流动模型中一个重要参数是压力。Springer 提出复合材料在固化时，外加压力为 F，在树脂流动之前，各层各部位所受压力均为 p_0，则有下述方程：

$$F = A_z p_0 \tag{4-49}$$

一旦树脂在空隙中流动，则在这些间隙中产生压力降 $(p_\mathrm{H}-p_\mathrm{L})$，假设 X 方向（间隙方向）的压力差是线性的，并且每一层中心线上的压力 (p_H) 相同，则间隙中的压力分布 (p) 为

$$p = \left(\frac{p_\mathrm{L}-p_\mathrm{H}}{X_\mathrm{L}}\right)x + p_\mathrm{H} \qquad (0 \leqslant x \leqslant X_\mathrm{L}) \tag{4-50}$$

又设树脂从复合材料中流出的压力 $p_\mathrm{B} = p_\mathrm{L}$，则式（4-50）可写为

$$p = \left(\frac{p_\mathrm{B}-p_\mathrm{H}}{X_\mathrm{L}}\right)x + p_\mathrm{H} \tag{4-51}$$

根据力的平衡原理：

$$F = \int_A p\mathrm{d}A = 2W\int_0^{X_\mathrm{L}}p\mathrm{d}x \tag{4-52}$$

将式（4-51）代入式（4-52）并积分得

$$F = 2WX_\mathrm{L}\left(\frac{p_\mathrm{B}+p_\mathrm{H}}{2}\right) \tag{4-53}$$

合并式（4-49）、式（4-52）可得到间隙中心线上的压力：

$$p_\mathrm{H} = 2p_0 - p_\mathrm{B} \tag{4-54}$$

上述有关压力的方程是计算树脂沿纤维方向流动所必需的。

3. 孔隙模型

复合材料在固化过程中,低分子物汽化所产生的气体将被固定在固体内形成孔隙。孔隙的大小取决于三方面的因素,即孔内气体的质量、孔内的压力和温度、树脂的热膨胀。讨论孔隙模型时忽略了第三方面的影响。

当孔隙形成时,孔隙核中水蒸气的分压 p_{wi} 与相对湿度 ϕ_α 有如下关系:

$$p_{wi} = \phi_\alpha p_{wg\alpha} \tag{4-55}$$

式中　$p_{wg\alpha}$——饱和蒸气压。如果已知 p_{wi} 和起始孔隙核的体积,那么水蒸气的质量 M_{wi} 和起始浓度 C_{vwi} 便可以确定。

设孔隙是直径为 d 的球形,其内部的总压力(p_v)与周围受到的压力(p)有如下关系:

$$p_v - p = \frac{4\sigma}{d} \tag{4-56}$$

式中　σ——树脂与孔隙间的表面张力。假若孔隙中只有水蒸气和空气,则孔隙内部压力为

$$p_v = p_{wi} + p_{air} \tag{4-57}$$

式中　p_{air}——空气分压。因为气体分压是温度、质量和直径的函数,所以

$$p_{air} = f(T_v, M_{air}, d) \tag{4-58}$$

$$p_{wi} = f(T_v, M_{wi}, d) \tag{4-58a}$$

从式(4-56)可知,如已知孔隙周围的压力和孔隙内部的温度、水蒸气的质量,则气体分压、总压和孔隙直径便可求出。温度和压力由热化学和流动模型给出。

孔隙中空气的质量可看作常数,因此(4-56)主要考虑孔隙内部水蒸气的质量随时间的变化关系。假定水蒸气分子通过预浸料层呈现菲克扩散,则由菲克定律得出下式:

$$\frac{dC}{dt} = D\left(\frac{\partial^2 C}{\partial r^2} + \frac{2}{r} \cdot \frac{\partial C}{\partial r}\right) \tag{4-59}$$

式中　C——水蒸气在 r 方向的浓度;

　　　r——以孔隙中心为极点的极径;

　　　D——在 r 方向上水蒸气穿过树脂的扩散度;

　　　$\dfrac{dC}{dt}$——水蒸气浓度的变化率。

在 $t < 0$ 时,认为水蒸气的浓度是均匀分布的,即 $C = C_i$;当 $t \geq 0$ 时,必须明确孔隙－预浸料界面上的水蒸气浓度,因此可以写成

$$C = C_m = \rho_m M_m \tag{4-60}$$

式中　C_m——水蒸气在预浸料中的浓度;

　　　ρ_m——水蒸气的密度;

　　　M_m——水蒸气在预浸料中的最大饱和程度。

M_m 可以通过实验从每种孔隙－树脂体系中求得。

通过上述分析,可得出水蒸气浓度与位置、时间的函数关系:

$$C = f(r, t) \tag{4-61}$$

在 t 时间内通过孔隙表面的水蒸气质量为

$$M = -\int_0^t \pi d^2 D \left(\frac{\partial C}{\partial r}\right)_r = \frac{d}{2} \mathrm{d}t \qquad (4\text{-}62)$$

这时其内部的水蒸气质量为

$$M = M_v - M_t \qquad (4\text{-}63)$$

式中 M_v、M_t 表示孔隙中总的水蒸气质量和 t 时间内通过孔隙表面的水蒸气质量,只要求出 M_v 与 M_t,就可以求出 M。

4. 应力模型

复合材料在固化过程中,由于组分性质不同、温度变化、固化反应等原因将产生残余应力。Springer 认为对称铺层的复合材料在任意给定层的残余应力为

$$\sigma_i = \theta_{ij}(e_{oj} - e_j) \qquad (4\text{-}64)$$

$$e_j = \alpha_i(T - T_a) \qquad (4\text{-}65)$$

式中　σ_i——任意指定层 i 的应力;

　　　θ_{ij}——j 层铺层的模量;

　　　e_j——j 层铺层的应变;

　　　e_{oj}——j 层铺层中的固化应变;

　　　T_a——环境温度;

　　　α_i——任意指定层 i 的热膨胀系数;

　　　T——热力学温度(由热化学模型得到)。

对称板材固化中的应变由下式得到:

$$e_{oj} = \alpha_{ij} \int_0^L \theta_{ij} e_j \mathrm{d}z \qquad (4\text{-}66)$$

式中　e_{oj}——对称板材中的固化应变;

　　　α_{ij}——对称板材的热膨胀系数。

以上是 Springer 固化模型的基本内容,对四个模型可有数个解法,其中计算程序是适用的,为此必须提供必要的参数,如复合材料的几何尺寸、起始和边界条件、预浸料的性质、树脂和纤维的性质、吸胶材料的性质等,根据计算机计算的结果,编制固化工艺程序。

模型方法的可取之处是将复合材料组分的基本参数与编制的工艺较好地联系起来,发挥了基础理论对具体工艺的指导作用,对复合材料的研究与应用有重要的意义。

4.4　复合材料固化工艺的质量评定

前面所研究的工艺参数如能适应树脂反应的内在规律,则应获得预期的复合材料产品质量。固化工艺的质量一般不代表制件的质量,因此不用使用性能来评定,而用与固化过程直接有关的几项指标来评定,如树脂和纤维的相对含量、孔隙率、收缩率等。

4.4.1　复合材料中树脂与纤维的相对含量

复合材料中树脂与纤维的相对含量是成型固化工艺中的主要参数,对于不同的成型工艺、不同的基体体系,该相对含量均不同。根据计算,如果纤维呈最紧密的排列,则其中的孔隙率应该就是树脂的最低含量。一般单向复合材料的最低树脂含量理论上为12%,但实际上树脂含量为12%的单向复合材料的拉伸性能不是最好的,最优树脂含量是20%左右,这主要是由于树脂起传递力的作用,在纤维间和纤维中的一些断头处分散作用力,从而实现整体受力。纤维表面有缺陷,涂覆树脂可以提高纤维的性能,因此树脂含量不是越低越好,而是有最优的含量。复合材料中树脂与纤维的相对含量应根据具体使用要求确定,并用正确的工艺保证。

复合材料中树脂与纤维的相对含量的测定方法随纤维的类型不同而有所不同,如玻璃纤维复合材料主要用灼烧法,具体方法可参阅相关文献资料。碳纤维复合材料中树脂含量的测定方法有化学腐蚀法、热解重量法、空气灼烧法、计算法和 X 射线法等。

化学腐蚀法包括以下三种:①氯化锌消化法,此法是将样品放在氯化锌溶液中加热到210~220 ℃,一般消化 4 h 后进行稀释、抽滤、冲洗、干燥和称重,然后计算树脂含量;②硝酸消化法,此法是将样品放在 70% 的浓硝酸中加热到 75~94 ℃,消化 5~8 h 后进行稀释、抽滤、冲洗、干燥和称重,然后计算树脂含量;③浓硫酸消化法,此法应用较广,它是将约 0.75 g 样品放在 97% 的浓硫酸中,当加热到 220 ℃时滴加 30% 的过氧化氢溶液,使混合物澄清,再进行稀释、抽滤、冲洗、干燥、称重,最后计算树脂含量。

空气灼烧法是将 10 g 样品置于 415 ℃的加热炉中灼烧 8 h,然后进行称重、计算。这种方法简单但要求严格,且在使用上有局限性,如在上述温度下灼烧一般不能超过 10 h,否则可能引起碳纤维氧化,质量损失较大(可达 20%)。另外,该方法对高模量纤维适用,而对高强型纤维不适用。在进行测试时可用同类型纤维做对比实验。灼烧后进行称重,然后按下式计算:

$$碳纤维质量分数 = \frac{W_2 W_3 W_5 - W_1 W_3 W_6}{W_1 W_4 W_5 - W_1 W_3 W_6} \tag{4-67}$$

式中　W_1——样品质量;

W_2——样品灼烧后残渣质量;

W_3——纤维质量;

W_4——纤维灼烧后残渣质量;

W_5——树脂浇注体质量;

W_6——树脂浇注体灼烧后残渣质量。

如果树脂被烧尽,$W_6 = 0$,则

$$碳纤维质量分数 = \frac{W_2 W_3}{W_1 W_4} \tag{4-68}$$

计算法一般用密度计算法,已知纤维和树脂的密度,再测定样品的密度,可利用下式进行计算：

$$纤维体积分数 = \frac{\rho_c - \rho_r}{\rho_f - \rho_r} \times 100\% \qquad (4\text{-}69)$$

$$树脂质量分数 = \frac{\rho_r(\rho_f - \rho_c)}{\rho_c(\rho_f - \rho_r)} \times 100\% \qquad (4\text{-}70)$$

式中　ρ_f——纤维密度；

　　　ρ_r——树脂密度；

　　　ρ_c——样品密度。

此外，计算法还包括丝束计数法和显微镜测定法。丝束计数法利用所用丝束数 N、丝束单位长度的质量 W_L、纤维密度 ρ_f、样品的宽度 b 和厚度 t 计算体积分数：

$$纤维体积分数 = \frac{N W_L}{\rho_f t b} \times 100\% \qquad (4\text{-}71)$$

显微镜测定法利用放大 200 倍和 1 000 倍的显微镜照片，测量 1 000 倍的照片中纤维的直径。一般取 15 根纤维直径的平均值，在 200 倍的照片中划分几平方厘米的区域，计算每平方厘米内的纤维根数，用纤维的平均直径算出纤维的总截面积，再算出纤维的体积分数。

$$纤维体积分数 = \frac{给定面积中纤维的总截面积}{给定面积} \times 100\% \qquad (4\text{-}72)$$

测定纤维与树脂的相对含量除上述方法外，还有热解重量法、X 射线法等。这些方法各有优缺点，一般认为浓硫酸消化法简单易行，结果较准确。

4.4.2　复合材料的孔隙率

在成型固化过程中，树脂体系中低分子物的存在、工艺过程中空气的搅入都会使固化后的复合材料中含有孔隙。为制得低孔隙率的复合材料，必须确定正确的工艺参数并处理好时间、温度、压力三者之间的关系，其中选好加压时机极为重要。

孔隙的存在会明显地降低复合材料的层间剪切强度、压缩强度和横向弯曲强度。复合材料中孔隙的尺寸和形状与孔隙率有关，一般孔隙率在 1.5% 以下时，气孔是圆球形，直径在 5~20 μm 的范围内变化，随孔隙率增大而增大，并且这类孔隙往往是由树脂内的低分子物造成的。当孔隙率超过 1.5% 时，气孔呈扁平形，其直径也大得多，这类孔隙往往是由成型固化过程中带入的空气造成的。孔隙的大小、形状、分布位置不同，对复合材料力学性能的影响程度也不同，一般孔隙率在 4% 以下时，孔隙每增加 1%，层间剪切强度下降 7%，5% 的孔隙率对压缩强度影响最大。一般复合材料的孔隙率为 1%~5%，对于较重要的结构件，孔隙率不能超过 2%。

孔隙率的测定方法有很多，如密度法、超声检测法、X 射线技术、显微照相法等，其中密度法当前应用较广。下面主要介绍密度法。

复合材料的孔隙率与纤维、树脂的种类，复合材料的密度，纤维和树脂的含量有关。密度法先分别测定树脂、纤维、复合材料的密度和质量，然后计算复合材料的孔隙率。

　　密度的测定方法有排水量法、密度梯度法和直接测量质量、体积的方法。一般测试取样的最大尺寸为 25 mm × 25 mm，厚度小于 5 mm，质量在 2~5 g，试样数量不少于 3 个。将所得数据代入下式进行计算：

$$V = 100[1 - \frac{\rho_c}{W_c}(\frac{W_r}{\rho_r} + \frac{W_f}{\rho_f})]$$ （4-73）

式中　V——孔隙率；

　　　　ρ_c——复合材料的密度；

　　　　ρ_f——纤维的密度；

　　　　ρ_r——树脂的密度；

　　　　W_c——复合材料的质量；

　　　　W_f——纤维的质量；

　　　　W_r——树脂的质量。

4.4.3　复合材料的收缩率

　　复合材料的收缩指在成型固化后由反应引起的树脂体系收缩的现象和由温度变化引起的尺寸变化的现象。复合材料收缩率的大小关系到模具的设计和制件的装配，如果处理不当，因收缩而引起的内应力会造成制件开裂、挠曲，甚至报废。

　　引起复合材料收缩的主要原因是基体树脂固化产生的收缩，如酚醛树脂在固化过程中有低分子物挥发，且固化前后树脂的密度有较大的变化，因此收缩率可达 8%~10%。不饱和聚酯树脂和环氧树脂在固化过程中无低分子物放出，且固化前后密度变化小，因此它们的收缩率分别为 4%~6% 和 1%~2%。收缩率大将使复合材料界面产生大量裂纹，固化树脂体内产生微气泡。

　　增强纤维的尺寸一般随温度变化而变化。复合材料由收缩引起的应力和变形有不利的方面，会造成制件质量降低甚至不能使用，但如设计得当，也可利用因收缩而引起的材料的应力和变形。如成型一块平板，固化后平板由于内应力的作用变成曲面。碳纤维复合材料可利用收缩变形特性制作套接件，不用其他形式的连接，只靠材料在不同方向的变形得到紧固的连接。

　　收缩率以标准试件的尺寸变化的比值来表示。试件是直径为（100 ± 3）mm、厚度为（4 ± 0.2）mm 的圆片，或边长为（25 ± 0.2）mm 的立方体。收缩率有两种表示方法：

$$实际收缩率 = \frac{a-b}{b} \times 100\%$$ （4-74）

$$计算收缩率 = \frac{a'-b}{b} \times 100\%$$ （4-75）

式中　a——成型试件的热模尺寸（即试件的热态尺寸）；

　　　　b——试件的冷却尺寸；

　　　　a'——模腔的室温尺寸。

第 5 章　金属基复合材料的制造原理

5.1　概述

金属基复合材料的制造较困难:首先,将对金属不润湿、与金属结合性不好、易反应扩散而劣化的纤维用液态成型法等与金属复合在一起是困难的;其次,要想使纤维有序均匀分布,没有损伤,与金属基体牢固结合无空隙,使用时不因残余应力、热应力和热疲劳等影响寿命也是不容易的。由于增强材料的排布、界面等问题不易处理,金属基复合材料的发展比较缓慢,实际应用还不多。在制造金属基复合材料时必须注意以下问题:

(1)纤维与金属基体的润湿性、结合性和反应性,即相容性;

(2)纤维分布状态的控制;

(3)制造过程中纤维因热学、力学方面的原因而产生的损伤、劣化;

(4)纤维、金属基体膨胀和制造时产生的残余应力的分布状态;

(5)纤维质量的稳定性;

(6)适于工业生产、便于质量控制的制造方法。

由于金属与纤维的组合不同,注意事项也不同,用不同制造方法得到的复合材料的性能也不同。

纤维制品往往不是单纤维,而是呈束(如碳纤维束由 5 000~13 000 根纤维组成,直径约为 7 μm)或纱、线状的,还有呈织物状(平纹、斜纹、缎纹)的,也有呈短纤维或晶须状的,应根据使用目的选择纤维的状态。

有的纤维(或颗粒)可以直接与金属复合成型;有的则需要改善两者的润湿性和结合性,控制界面反应,这就需要对纤维(或颗粒)进行表面涂覆或对金属液进行处理。

为了保证纤维有序排布,需要把纤维与金属基体做成预制带或预浸线,然后根据使用要求进行裁剪、层合,制成预成型体。

对于短纤维、晶须和颗粒增强材料,还必须解决如何加入和如何防止它们在金属液中上浮、下沉或凝聚等问题,使其在金属基体中均匀分布。

经过以上预处理后才能复合成型,有的还需要二次加工才能得到制品。以纤维增强金属基复合材料为例,其制造过程如图 5-1 所示。

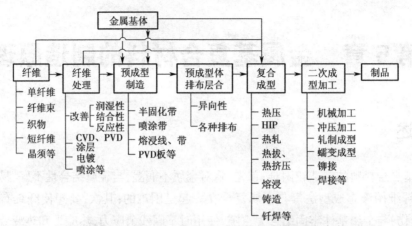

图 5-1 纤维增强金属基复合材料的制造过程

按复合时金属基体状态的不同,纤维增强金属基复合材料的制造方法总结如下。

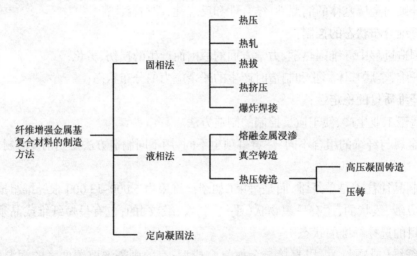

短纤维、晶须、颗粒增强的、分散强化的金属基复合材料和层压金属材料的制造方法与连续纤维增强金属基复合材料有相同点也有不同点,这里以纤维增强金属基复合材料的制造方法为主线,兼顾其他。

5.2 纤维增强金属基复合材料的复合成型

5.2.1 预成型体的排布层合

为了最终顺利成型,生产出高质量的金属基复合材料制品,须事先制作预制带、预浸线和预成型体。预成型体的制造方法有物理方法、化学方法和机械方法,可采用单一方法,也可采用几种方法的组合。

5.2.1.1　预制带的制作

在纤维增强复合材料的制造中往往先制作预制带,然后根据所需的纤维排列方向和分布状态,将预制带按纤维的取向和规定的厚度层合、加温加压成型制成预成型体。其优点是可以自由地改变层合的方法,以得到所希望的性能。

预制带包括半固化带、喷涂带、单层带、PVD 带等几种。

半固化带适用于较粗纤维增强的复合材料,如制造 B/Al 复合材料时,将硼纤维丝以一定间隔单向排列在铝箔上,再用树脂(丙烯酸树脂或聚苯乙烯树脂)固定,如图 5-2(a)所示。喷涂带如图 5-2(b)所示,它用喷涂金属将排布好的纤维(粗纤维和细纤维都行)固定在金属箔上。单层带是在金属箔上开槽,把纤维下到槽里,再在上面放同样的金属箔,它是一种有纤维夹层的金属箔带,如图 5-2(c)所示。PVD 带的涂层较均匀,多用于 C/Al 系。

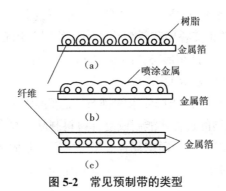

图 5-2　常见预制带的类型

(a)半固化带　(b)喷涂带　(c)单层带

预制带质地柔软,容易装模,可以自由地控制纤维的配置方向和数量,层合后再进行扩散结合即可制得致密的复合板和管,适用于制造形状简单的复合材料制品。

5.2.1.2　预浸线的制作

预浸线是将纤维束通过金属液,使金属液渗到纤维之间,然后在挤出多余的金属液的同时进行固化而制成的。图 5-3 为用连续挤拉法制作预浸线的示意图,这种方法被用于 SiC 纤维与 Al 的预浸线的连续制作中。

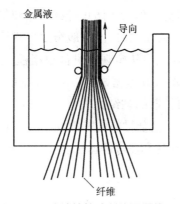

图 5-3　用连续挤拉法制作预浸线示意

除熔浸连续挤拉法外,还可以采用电镀法和真空化学气相沉积法制作预浸线。电镀法适用于金属液能电离、纤维能导电的情况。对于 B、SiC、Al_2O_3 等不导电的纤维,要先采用非电镀法赋予其导电性,然后进行电镀。真空化学气相沉积法效率高,制得的预浸线材料质地均匀。此外也有用树脂作为黏结剂制作预浸线的,使用这种预浸线以铸造法制造复合材料前应先将预浸线加热到 400~500 ℃,除去树脂后再制造。制造 Al_2O_3/Al 复合材料就有采用这种方法的。

预制带和预浸线是用固相扩散结合法和液相浸渗法制造复合材料的中间制品。它们可以直接使用,也可以先做成预成型体后再用于复合材料的成型。

5.2.1.3 增强纤维的排布形态与排布方式

增强纤维的排布形态总的来说分为单向排布(1D)、二维排布(2D)和三维排布(3D)三大类。单向排布状态如图 5-4(a)所示,纤维是轴向平行的。二维排布形态如图 5-4(b)~(d)所示,是 1D 排布的纤维正交叠层和斜交叠层(1D 叠层)、织布(平纹、斜纹、缎纹)叠层,或短纤维二维随机分布。三维排布形态如图 5-4(e)~(h)所示,代表立体织物,其中独立纤维束有 3D、4D、6D、7D(以 nD 表示)几种排布方式。

将预制带层合或将纤维、预浸线按要求的排布形态编织好即可制成预成型体。制成预成型体后,还要经过复合成型的过程才能制成复合材料制品。复合成型有两种方式,即固态复合成型法与液态复合成型法,其中固态复合成型法实质上是固相扩散结合法,液态复合成型法实质上是熔融金属浸渗法。

5.2.2 固相扩散结合法

固相扩散结合法可以一次制成预制品、型材、零件等,主要用于预制品的进一步加工。

5.2.2.1 扩散黏结

扩散黏结也叫扩散焊接,是在塑性变形不大时,利用接触部位的原子在高温下相互扩散而使纤维和金属基体结合到一起的。因基体变形受到刚性纤维的限制,为使基体材料充满纤维的所有空隙,要求基体具有较高的软化程度,即有较高的黏结温度。如果是合金,温度应稍高于固相线,有少量液相为好。但为了防止纤维软化和与金属基体相互作用,温度又不能太高。因此,复合材料进行扩散黏结时,比一般金属要求严格。扩散黏结是靠接触面间的原子扩散完成的,但任何实际表面从微观上讲都很粗糙,在高温和压力作用下表面突出部分发生塑性变形,使接触面增大并紧密贴合;由于纤维的阻碍作用,将基体压入纤维束中需施加的压力要比金属材料扩散的黏结力大,但压力太大又会损伤纤维。与温度相比,压力的变化范围较大。绝大多数复合材料的扩散黏结要在真空或保护性气氛下进行。

扩散黏结常用的方法有热压法和热等静压法。

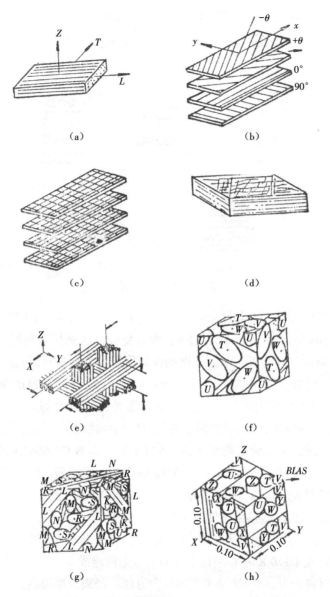

图 5-4　增强纤维的排布形态与排布方式

（a）单向排布材　（b）1D 层合材　（c）织布层合材　（d）短纤维二维随机分布材
（e）3D 材　（f）4D 材　（g）6D 材　（h）7D 材

1. 热压法

热压法是在真空或惰性气体中对预成型层合体加热、加压使其复合的方法,其流程如图
5-5 所示。这种方法最适于制造复合板材,若改变预成型的叠层方法和模型,也可以制造喷
气发动机的风扇叶片等板厚有变化且有曲面的部件。图 5-5 所示为使用半固化带的热压工
艺过程。如用喷涂带和等离子喷镀带,由于不使用黏结剂,就不用抽真空。

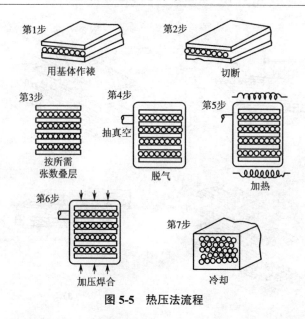

图 5-5　热压法流程

热压的条件因材料的种类、部件的形状等不同而不同。对于 B/Al 复合材料,如果温度是 773 K,要加压 10~70 MPa,保压 0.5~1.5 h。因为复合机制是扩散黏结,故温度高时压力可以减小,保压时间就可以缩短。但为了得到性能优良的复合材料,防止发生界面反应,应控制好温度上限。例如, W 芯的 B 纤维为 803 K, SiC 或 B_4C 涂覆的 W 芯的 B 纤维为873 K。SiC 纤维在 973 K 时也不与 Al 反应而影响强度,热稳定性好。

对于热稳定性好的纤维,可以把金属基体加热到固相线以上半固态成型,这样可以不用高压,不用大型压力机,因而设备规模小,制造成本低。$B(B_4C)$/6061 铝合金在 883 K(比6061 铝合金的固相线高 15 K)下用 1.4~2.7 MPa 的低压就能成型。用钎焊材料进行复合的Borsic/Al 复合材料是把 Borsic 纤维用焊料(Al-12%Si 合金,熔点 848 K)等离子喷涂到6061 铝合金上制成喷涂带,其热压条件为 868 K、0.9 MPa。

热稳定性好的表面涂覆的 B 和 SiC 纤维可用于增强 Ti 合金,用纯 Ti 和 Ti-6Al-4V 等箔材制造半固化带,在 1 170 K 左右用数十兆帕的压力就能成型。

对 C/Al 复合材料来说,热压法是主要的复合方法。经离子喷镀的高弹性碳纤维不易与Al 反应,故对其预制带进行热压复合时可用 833~853 K、10~20 MPa 的热压条件;而容易与Al 反应的高强度碳纤维与 Al 复合时,由于只能用 773 K 的低温,故需要 80~100 MPa 的高压。对于用熔浸法制成的预浸线,以在基体的固相线以上、稍有点液相状态下热压成型为好。

2. 热等静压(HIP)法

HIP 法是把预成型体密封在模盒中,再放入高温高压的压力釜里复合成型的方法。HIP装置如图 5-6 所示,因所加的压力是静压,所以用较简单的模、夹具就能压出形状复杂的部件。与热压法相比,它可进行大型部件的复合成型,但设备费用较高。

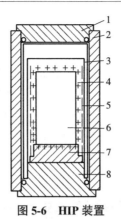

图 5-6　HIP 装置

1—上侧盖;2—压力容器本体;3—绝热层;4—压力介质气体(Ar);5—电阻丝;6—处理材料;7—支撑台;8—下侧盖

　　航天飞机上应用的 B/Al 复合材料的管状桁架就是用这种方法制作的,其做法是在薄钢管内芯模的外壁上缠上 B/Al 的单层带,并把它插入厚壁的外芯模内,在 520 ℃、69 MPa 的条件下内外加压,然后把外芯模按内芯模的厚度切削加工,再用硝酸把剩下的钢管芯模溶解掉而取出复合材料管。在管的两端事先插入 Ti 合金接头,在高温高压下 B 和 Al 复合时该接头也与 B/Al 管扩散结合,最后把这个接头与 Ti 合金连接接头焊接构成复合材料的接头,如图 5-7 所示。一架航天飞机用 243 根 B/Al 复合管做的桁架,质量只是高强度铝合金桁架的 44%。

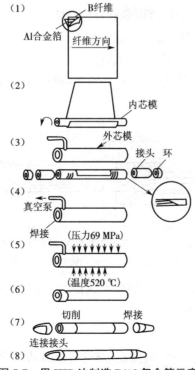

图 5-7　用 HIP 法制造 B/Al 复合管示意

　　稳定性好的纤维可以高温低压成型,美国制造大型飞机主翼的 SiC/Al 复合材料就是采用高温低压的热等静压法制造的。

5.2.2.2　形变压力加工

复合材料的另一种固态复合成型法是形变压力加工法,用该法制得的复合材料有较大的塑性变形,可以用于生产尺寸较大的制品。由于是在固态下进行加工,速度快,纤维与基材作用时间短,纤维损伤小,但却不一定能保证纤维与基材接触良好,且在加工过程中产生的大应力易造成脆性纤维的破坏。用形变压力加工法制造金属基复合材料的方法有热轧法、热拔法、热挤压法等。

1. 热轧法

热轧法可以直接把纤维和金属箔材热轧成复合材料,也可以把半固化带、喷涂带夹在不锈钢板中热轧。由于增强纤维塑性变形困难,在轧制方向上不能伸长,故在轧制过程中主要完成纤维与基体的黏结过程。为了提高黏结强度,常对纤维施以涂层,如涂 Ag、Ni、Cu 等。

用热轧法制造 C/Al 复合材料是将铝箔和涂银纤维交替铺层,在基体的固相点附近轧制。也可以通过等离子喷涂制成预制带,叠层后热轧。Be/Ti 复合材料的制法是先将铍丝绕在钛箔上,通过等离子喷涂 6061 铝合金或用黏结剂固定,然后叠层、轧制。

2. 热拔法

利用形变压力加工法制造复合材料时,若加大金属基体的塑性变形,纤维和基体界面处产生的应力就变大,容易造成界面剥离、纤维表面损伤甚至断裂。和其他形变压力加工法相比,热拔法可以把全部金属基体的塑性变形控制得比较小,而且在拉拔加工中纤维主要受拉,几乎没有弯曲应力,可以避免纤维断裂和界面剥离。

图 5-8 是用热拔法制造 C/Al 复合棒的示意图。把预浸线真空封入不锈钢管中,通过加热到一定温度的拉模拉拔,可制造复合棒或管。拉拔温度应取在金属基体的固相线下或上,由于这时金属基体的塑性变形阻力极小,可将纤维的机械损伤控制在最小的限度内,同时减小拉拔力。

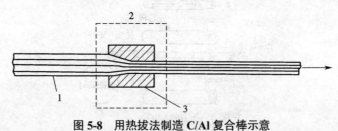

图 5-8　用热拔法制造 C/Al 复合棒示意
1—把 C/Al 预浸线真空封入不锈钢管中;2—加热炉;3—拉模

对于用熔融金属浸渗法做成的预浸线束,热拔不是为了减小材料的断面面积,而是为了消除预成型体内的孔隙,使其更致密。

3. 热挤压法

如果用热挤压法加工连续纤维增强复合材料,金属基体的塑性变形会使纤维与基体的界面处产生弯曲应力,容易造成界面剥离和纤维断裂。但对于短纤维、晶须和颗粒随机分布增强的复合材料,热挤压加工时,纤维能随金属基体塑性流动,并按挤出方向排布,产生的弯曲应力导致纤维断裂。如果纤维的纵横比在临界纵横比以上,就能保持纤维的增强效果。用扫描电镜观察碳化硅晶须 SiC$_{(w)}$/Al 挤压复合材料,证实 SiC 晶须是按挤出方向排布的。

用 Al$_2$O$_3$ 短纤维与 AC8A 铝合金坯材在 500 ℃下挤压出的复合材料,当 V_f 为 20% 时,在 100 ℃下其抗拉强度不下降。用此法制造的 Al$_2$O$_3$ 短纤维增强 Al-Si-Mg 合金,当 V_f 为 30% 时,其抗拉强度为 421 MPa,是基材强度的 2 倍。Ti-6Al-4V 和 Ti-6Al-4V-2Sn 与铍丝的毛坯经热挤压后屈服强度为 1 310~1 360 MPa。用热挤压法制得的钨丝增强不锈钢在 780 ℃和 1 093 ℃时强度分别为 97.5 MPa 和 70 MPa,而在相应温度下基体的强度仅为 24.2 MPa 和 15 MPa。

对于双金属包覆材则采用包覆挤压法制造。先做出包覆挤压坯,再装入挤压筒内进行挤压,在压力作用下,基体和包覆层紧密接触,扩散形成冶金结合。线缆挤压法是缆芯通过中心导孔进入挤压室,加热的包覆金属在挤压室内被挤压包覆在缆芯上,从挤压模口挤出。包铜铝线和包铅铝电缆就是用这种方法生产的。

5.2.2.3　爆炸焊接

爆炸焊接是利用炸药爆炸的能量使两层或两层以上的金属板或者预制带结合在一起的加工方法。与压延、堆焊等方法比较,爆炸焊接有以下特点:①结合力大;②能使用其他方法无法结合的异种金属结合在一起;③与焊接法比,受到热影响的区域较小;④与轧制法比,可进行三层到几十层的厚层层合材料的加工。在爆炸焊接前必须除去基体和纤维表面的氧化物和油污;为防止纤维弯曲和移动,应将其固定或编织好;为防止靠近炸药层的纤维损伤,应在炸药层和动板间加垫缓冲防护层,如橡胶或聚氯乙烯,如图 5-9 所示。

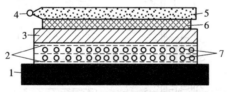

图 5-9　爆炸焊接示意
1—底座;2—基体;3—动板;4—雷管;5—炸药层;6—缓冲防护层;7—纤维

当雷管起爆后,爆炸压力会使爆炸点处的动板以巨大的冲击力压向下层预成型材,这种冲击应力比结合金属的屈服强度大得多。如果爆炸点冲击的速度小于复合金属中的声速,在动板下表面会形成一股净化的金属射流,使两表面压紧、结合。随着爆炸波的迅速推进,动板迅速顺次压下完成爆炸焊接。由于大多数炸药的爆炸速度为 7 000~8 000 m/s,比材料中的声速 6 000 m/s 大得多,采用平行板间隔式排列的爆炸焊接很难保证爆炸点冲击的速度符合亚音速的要求。若采用角度间隔式结构,爆炸点冲击的速度由初始间隙角和炸药的爆炸速度决定,小于声速才能保证结合良好。

爆炸焊接主要用来制造金属层合板和金属纤维增强金属复合材料,如钢丝增强铝、钢丝增强镁、钼丝或钨丝增强铜等。如以 0.3 mm 厚的铝板为基材,以用直径为 0.3 mm 的不锈钢丝编成的 30 目网为增强材料,用爆炸焊接法制成的复合材料,从断面的金相照片可以看出两者结合得很好。对爆炸焊接制成的不锈钢与铝的层合材和不锈钢纤维增强铝合金的测定结果表明,抗拉强度几乎都符合复合准则。

5.2.3　熔浸法和液体金属铸造法

把纤维预成型体放到铸型里再浇注金属液是制造 FRM 最简单的方法。但用这种方法得到的铸造复合材料预成型体内 40%~80% 的范围内不可避免地存在大量孔洞。这是由于金属液对纤维的润湿性不好,接触角大,金属液不能浸入纤维的窄缝和交叉纤维的间隙。即使对纤维进行了表面处理,也对金属液进行了处理,改善了金属液对纤维的润湿性,仍避免不了内部孔洞的生成。因此用液相法制造 FRM 的关键是液体金属的浸渗问题,必须采取措施使金属液填充到纤维的间隙内,以保证复合材料的致密性和良好的结合强度。所以液相复合成型法也称为熔融金属浸渗法,简称熔浸法。另外还有不用铸型而由液体金属直接制造 FRM 型材的液体金属铸造法。

5.2.3.1　熔浸法

熔浸法要求纤维热力学性能稳定或者经表面稳定处理,并且与金属液的润湿性良好。熔浸法分为大气压力下熔浸、真空熔浸、加压熔浸和组合熔浸几种。

大气压力下熔浸用得较多,它是纤维束通过金属浴后由出口模成型的。改变出口模的形状就可以得到各种形状的制品,制造棒材、管材、板材和形状复杂的型材,如图 5-10 所示。

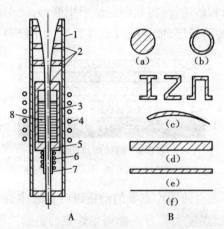

图 5-10　纤维束连续熔浸装置(A)和制品的种类(B)

(a)棒材　(b)管材　(c)型材　(d)板材　(e)薄板　(f)带

1—石英管;2—纤维导向器;3—坩埚;4—感应线圈;5、7—成型口;6—冷却器;8—金属液

也可以用惰性气体在大气压力下熔浸,以防止氧化。真空熔浸(真空吸引)可以改善纤维表面的活性和润湿性,避免复合材料中出现气孔,并可防止氧化。真空熔浸有两种:一种是在上部的真空炉中熔化金属后,浇入下部放有预成型体的铸型中进行熔浸;另一种是将真空熔化的金属浇入放有预成型体的铸型中后,用压缩空气或惰性气体加压实现强制熔浸,叫加压熔浸,其装置如图 5-11 所示。B 纤维增强 Al 合金和 Mg 合金、W 纤维束增强 Ni 基合金复合材料就可以采用这种方法制造。

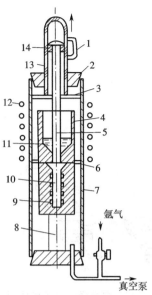

图 5-11　加压熔浸装置示意

1—磁块；2—橡胶密封圈；3、6—隔热板；4—石墨坩埚；5—石墨棒；7—石英管；8—陶瓷支柱；
9—石墨铸型；10—纤维；11—金属液；12—感应线圈；13—石英罩；14—钢环

当用一种制造技术难以得到符合设计要求的复合材料时就得采用两种及以上方法组合的办法，如真空熔浸和热压法组合、熔浸束纤维的轧制等。

5.2.3.2　液体金属铸造法

在铸造生产中，当用大气压力下重力铸造法难以得到致密的铸件时，常采用真空铸造法和加压铸造法。加压铸造法可按加压手段和所加压力的大小分类，如表 5-1 所示。

表 5-1　加压铸造法的分类

分类	方法	压力 /MPa	适用金属
加压浇注法	压铸法	50~100	Al、Zn、Cu
	低压铸造法	0.03~0.07	Al
加压凝固法	高压凝固铸造法	50~200	Al、Cu
	气体加压铸造法	0.5~1	Al、Cu
	离心铸造法	相当于 1~2	Fe、Cu、Al

使液体金属充分地浸渗到预成型体纤维的间隙内得到致密铸件的加压铸造法有高压凝固铸造法和压铸法。

1. 真空铸造法

用真空铸造法制造 FRM 时，先把连续纤维用绕线机缠在圆筒上，用聚甲基丙烯酸甲酯等能热分解的有机高分子化合物黏结剂制成半固化带，再把数片半固化带叠在一起压成预成型体。把预成型体放入铸型中，加热到 500 ℃使有机高分子分解去除。将铸型的一端浸入金属基体液内，另一端抽真空，使液体金属抽入铸型内含浸纤维，待冷却凝固后将 FRM

从铸型内取出,如图 5-12 所示。

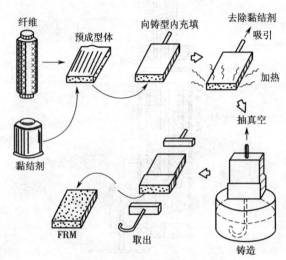

图 5-12　用真空铸造法制造 FRM

2. 高压凝固铸造法

高压凝固铸造法是将金属液浇到铸型内,加压使金属液凝固的。由于金属从液态到完全凝固一直处在高压下,故能充分浸渗、补缩并防止产生气孔,得到致密的铸件。这种铸造与锻造相结合的方法又叫挤压铸造法、液态模锻法、锻铸法。高压凝固铸造法按加压方式可分为柱塞加压凝固法、直接压入法和间接压入法三种,如图 5-13 所示。这种方法最适于制造纤维增强和颗粒增强金属基复合材料,其制造过程如图 5-14 所示。把纤维或颗粒的预成型体预热到金属的凝固温度以上放入铸型内,浇注后用压头加压把金属液压入预成型体的间隙内,保压直到凝固完全,即制成金属基复合材料(MMC)制品。

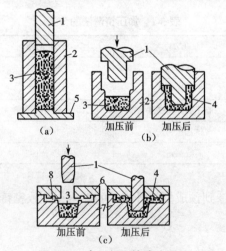

图 5-13　高压凝固铸造法原理

(a)柱塞加压凝固法　(b)直接压入法　(c)间接压入法

1—压头;2—金属型腔;3—液体金属;4—制品;5—底板;6—上型;7—下型;8—型腔

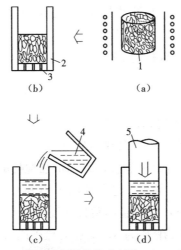

图 5-14　用高压凝固铸造法制造 MMC 的过程

（a）预热　（b）装入铸型　（c）浇注　（d）加压

1—预成型体;2—铸型(约 300 ℃);3—出气孔;4—金属液(Al,约 800 ℃);5—压头(约 100 MPa)

用高压凝固铸造法制造 MMC 有下列优点。

（1）可以制造较复杂的异型 MMC 零件,也可以局部增强。日本丰田汽车厂用 Al_2O_3 短纤维局部增强汽车活塞接触活塞环的沟槽部位,如图 5-15 所示。当用 SUJ2 轴承钢作为摩擦副进行磨损对比时, Al_2O_3/AC8A 铝合金复合材料的磨损量仅为 AC8A 铝合金的 1/96,如图 5-16 所示。哈尔滨工业大学与中国第一汽车集团有限公司开展了国产 Al_2O_3 纤维增强 ZL109 铝活塞的研究,以硬质合金轮为摩擦副进行了快速磨损试验,结果是:当 V_f= 7.5% 时,其磨损量仅为 ZL109 的 24.9%。

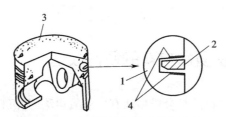

图 5-15　用纤维局部增强的铝活塞

1—活塞;2—活塞环;3—用纤维局部增强的部位;4—磨损部位

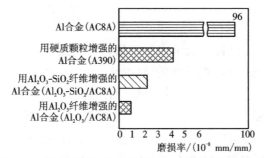

图 5-16　用轴承钢作为摩擦副时各种铝合金的磨损率

（2）由于金属是在熔融状态下与纤维在压力下复合的,纤维与金属的结合十分牢固,可以得到力学性能较好的零件。

（3）在高温下制成的块状复合材料二次成型较方便,也可以进行各种热处理,满足多种要求。

3. 压铸法

压铸法是在压力下把金属液射到铸模内并使其在压力下凝固的铸造方法。用压铸法制造 MMC 面临的实际问题是如何把纤维加到金属里和如何使压铸件中的纤维均匀分布。日本轻金属技术研究所采取中间合金法和在浇注前加强搅拌的措施来解决这两个问题。用 Al_2O_3 短纤维复合 Al 合金压铸件的工艺过程如图 5-17 所示。此法在 V_f 为 1%~3% 时也能保证纤维均匀分布,制成的 Al_2O_3/Al 合金压铸件的硬度和弹性模量随 V_f 增加而增大;滚动摩擦磨损量则随 V_f 增加而减小,在 V_f 为 5% 时就有显著的效果,可用作汽车或各种机械所要求的轻而耐磨的零件。

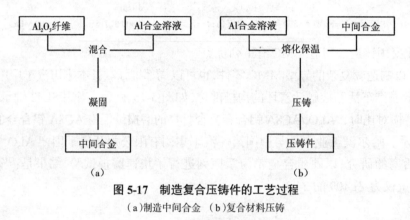

图 5-17　制造复合压铸件的工艺过程

（a）制造中间合金　（b）复合材料压铸

5.3　分散强化金属基复合材料的复合成型

分散强化金属基复合材料的复合成型法有内部氧化法、共沉析法、机械合金化法和喷射弥散法等。

5.3.1　内部氧化法

分散强化金属基复合材料中最早作为实用材料的是 Al_2O_3 粒子分散在 Al 中形成的 Al_2O_3 增强 Al(SAP)合金,它是把雾化的 Al 粉烧结挤压,使 Al 粉表面形成的 Al_2O_3 膜破碎,以粒子的状态分散在 Al 中而制成的。把 Al 在氧化性气氛(N_2：O_2=9：1)的球磨机内磨成粒径为 1 μm 的微粉,微粉的表面形成了 Al_2O_3 膜,将其烧结挤压,就成了 Al_2O_3 在 Al 中分散的 SAP。另外,耐高温性能好的优良导电材料 Al_2O_3 粒子分散强化 Cu 合金也是用内部氧化法制成的,它是先把 Cu-Al 合金用气体雾化法雾化成粉末,再使内部氧化生成 Al_2O_3 粒子,然后用挤压法做成制品的。

5.3.2　共沉析法

将一些熔点在金属基体或合金的熔点附近的高温下也稳定的金属氧化物粒子分散在金属基体或合金内,在高温下也有强化效果。例如镍基耐热合金由于强化粒子相均匀析出在 γ' 相基体上而得到良好的耐热性能,但在合金的熔点附近析出的强化 γ' 粒子会固溶于基体 γ 中而使热强度急剧下降。高温、稳定的 ThO_2 和 Y_2O_3 作为分散粒子均匀分布在镍基耐热合金的基体内,可以使镍基耐热合金有良好的耐高温性能。

把 ThO_2 分散在镍基耐热合金内得到的 TD-Ni 合金可用共沉析法制造,制造过程是先把硝酸镍溶液、氧化钍溶液和碳酸铵、氢氧化铵的水溶液混合,在容器中边加热边搅拌,$NiCO_3$ 和 ThO_2 呈胶体状沉析,将它们用氢还原就可以得到 Ni 和 ThO_2 微粉的混合物,再经加压、烧结、挤压加工就可以得到 TD-Ni 耐热高温合金制品了。

5.3.3　机械合金化(MA)法

机械合金化法的过程是先将原料粉末(金属与金属、金属与陶瓷等)按一定比例混合,然后用高性能球磨机反复研磨。研磨过程的冲撞、压轧使金属粉末和陶瓷粒子反复变形、粉碎和“黏合”而“合金化”和均匀化。将这种“预合金化”的混合粉末冷压成一定形状的坯料,再经过热挤压或热等静压制成复合材料制品。机械合金化法由于无须熔化,没有浇注和凝固过程,可以制成用铸造法容易发生比重偏析的一些金属或合金的颗粒增强复合材料,也可以将熔点相差悬殊的两种金属(如 Al 和 Mo、Al 和 W、Al 和 Cr 等)合金化或复合化,还可以将金属和金属间化合物(如 Al 和 TiC、Al 和 Al_4C_3 等)复合化。为了防止在机械合金化过程中 Al 粉表面氧化生成 Al_2O_3 或烧结,在混合粉里加入甲醇,甲醇可以与 Al 粉反应生成 Al_4C_3,从而形成分散强化相。向 Al 粉中添加 Al_2O_3、SiC 或 TiC、Al_4C_3 粉末,进行机械合金化处理,都可以得到明显的增强效果。

用机械合金化法制造分散强化耐热高温合金时,对得到的复合坯料的定向结晶区域进行退火处理,使其产生晶粒纵横比在 10:1 以上的单向再结晶组织,就得到有高温强度的粒子分散强化耐热高温合金。把 Y_2O_3 分散在 20% Cr-Ni 合金中得到的 MA745 合金,熔点约为 1 670 K。把 Y_2O_3 分散在 20% Cr-Fe 合金中得到的 MA965 合金,熔点约为 1 750 K。把 Y_2O_3 分散在镍基耐热合金中得到的 MA6000E 合金是根据汽轮机叶片的工作条件开发出的合金,γ'(Ni_3Al、Ni_3Ti)相的析出硬化使其在中温(870 K 左右)下有足够的强度,Y_2O_3 的分散增大了其在高温区(1 270 K)的强度。机械合金化法将成为下一代燃气轮机耐热高温合金的基本制造方法。

5.3.4　喷射弥散(SD)法

按分散强化理论,材料的强度随材料中细小分散粒子含量的增加而提高,故有可能利用均匀细小的非金属夹杂物来提高材料的强度。如用氩气把细小的氧化物粒子强制喷射到往金属铸型中浇注的钢水流内的喷射弥散法（spray-dispersion method, SD）。

利用喷射弥散法把粒子分散到金属液中时，理想的粒子是熔点高、氧化物的标准生成自由能低、稳定性好、刚性系数大、密度适当的粒子。但同时符合这些要求的粒子不多，现在多选用性质比较明确且容易得到的粒子，如 Al_2O_3、ZrO_2、CeO_2、WO_3、ThO_2、WC、TiC、CaS 等。粒子直径为 $0.5\sim20~\mu m$，一般选用直径在 $8\sim10~\mu m$ 的粒子。

使用喷射弥散法时，必须考虑氧化物等和钢液的表面张力、氧化物-钢液界面的张力或接触角等对所喷射的粒子在钢中的分散情况的影响。要使喷射的氧化物细化，必须减小氧化物-钢液界面的接触角或张力。界面吸附能大的 Cr、V、Ti、Nb 等元素可使氧化物粒子细化和均匀弥散，称之为弥散控制元素。其中氧化物的标准生成自由能较低的 Nb 对得到细而弥散的粒子最有效。例如：喷射 $8~\mu m$ 的粒子时，在碳钢中添加质量分数为 1% 的 Nb，能使 CeO_2 粒子的平均尺寸减小到 68 nm。

喷射氧化物的合金（如碳钢、不锈钢、镍或镍铬合金）的弹性极限和抗拉强度随氧化物粒子含量的增加而提高，其高温抗拉强度和蠕变断裂强度也得到提高。

在以 Zr 和稀土元素 Ce-La 合金为弥散控制元素的情况下，喷射弥散 CaS 的碳钢和不锈钢中分布的硫化物粒子比氧化物粒子更细，其抗拉强度随 CaS 粒子体积分数的增加而提高。与氧化物粒子弥散的钢相比，其加工硬化率高，并且有较好的延展性。

通过往熔融的 Ni 和 Ni 合金中添加 Zr、Ti、Nb 或 Mo 等弥散控制元素，喷射 WC 或 TiC 粒子，可以在 Ni 和 Ni 合金中得到更细小且均匀分布的 WC 或 TiC 粒子。

5.4　颗粒增强金属基复合材料的复合成型

颗粒（包括晶须、短纤维）增强金属基复合材料的复合成型按金属基体的状态分为固态成型法、液态复合法和半固态复合铸造法三大类，目前应用的一些方法如图 5-18 所示。

图 5-18　颗粒增强金属基复合材料的复合成型方法

5.4.1 固态成型法

机械合金化法前已介绍,下面介绍粉末冶金法与热轧法。

5.4.1.1 粉末冶金法

作为颗粒增强金属基复合材料的典型代表,WC-Co 超硬质合金就是用粉末冶金法生产的,它是 WC 与 Co 的粉末混合料冷压成型后经烧结制成的。近年来用粉末冶金法制造 SiC 晶须和颗粒增强 Al 合金复合材料的工艺过程是:先将 SiC 晶须 [$SiC_{(w)}$] 或颗粒 [$SiC_{(p)}$] 与激冷微晶铝粉充分混合,然后冷压实,真空加热到固 – 液两相区内热压,再将热压后的坯料热挤压或热轧制成零部件。也可以把混合料密封于铝包套中,直接热挤压制成致密的 $SiC_{(p)}$/ Al 或 $SiC_{(w)}$/Al 复合材料。采用粉末冶金法可以任意改变 SiC 与 Al 的体积配比,能获得不同体积分数的复合材料。

5.4.1.2 热轧法

用热轧法制造颗粒增强金属基复合材料时,可将作为基体的各种金属粉末(如 Al、Cu 或铸铁)混入作为增强粒子的各种陶瓷颗粒中,或将粉末混合料堆积在 Al、低碳钢或不锈钢等金属板材上,在保护性气氛下加热,将金属基体粉末或板材加热至半熔融状态,保温一定时间后进行轧制,制成既有较好的韧性,表面又耐磨、耐热的表面复合材料。也可以在金属板材上等离子喷涂 Al_2O_3 等陶瓷颗粒,然后将板材加热轧制成陶瓷颗粒表面增强复合材料。

用热轧法制造晶须或短纤维增强复合材料时,可先用粉末冶金法或加压铸造法制成晶须或短纤维随机分布的坯材再热轧,美国就是用这种方法制造 $SiC_{(w)}$/Al 复合板的。也可以制成毡后热轧,如 $Al_2O_{3(w)}$/7075Al 合金的制造工艺是:将 Al 粉和 Al_2O_3 晶须在水中混匀,用过滤法制成毡,先在 549 ℃、70 MPa 的条件下热轧,再在 426~482 ℃下热轧,从 7.87 mm 厚轧成 0.91 mm 厚的板材。

5.4.2 液态复合法

液态法是将密度与液体金属不同的颗粒等增强材料直接加入液体金属中进行复合成型的。其主要问题是增强颗粒的加入及其在基体中的均匀分布。

5.4.2.1 颗粒的加入方法

(1)气流喷入:用惰性气体作为载体将颗粒增强材料喷入金属液中,随即浇注成型。这种方法比较简单,但由于气体与喷入的颗粒之比无法确定,颗粒的加入量难以控制和调整,且没有解决颗粒上浮或沉积的问题,复合组织不易均匀。针对上述缺点,有用螺旋喷射器将石墨粉喷射到 Al-Si 合金上制成复合材料的。

(2)在浇注过程中加入金属流中:用等离子喷涂用粉料供给器,以氩气为载体,在浇注过程中将含有改善润湿性的元素的颗粒加入金属流中而复合成型。

（3）块状加入：将增强颗粒和金属基体粉末的混合块往相对密度大的金属液里添加时，不压入是难以实现的，但可把 Al 粉末和 Cu 或者 Ni 涂覆过的石墨粉末的混合物压成块加入 Al 液或 Al 合金液内。当然，也可以先制成密度与金属液相近的中间合金块，再加入金属液内。

5.4.2.2 金属液的搅拌方法

搅拌比较容易使颗粒等增强材料在金属液内或半固态浆液内均匀分布，常用的搅拌方法有以下五种。

（1）旋涡法：用叶轮使金属液旋转形成旋涡，将加入的颗粒和短纤维卷入金属液内。这种方法设备简单，操作方便，但令直径在 10 μm 以下的粒子均匀分散是困难的。

（2）回转运动搅拌混合法：用搅拌叶片和坩埚同时回旋的方法，可使颗粒在金属液内均匀分布。如图 5-19 所示的回转搅拌装置，搅拌叶片转速为 300 r/min，坩埚转速为 20 r/min。它可把预热到 400 ℃的几种粒径的 SiC 颗粒和 Al_2O_3 颗粒加入 Al-Cu-Mg 合金半固态浆液里。

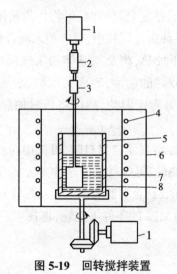

图 5-19 回转搅拌装置

1—电机；2—扭矩表；3—轴承；4—电阻丝；5—坩埚；6—炉壳；7—搅拌叶片；8—固液合金浆液

（3）往复运动搅拌混合法：该法是把颗粒等增强材料加到金属液表面后再混到金属液内的，但因金属液易飞溅而很少使用。

（4）超声波搅拌分散法：将颗粒材料等直接加入过热温度较低的金属液中进行超声波处理并缓慢升温直到颗粒等完全分散于金属液中。

（5）电磁场搅拌法：图 5-20 为电磁场搅拌装置的示意图，该装置可将 Al_2O_3 颗粒均匀地加入 Mg-Li 合金半固态浆液内，避免其下沉，从而制造出轻而耐磨的复合材料。

5.4.2.3 铸造成型方法

搅拌均匀且有足够流动性的复合金属液，可采用砂型或金属型重力铸造的方法制造复合材料铸件，但用加压铸造法制造的铸件最致密。下面介绍几种特殊的铸造成型方法。

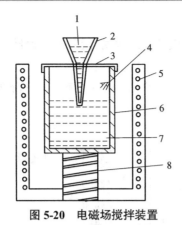

图 5-20　电磁场搅拌装置

1—Al$_2$O$_3$ 粉；2—漏斗；3—盖；4—氩气进入；5—电磁搅拌器；6—不锈钢坩埚；7—Mg-Li 合金浆液；8—冷却器

1. 离心铸造法

将颗粒材料加入金属液中,采用离心铸造法使相对密度大的颗粒向外侧偏析,相对密度小的颗粒则向内侧偏析,由此可制造出一侧耐磨性或润滑性优良的表面复合材料。研究结果表明,即使使用对金属液润湿性较差的颗粒材料,根据颗粒的性状适当地选择铸造温度和离心加速度,也可以获得界面扩散层较均匀的表面复合铸件,其表面具有良好的耐磨性、自润滑性和热稳定性,可用于制造缸套、冲头或压头等零件。

2. 电磁场铸造法

利用磁性将金属液中具有磁性的硬质颗粒(如 WC)吸引到金属液表面铸造成型而制成表面复合材料的方法叫电磁场铸造法,如图 5-21 所示。如将含有 Co 的 WC 颗粒预先置于坩埚底部,然后给坩埚下部的电磁线圈通电产生磁场,使颗粒均匀分散地吸附在坩埚的底部,再将(1 460 ± 10)℃的铸铁铁水浇入坩埚内,在保持磁场的条件下使铁水凝固,最后切断磁场,取出铸铁块。对此铸铁块的表面强化部分进行的平面回转式磨损试验表明,磨损量与 WC 颗粒在铸铁基体中的面积率 S_p 有关。当 $S_p > 20\%$ 时磨损量几乎恒定,这表明为了提高铸铁的表面耐磨性,加入一定量的 WC 颗粒是可行的。但 WC 颗粒的分布还不太均匀,有待改进。

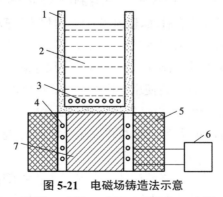

图 5-21　电磁场铸造法示意

1—坩埚；2—金属液；3—颗粒；4—线圈；5—绝缘体；6—电源；7—电磁芯

3. 喷雾铸造法

它是将金属液用喷雾法制成微细的液滴,同时把颗粒材料卷入喷雾气流中,和雾化液滴混合后喷射到铸型内的方法。图 5-22 为一种颗粒喷雾铸造装置的示意图。在坩埚的底部有一个外开孔,当金属液流出时,惰性气体通过喷嘴使金属液雾化并与从旁边送入的颗粒混合,充填到下部的铸型内。

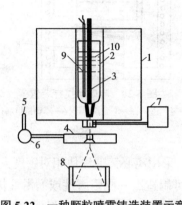

图 5-22　　一种颗粒喷雾铸造装置示意

1—熔化炉;2—坩埚;3—塞杆;4—气体喷雾用喷嘴;5—气体供给装置;
6—减压阀;7—颗粒供给装置;8—铸型;9—热电偶;10—金属液

5.4.3　半固态复合铸造法

半固态复合铸造法是由半固态铸造法发展而来的。半固态铸造法是将固－液态金属或合金浆液铸造成型的方法。用半固态金属连续制备器对正在凝固的金属或合金进行强烈搅拌,随着温度的下降,合金中的固相组分不断增加,当增加到 40%~60% 甚至更高时,合金仍像糊状浆料一样,具有很好的流动性,并具有黏性(即具有流变性),将其直接压铸成型,这种成型过程叫作半固态流变铸造或流变铸造。半固态浆液具有触变性,即当切应力一定时,其黏度随切变时间延长而降低,切变速率不断增大,由凝胶状态变为流动状态;停止搅拌、除去外力后,其黏度又会恢复到原来的数值,即恢复到原来的凝胶状态。固相组分占 50% 的半固态浆液恢复到原来的凝胶状态后,像软固体一样,可以人工搬运,随后再施加切应力,又可使其黏度降低,重新获得流动性,很容易铸造成型。利用半固态金属的这一独特优点,先用连续制备器生产半固态浆液,然后使其凝固制成一定尺寸的锭料,再将其切割成具有所需尺寸、所需质量的小型锭料,以供压铸使用。这些小型锭料可以在室温下长期储存,使用时重新加热到所要求的固相组分的软化度,即可钳送至压铸机的压射室中进行压铸。由于压铸时浇口处的剪切作用,锭料恢复流动性,可以完全充满铸型,这一工艺被称为半固态触变铸造或触变铸造。

将非金属粒子或短纤维等加入强烈搅拌的半固态合金浆液中制成半固态复合浆液,用铸造法制成金属基复合材料铸件的方法称为半固态复合铸造或复合铸造。一些非金属粒子与金属液湿润性不好而难以加入金属液中,而在对半固态浆液进行强烈搅拌时,采用边搅拌边加入的方法则很容易将复合粒子加入半固态浆液中。半固态浆液中的球形碎晶粒子对添加粒子的分散和捕捉作用,既能防止添加粒子上浮、下沉和凝聚,又能使添加粒子在复合浆液中均匀分散开来。随着添加后的连续搅拌混合,添加粒子和半固态合金浆液发生界面反应,改善了两者的润湿性,促进了其界面的结合。

图 5-23 为一种半固态复合铸造装置的示意图,用这一装置可把 2%~20% 的 $\phi 125 \sim 212 \, \mu m$ 的 Al_2O_3 颗粒复合到 Al-4%Mg 合金里。最佳工艺条件是 $d/D = 0.63$,$h/H = 0.81$,搅拌速度 960 r/min,温度 900 K。这里 d 是搅拌叶的直径,D 是坩埚内合金浆液表面处坩埚的内径,h 是搅拌叶距坩埚底的高度,H 是搅拌叶进入金属液的深度。

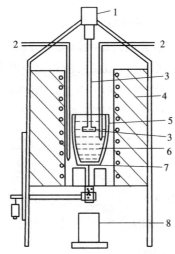

图 5-23　一种半固态复合铸造装置示意

1—电动机;2—热电偶;3—搅拌叶;4—炉子;5—坩埚;6—固液合金浆液;7—浇口塞;8—金属铸型

半固态复合铸造法的首要条件是能对半固态复合浆液进行充分的搅拌,复合浆液制备器最好由高速旋转的搅拌器和低速反向旋转的容器制成,这样才能将加入容器内的非金属粒子或短纤维与半固态浆液搅拌混合均匀。

总之,用半固态复合铸造法制造复合材料的工艺过程是:①制成半固态浆液;②加入粒子或纤维;③混合、凝固制成复合铸锭;④加热熔化复合锭;⑤浇注,制成复合材料铸件。若将复合铸锭加热到固 – 液共存温度区间,则需用压铸法制成复合材料铸件,或用热拉拔法使基体中的短纤维沿拉拔方向排列,制成复合材料型材,也可以用复合锻造法锻成复合材料制品。

5.5　定向凝固法

5.5.1　定向凝固及其特点

定向凝固又称定向结晶,是使金属或合金在液相中定向生长晶体的一种方法,用于制造单晶、柱状晶和自生复合材料。

对于共晶合金或偏晶合金,采用定向凝固法,通过合理地控制工艺参数,可使基体和增强相均匀相间,定向整齐地排列。当增强相按凝固方向长成细长的晶须状时,就得到了晶须强化复合材料。这种在高温接近热力学平衡状态下制造出来的自生复合材料与金属基人工复合材料相比有以下优点。

(1)第二相是在结晶凝固过程中析出的,故两相在界面处结合牢固,界面强度高,利于应力传递,同时避免了人工复合时的润湿、化学反应或相容性等问题。

(2)由于两相在高温接近热力学平衡条件下缓慢生长而成,同时两相界面处于低界面能状态,因此有良好的热稳定性;而人工复合材料由于金属基体和纤维间化学性质的差异,具有高的界面能,在高温下会发生化学反应等使性能变差。

(3)纤维分布均匀,没有人工复合时纤维难以均匀分布和易受损伤等问题。

由于定向凝固共晶复合材料相间结合良好,故在接近共晶熔点的高温下仍能保留高的强度、良好的抗疲劳性能和抗蠕变性能。如用 Ni、Ta、Co、Nb 作为基体与碳化物构成的共晶合金,其性能超过常用的高温合金,有“共晶高温合金”之称。

5.5.2 定向凝固的工艺方法

定向凝固的重要工艺参数有两个,一个是凝固过程中固 - 液界面前沿液相中的温度梯度 G,另一个是固 - 液界面向前推进的速度,即晶体凝固速率 R。G/R 是控制晶体长大形态的重要判据,应使

$$G / R \geq m(C - C_E) / D \approx \Delta T / D \tag{5-1}$$

式中 m——液相线的斜率;

       $C - C_E$——对共晶成分 C_E 的成分偏差;

       D——液相中溶质原子的扩散系数;

       ΔT——固液共存的温度范围。

式(5-1)虽是用于二元共晶合金的,但对所有共晶合金均具有普遍意义。表 5-2 列出了几种常见的共晶高温合金由式(5-1)计算出的临界 G/R 值。如果晶体凝固速率 R 太小,则生产率太低,因此要设计温度梯度 G 大的定向凝固装置。

表 5-2   几种常见的共晶高温合金的 G/R 值

合金名称	$G/R/(\text{℃·h/cm}^2)$
Ni 基合金	
γ/γ' -TaC(NiTaC13)	100
γ/γ' -NbC(CaTaC74)	~70
γ/γ' -Ni$_3$Nb(γ/γ' -δ)	150
γ/γ' - Mo(γ/γ' -α)	70
γ'/γ- Mo(γ'/γ-α)	70

续表

合金名称	$G/R/(\ ℃\cdot h/cm^2\ )$
γ/γ' -Cr_3C_2	2
Co 基合金	
γ- Cr_7C_3(C73)	7
γ/γ' - Cr_7C_3	6
Fe 基合金	
γ- Cr_7C_3	~3

注:"~"表示"约等于"。

　　定向凝固法有发热剂法、功率降低(PD)法、快速凝固(HRS)法、液体金属冷却(LMC)法、液体流动床法和定边供膜生长(EFG)法。由于发热剂法无法调节 G 和 R,故不作介绍。

　　1. 功率降低(PD)法

　　如图 5-24 所示,铸型加热用的感应线圈分为两段,铸件在凝固时不移动。当型壳被预热到一定的过热温度时,向型壳中浇入过热的合金液,型壳的底部由于水冷铜板的冷却而凝固,切断下部电源而产生较大的温度梯度 G,凝固由下而上进行,缓慢地降低上部线圈的输出功率来控制凝固过程。此法 G 值随凝固距离增大而不断减小,因此 G 和 R 不易控制。

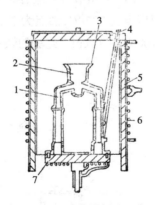

图 5-24　功率降低法示意

1—冒口;2—浇口;3—熔模型壳;4—热电偶;5—石墨套;6—感应加热二段线圈;7—水冷铜板

　　2. 快速凝固(HRS)法

　　快速凝固法如图 5-25 所示。它与功率降低法的主要区别是铸型加热器始终在加热,凝固时铸件与加热器作相对运动,铸件向下拉出,故又叫拉出法。另外,在加热区的底部使用辐射挡板和水冷套。浇注后当铸型以一定的速度向下拉时,可以得到 50~80 ℃/cm,甚至更大些的温度梯度。与功率降低法相比,该法可以大大缩小凝固前沿的两相区,增大局部冷却速度。

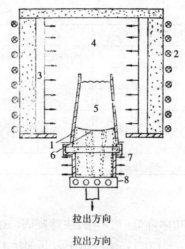

图 5-25　快速凝固法示意

1—陶瓷铸型；2—感应加热线圈；3—石墨套；4、7—辐射加热区；5—金属液；6—凝固界面；8—水冷冷却板

3. 液体金属冷却（LMC）法

如图 5-26 所示，对放置在冷却板上的铸型进行加热，同时浇入合金液，然后将铸型和冷却板由加热炉中拉出，以一定的速度浸入保持在一定温度范围内的低熔点金属浴，使固－液界面保持在金属浴的液面附近。常用的金属浴有锡液、镓铟合金液和镓铟锡合金液等。出于成本的考虑，锡液用得较多。锡熔点为 232 ℃，沸点为 2 267 ℃，蒸气压低，有理想的热学性能，用锡液作冷却剂时 G 可达 100~300 ℃/cm。此法的缺点是装置复杂，锡对高温合金是有害元素，操作不善会污染合金。

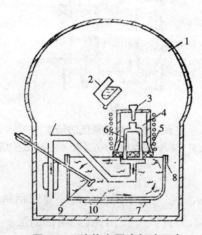

图 5-26　液体金属冷却法示意

1—真空室；2—熔炼坩埚；3—浇口杯；4—炉子的热区；5—冷却板；6—模壳；7—锡浴加热器；8—冷却罩；9—锡浴搅拌器；10—锡浴

4. 液体流动床法

用 ZrO_2 粉末作冷却媒体，从下部吹入惰性气体氩气，做成流动床，以冷却下降的铸型，其温度梯度与液体金属冷却法差不多，在实验室里 G 值可达到 100~200 ℃/cm。

5. 定边供膜生长（EFG）法

定边供膜生长法利用了液体的毛细管现象。首先将共晶合金熔化，然后将与合金润湿性好的由 TaC 制得的模块浸入其中，由于模块里有缝隙，在毛细管现象作用下，合金液将上升到模块的顶部，将模块顶上的籽晶往上拉。这种方法的 G 值很大（$G = 400 \sim 600\ ℃/cm$），其自生晶须增强相必然极细。用这种方法可以制造出断面均匀的自生晶须增强的细线、棒材乃至发动机叶片那样的有旋转角度的螺旋状零件。

5.6　金属基混杂复合材料

混杂复合材料是由两种或两种以上增强材料（或者两种或两种以上基体材料）制成的复合材料，若混杂复合材料是由两种增强材料做成的，那么有 n 种增强材料就能做成 $n(n-1)/2$ 种混杂复合材料。从增强材料的分布形态来看，混杂复合材料有一种增强材料层与另一种增强材料层层间混杂和一层内有两种增强材料层内混杂两种基本类型。另外还有 FRP 和 FRM 或 FRP 与金属层压的超级混杂复合材料，如图 5-27 所示。

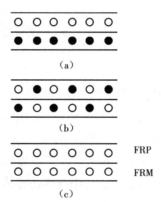

图 5-27　混杂复合材料的基本类型
（a）层间混杂　（b）层内混杂　（c）超级混杂

混杂复合材料最初出现在 FRP 中，已取得不少成果，而金属基混杂复合材料方兴未艾。研制开发的金属基混杂复合材料归纳起来有两类，即增强材料混杂 MMC 和层间混杂 MMC，每类又分三种，如图 5-28 所示。

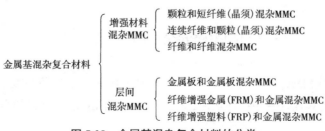

图 5-28　金属基混杂复合材料的分类

5.6.1 颗粒和短纤维(晶须)混杂 MMC

制造颗粒增强 MMC 时颗粒含量难以控制,而制造短纤维(晶须)增强 MMC 时增强材料又难以均匀分布。若把颗粒与短纤维(晶须)混杂制成预成型体,只要作为支撑体的短纤维超过某一数量,颗粒含量就可以控制,并且所有的增强材料分布均匀,因而改善了工艺性能。

5.6.2 连续纤维和颗粒(晶须)混杂 MMC

制造 FRM 时容易出现纤维黏结在一起的现象,使金属基体浸渗困难,承载时会因一根纤维断裂而引起周围的纤维断裂,导致低应力破坏。自从托瓦塔(Towata)发现了在纤维中混杂 SiC 晶须可解决这一问题后,这种混杂复合材料很快受到重视。研究结果表明,连续纤维与晶须(颗粒)混杂复合材料便于成型,较大地提高了横向强度,同时纵向强度、刚度、耐磨性和耐热疲劳性能也有较大的提高。

5.6.3 纤维和纤维混杂 MMC

在单一基体中采用多种增强纤维混杂的方法可以满足不同的性能要求。如用石墨纤维与 Al_2O_3 纤维增强 Al 合金,其中石墨纤维可提供较高的比强度,Al_2O_3 纤维可以提供很高的压缩强度。纤维和纤维混杂 MMC 制造工艺复杂,要注意因两种纤维热膨胀系数不相等而导致的制品挠曲和因两种纤维纵横向热膨胀系数或成型收缩量不相等而导致的制品扭曲。另外,当两种纤维直径相差很大、排列不当时,细纤维还容易折断。

5.6.4 金属板和金属板混杂 MMC

金属板和金属板混杂 MMC 就是层压金属复合材料,这种层压复合材料可以通过严格地选择组分设计出具有较好的耐磨性、韧性、疲劳特性和较高的强度的材料,如不锈钢–铝板、铝–锌板等。

5.6.5 纤维增强金属(FRM)和金属混杂 MMC

单向纤维增强 MMC 的横向强度较低,若在其上覆一层金属薄膜或层片则可以提高材料的横向强度并使其具有一些特殊功能,如在石墨纤维 /Mg 复合材料的表面覆上一层 Ti 膜可提供足够的力学性能而且耐蚀性好。

5.6.6　纤维增强塑料(FRP)和金属混杂 MMC

荷兰代尔夫特(Delft)理工大学研制成功的芳纶 / 环氧与铝的超级混杂复合材料——芳纶增强铝薄板(aramid reinforced aluminium laminate，ARALL)，由于兼具 FRP 与 MMC 的优点,性能优异(如表 5-3 所示),大受青睐。

表 5-3　ARALL 与 Al 的性能比较

材料	密度 /(g/cm³)	抗拉强度 /MPa	杨氏模量 /GPa	弯曲强度 /MPa	弯曲模量 /GPa	层剪强度 /MPa	冲击强度 /(kJ/m²)	疲劳寿命 / 次
ARALL	2.12	852	64.0	863	41.4	32.1	528	$>5 \times 10^6$
Al	2.69	378	67.6	683	32.4	51.7	709	6.4×10^5

由于这种材料有优异的性能和易成型的特点,美国几家大公司认为它是一种性能优异的材料。福克飞机公司用它制造了 F-27 型飞机的下机翼蒙皮,比原来使用的 7076-T$_6$ 铝合金减轻 25%。

综上可知,纤维与颗粒混杂的 MMC 和 FRP 与金属混杂的 MMC 工艺性好,性能好,是很有实用价值的材料。

第6章　无机非金属基复合材料的制造原理

6.1　纤维增强水泥基复合材料的制造原理

6.1.1　纤维在水泥基复合材料中的作用机理

在水泥基材料中均匀分散一定比例的特定纤维,可以使水泥基材料的韧性得到改善,抗弯性和抗压比得到提高,以这种方式制备的水泥基复合材料称为纤维增强水泥基材料(fiber reinforced cement, FRC)。FRC 在国内外得到了迅速发展,被广泛应用在矿山、隧道、铁路、公路、工业与民用建筑、水利水电、防爆抗震和维修加固等工程中。

6.1.1.1　纤维的作用机理与选用原则

纤维具有优良的阻裂、强化等作用,不仅可以大大减少水泥基材料内部的原生裂缝,还能有效地阻止裂缝的引发和扩展,将脆性破坏转变为近似于延性断裂。在受荷(拉、弯)初期,水泥基体与纤维共同承受外力且前者是主要受力者;当基体发生开裂后,横跨裂缝的纤维成为外力的主要承受者,即主要以纤维的桥联力抵抗外力作用。若纤维的体积掺量大于某一临界值,复合材料可继续承受较大的载荷,并产生较大的形变,直至纤维被拉断或从基体中拔出。因此,纤维的加入明显改善了水泥基材料的抗拉、抗弯、抗剪等力学性能和抗裂、耐磨等长期力学性能,尤其是具有高弹性模量的纤维还可以大大提高水泥基材料的断裂韧性和抗冲击性能,显著提高水泥基材料的抗疲劳性能和耐久性。

1. 纤维的作用机理

目前的研究表明,纤维在水泥基体中至少有以下三个主要的作用。

(1)提高基体开裂的应力水平,使水泥基体能够承受更大的应力。

(2)改善基体的应变能或延展性,从而提高它吸收能量的能力或提高它的韧性。纤维对基体韧性的提高往往比较显著,甚至在它对基体的增强作用小的情况下也是如此。

(3)阻止裂纹扩展或改变裂纹前进的方向,减小裂纹的宽度和平均断裂空间。对于早期的水泥基材料来说,纤维的存在阻碍了集料的离析和分层,保证了混凝土早期均匀的泌水性,从而阻止了沉降裂纹的产生。

2. 纤维的选用原则

不论哪种纤维,作为水泥基复合材料的增强材料,都必须遵循以下基本原则。

(1)纤维的强度和弹性模量都要高于基体。

(2)纤维与基体之间要有一定的黏结强度,两者之间的结合要保证基体所受的应力能通过界面传递给纤维。

（3）纤维与基体的热膨胀系数应比较接近,以保证两者之间的黏结强度不会在热胀冷缩过程中被削弱。

（4）纤维与基体之间不能发生有害的化学反应,尤其不能发生强烈的反应,否则会造成纤维的性能降低而失去强化作用。

（5）纤维的体积分数、尺寸和分布必须适宜。一般而言,基体中纤维的体积分数越高,其增强效果越显著,但一定要考虑到纤维能否充分分散。

6.1.1.2 纤维的品种与性能

用于水泥基复合材料的纤维种类繁多,其按材料可分为:金属纤维,如不锈钢纤维和低碳钢纤维;无机纤维,如石棉纤维、玻璃纤维、硼纤维、碳纤维等;合成纤维,如尼龙纤维、聚酯纤维、聚丙烯纤维等;植物纤维,如竹纤维、麻纤维等。其按弹性模量的大小可以分为:高弹模纤维,如钢纤维、碳纤维、玻璃纤维等;低弹模纤维,如聚丙烯纤维、某些植物纤维等。具有高弹性模量的纤维主要用于提高水泥基复合材料的抗冲击性、抗热爆性、抗拉强度、刚性和阻裂能力,而具有低弹性模量的纤维主要用于提高水泥基复合材料的韧性、应变能力、抗冲击性能和与韧性有关的性能。其按长度可分为非连续的短纤维和连续的长纤维,如玻璃纤维无捻粗纱、聚丙烯纤化薄膜等。目前用于配制纤维增强水泥基复合材料的纤维主要是短纤维,使用较普遍的有钢纤维、玻璃纤维、聚丙烯纤维和碳纤维,主要用于改善水泥基复合材料的力学性能和其他应用性能,包括抗拉强度、抗压强度、弹性模量、抗开裂耐久性、疲劳寿命、抗冲击和磨损性、抗干缩和膨胀性、耐火性和其他热性能。

6.1.1.3 纤维的黏结性能与表面处理

纤维增强水泥基复合材料的力学行为不仅取决于纤维和水泥基材料的性质,而且取决于它们之间的黏结强度。

纤维与水泥基体之间存在着界面层,该界面层对两者的黏结强度有很大的影响。纤维与水泥基体界面层的微结构由以下三部分组成。①双层膜。此膜的厚度一般为 1~3 μm,主要含有氢氧化钙（CH）晶体与水化硅酸钙（C—S—H）凝胶,它较牢固地黏附在纤维表面上。②CH 晶体富集区。在此区内 CH 晶体不仅大量集中,而且有明显的取向性。另外,该区结构较为疏松,是界面层的一个薄弱环节。③多孔区。此区内主要集中了大量 C—S—H 凝胶,孔隙率很大,是界面层的又一个薄弱环节。界面层总的厚度从 10 μm 至 50 μm 不等。为提高纤维与水泥基体的黏结强度,必须尽可能减小界面层的厚度,尤其是其中 CH 晶体富集区与多孔区的厚度。当使用硅酸盐水泥时,加入适量的减水剂（尤其是高效减水剂）以减低水灰比,或选用某些具有高火山灰活性的矿物掺料（如硅灰、粉煤灰与磨细矿渣粉等）替代部分水泥,均有助于减小界面层的厚度,从而改善纤维与水泥基体的界面黏结。

6.1.1.4 影响纤维增强效果的因素

纤维与水泥基体界面黏结性能的关键在于界面黏结强度,影响界面黏结强度的因素很多,包括纤维性能参数、水泥基体性能参数（水泥、配合比等）和外界环境介质等,其中纤维性能参数对黏结强度的影响最大。国内外学者通过试验测试和利用计算机数值模拟技术建立界面力学模型对此进行了大量的研究,得出纤维增强效果的表达式为

$$\sigma_{ftm} = \sigma_{tm}(1 + \alpha \frac{l}{d} V_f) \tag{6-1}$$

式中　σ_{ftm}——纤维增强水泥基复合材料的抗折强度；

　　　σ_{tm}——水泥基材料的抗折强度；

　　　V_f——纤维的体积分数；

　　　$\dfrac{l}{d}$——纤维的长径比；

　　　α——纤维对抗折强度的综合影响系数。

根据式（6-1）可以确定影响纤维增强效果的因素主要有以下几个方面。

1. 纤维种类

纤维种类对界面黏结性能的影响主要表现在纤维的弹性模量上。高弹性模量的纤维，如碳纤维、芳族聚酰胺纤维等，因与基体有着较大的弹性模量比值，当纤维与水泥基体联合受力时，有利于应力从基体向纤维传递，从而有效地抑制裂缝扩展，增大黏结强度，同时高弹性模量的纤维一般具有较小的泊松比，在拔出过程中，纤维不易发生伸长变形，而且水泥基体也有紧缩的趋势，增大了纤维拔出阻力，体现出比低弹性模量合成纤维（如聚丙烯纤维、尼龙纤维等）更好的黏结性能。通过圆环法的对比试验研究了在相同的体积掺量（均为0.5%）下聚丙烯纤维、尼龙单丝纤维和尼龙网状纤维对水泥基复合材料干缩开裂形态的影响。结果表明，这三种纤维阻裂限缩的能力差异主要体现在弹性模量上。

2. 纤维长度和长径比

当使用连续的长纤维时，因纤维与水泥基体的黏结较好，可充分发挥纤维的增强作用。当使用短纤维时，纤维的长度与长径比必须大于临界值。纤维的临界长径比是纤维的临界长度与其直径的比值。大量试验证明，长径比大的纤维的增强、增韧和阻裂效果较为明显，这主要是因为在同样的黏结强度下，长径比大的纤维与基体接触面积也大，从而提高了黏结性能。在工程应用中应选择合适的长径比，长径比太小，由于黏结面积小，纤维易于从基体中拔出而破坏；长径比太大，易导致纤维拌合不均匀，而且拌合工作性下降，影响工程质量。纤维埋入基体的深度对黏结性能也有一定影响。

3. 纤维体积分数

纤维体积分数表示在单位体积的纤维增强水泥基复合材料中纤维体积所占的百分数。用各种纤维制成的纤维增强水泥基复合材料都有临界纤维体积分数，当纤维的实际体积分数大于临界体积分数时，复合材料的抗拉强度可以提高。若使用定向连续纤维，希望其与水泥基体黏结得较好，则用钢纤维、玻璃纤维、聚丙烯纤维。制得的三种纤维增强水泥基复合材料的临界纤维体积分数分别为0.31%、0.40%与0.75%。若使用非定向的短纤维，且纤维与水泥基体的黏结不够好，则临界纤维体积分数要相应地增大。

4. 纤维取向

纤维在纤维增强水泥基复合材料中的取向对其利用效率有很大影响，纤维取向与应力方向一致时，其利用效率高。总的来说，纤维在纤维增强水泥基复合材料中的取向有表6-1中的四种，表中列出了不同取向的效率系数。

表 6-1　纤维在纤维增强水泥基复合材料中的取向

纤维取向	纤维形式	效率系数
一维定向	连续纤维	1.0
二维乱向	短纤维	0.38~0.76
二维定向	连续纤维(网格布)	各向 1.0
三维乱向	短纤维	0.17~0.29

5. 纤维形状与表面状况

纤维形状不同指纤维截面形状不同,此时纤维与基体的接触面积不同,因此界面黏结强度也不同。例如,截面为长宽比等于 5 的矩形的纤维的表面积是相同体积的截面为正方形的纤维的 1.35 倍,则理论上界面黏结力也应是 1.35 倍。

除了纤维形状影响黏结性能外,纤维的外形、表面粗糙度和表面质量对黏结性能的影响也很大。若纤维表面光滑,其与基体的黏结强度小,可通过改变其外形增大黏结强度。当纤维表面凹凸不平时,纤维与基体界面产生较大的机械咬合力。有学者研究了两端带钩的钢纤维与平直型纤维对界面黏结性能的影响。试验结果表明,端钩型钢纤维的黏结强度是平直型纤维的 2~3 倍,尤其是纤维拔出时所消耗的能量是平直型纤维的 5~6 倍。关于合成纤维的形状对界面黏结性能的影响,国内外学者研究得较少。

此外,合成纤维的化学成分、密度、曲率、浸润角等性能参数均会对界面黏结性能产生影响。事实上,除了纤维性能参数对纤维与水泥基体界面黏结性能有重要的影响外,其他因素(诸如水泥基体性能、外界环境介质)也会对界面黏结性能产生十分明显的影响。

6.1.1.5　纤维的抗裂、增强与增韧作用

许多专家学者对纤维混凝土的基本强度特性(抗压强度、抗拉强度、抗折强度等)和基本变形特性(单、多轴应力作用下的形变)进行了大量试验研究,结果表明,与普通混凝土相比,纤维混凝土具有较高的抗拉和抗弯强度,尤以韧性提高的幅度为最大。

纤维混凝土的韧性指基体开裂后继续维持一定的抗变形能力,常用与应力-应变曲线下的面积有关的参数来衡量。当纤维受拉时,受拉区基体将开裂,这时纤维将起到承担拉力的作用。随着裂缝进一步扩展,基体裂缝间的残余应力会逐步减小,此时纤维因为具有较大的变形能力,可以继续承担截面上的拉力,这种状况一直持续到纤维被拉断或从基体中拔出为止,这种作用改变了混凝土的受力破坏特征。

1. 纤维限制收缩时的阻裂作用

水泥混凝土在水化硬化的过程中由于水化反应、环境温湿度变化等因素会导致混凝土内部水分消耗和温度变化,从而使混凝土的体积产生一系列收缩变形。这些收缩变形包括塑性收缩、化学收缩、干燥收缩、自收缩、温度收缩等。混凝土材料开裂往往是由于在约束作用下混凝土体积变形产生的应力大于材料的抗拉强度。混凝土材料变形产生的应力与混凝土材料的弹性模量和体积形变相关,其关系式为

$$\sigma = \varepsilon E \tag{6-2}$$

式中 σ——混凝土体积变形产生的应力,MPa;

        ε——混凝土的体积形变,10^{-6};

        E——混凝土材料的弹性模量,GPa。

对于普通混凝土,当收缩变形产生的拉应力大于抗拉强度时,混凝土便出现了裂缝。收缩变形产生的拉应力大于抗拉强度是混凝土材料收缩开裂的前提条件。防止收缩开裂的技术途径有两个:一是减小混凝土材料的收缩变形;二是提高混凝土的抗拉强度,以提高收缩开裂应力的壁垒。防止混凝土收缩的方法一般有增加粉煤灰等矿物掺合料、添加膨胀组分等。

提高混凝土抗拉强度的常用方法是掺加纤维增强材料。均匀地分布在混凝土内部、与水泥基体黏结良好的纤维能与水泥基体形成一个整体,并在水泥基体中充当加劲筋的角色,从而抑制原有裂缝的扩展并延缓新裂缝的产生。此外,纤维可以形成有效阻隔水分散失的通道,减少或延缓水分的散失,减小毛细管收缩应力,同时纤维还可以阻止集料的沉降,提高混凝土的均匀性。因此,纤维的加入可以大大提高混凝土的抗裂性能。

2. 纤维与水泥基材料的复合增强作用

纤维增强水泥基复合材料可以看成由两相组成:一种是基相,即水泥基体材料;另一种是分散相,即具有高弹性模量、高抗拉强度、高极限变形性能的纤维,其均匀分散在基相里。当载荷作用于复合材料时,作为分散相的纤维并不是直接受力的。若载荷直接作用于基体材料,基相承担载荷并作为传递和分散载荷的介质,将载荷传递到分散相纤维上,这样载荷主要由高强度、高模量的分散相承担,纤维约束基体变形并阻碍基体的位错运动。混凝土中的裂缝受荷扩展时必将遇到纤维,当裂纹绕过纤维继续扩展时,跨越裂纹的纤维将应力传递给未开裂的混凝土,裂纹尖端的应力集中不仅能缓和,而且有可能消失。分散相阻碍基体位错运动的能力愈大,增强的效果越明显。

对于纤维增强混凝土复合材料,纤维是增强材料,它既可以是高强度、高模量的,也可以是低模量的。对于高弹性模量纤维 - 混凝土复合材料,以上原理是适用的,但对于低弹性模量纤维和混杂纤维增强的情况,则有待进一步研究。对于混凝土这样一种基体成分极多的复合材料而言,前述复合材料的增强机理有一定的局限性,需要就具体问题进行进一步的探讨。

纤维增强水泥基复合材料的增强作用取决于纤维、基体及其体积分数,纤维 - 基体界面的结构和性能,纤维的加入可大大提高混凝土的抗拉强度、抗冲击性能和延性等性能。

3. 纤维增强水泥基材料的韧性

混凝土是一种典型的脆性材料,在其破坏过程中应力 - 应变关系经历四个阶段:线弹性阶段、非线性强化阶段、应力突然跌落阶段和应变软化阶段。对于某些特殊组成的脆性材料和加载模式,后两个阶段可能只会出现其一。这四个阶段反映了一般脆性材料的脆性破坏特性,即应力达到极限值后,材料所能承受的应力突然跌落至某一定值,剩余强度逐步下降,直至达到某一定值。

在通常情况下,采用纤维增强的方法可以有效地提高混凝土的韧性。当纤维受弯和受拉时,受拉区基体开裂后,纤维将起到承担拉力并保持基体裂缝缓慢扩展的作用,基体裂缝间保持着一定的残余应力。随着裂缝的扩展,基体裂缝间的残余应力逐步减小,而纤维具有较大的变形能力,可继续承担截面上的拉力,直到纤维被拉断或者从基体中拔出。这个过程是逐步发生的,纤维在此过程中就起到了明显的增韧作用。

S. P. Shah 在阐明纤维增强复合材料的增韧机理时认为,在基体出现第一条裂缝后,如果纤维的拔出抵抗力大于出现第一条裂缝时的载荷,则这种复合材料能承受更大的载荷。在裂开的截面上,基体不能承受任何拉伸,而纤维承担了复合材料上的全部载荷。随着复合材料上载荷的增大,纤维将通过黏结应力把附加的应力传递给基体。如果黏结应力不超过固结体强度,基体就会出现更多的裂缝,直至纤维断掉或黏结失效而导致纤维被拔出。素混凝土一旦挠度超过与之相应的极限抗弯强度,就会突然破坏,而纤维混凝土即使在挠度大大超过素混凝土的断裂挠度时仍能继续承受相当大的载荷。检验断裂的纤维增强试件时发现,与素混凝土试件不同,纤维混凝土试件在第一条裂缝出现后不会立刻破裂,而是所有的荷重由桥连着裂缝的纤维承担,拉断或从基体拔出纤维需做大量功,这增大了纤维混凝土的断裂能和韧性,可以用载荷－挠度曲线下的面积来表征。

6.1.2　玻璃纤维增强水泥基复合材料

6.1.2.1　概述

玻璃纤维增强水泥(GRC)是一种轻质、高强、不燃的新型材料,它克服了水泥制品耐挠强度低、冲击韧性差的缺点,具有容重、热导率小的优点,很受人们欢迎。

我国是最早研究玻璃纤维增强水泥基复合材料的国家之一。南京某建筑公司早在1957 年即用连续玻璃纤维作配筋材料制作一些不用钢筋的混凝土楼板,短期效果很好,引起了广泛关注。

在玻璃纤维问世的几十年间,全国很多研究单位、高等院校都开始对玻璃纤维增强水泥混凝土进行研究,形成了一股研究、开发、应用玻璃纤维增强水泥的热潮。只是当时对玻璃纤维在硅酸盐水泥中受到侵蚀的化学原理并不清楚,致使研究开发的玻璃纤维增强混凝土制品一年后即被破坏。究其原因,主要是玻璃纤维在混凝土中受水泥水化析出的氢氧化钙[$Ca(OH)_2$]侵蚀所致,$Ca(OH)_2$ 呈碱性,故硅酸盐水泥混凝土的 pH 值可达 13.5。

英国最早公布了 Majumday 的抗碱玻璃纤维专利,使玻璃纤维增强水泥制品进入了一个新的发展时期。但是,英国用抗碱玻璃纤维和普通硅酸盐水泥匹配得到的玻璃纤维增强水泥只能制作非承重构件和小建筑制品,其根本原因仍然是抗碱纤维不足以抵抗硅酸盐水泥中氢氧化钙的强烈侵蚀。因此,玻璃纤维增强水泥基复合材料的耐久性仍然是一个需要研究的重要课题。

中国建筑材料研究院在原国家科委、原国家经委和原国家建材局的支持下,在研究抗碱玻璃纤维的同时,又开展了低碱水泥的研究。用抗碱玻璃纤维增强低碱水泥复合材料的研究获得了成功,以加速老化和自然老化对比试验结果预测该复合材料的耐久性,强度半衰期可以超过 100 年。这一研究走出了一条用抗碱玻璃纤维增强低碱水泥的"双保险"技术道路。

在玻璃纤维增强水泥基复合材料的生产工艺上,我国研究成功了铺网喷浆工艺、玻璃纤维短切喷射成型工艺、喷浆真空脱水圆网抄取技术和预拌合浇注成型工艺等。

研究成功的低碱水泥已在上海和江西定点生产,研究成功的抗碱玻璃纤维也已在襄阳、蚌埠、营口和温县(河南省)定点生产。

同一时期,我国成立了玻璃纤维增强水泥协会,归属中国建筑材料工业协会领导。

玻璃纤维增强水泥基复合材料已应用于我们生产、生活的方方面面。已推广的产品有GRC复合外墙板、槽形单板、波形瓦、中波瓦、温室支架、牧场围栏立柱、凉亭和室外建筑艺术制品。

玻璃纤维增强水泥基复合材料在美国、日本、英国、法国、德国、新加坡等国家都有相当大的生产规模。

6.1.2.2 玻璃纤维增强水泥基复合材料的原材料

1. 玻璃纤维增强材料(抗碱玻璃纤维)

用于玻璃纤维增强水泥基复合材料的玻璃纤维必须是抗碱玻璃纤维,这种纤维含有一定量的氧化锆(ZrO_2)。在碱液作用下,纤维表面的 ZrO_2 会转化成 $Zr(OH)_4$ 胶状物,经脱水聚合在玻璃纤维表面形成致密的保护膜层,从而减缓水泥水化析出的 $Ca(OH)_2$ 对玻璃纤维的侵蚀。

2. 水泥基体材料

用于玻璃纤维增强水泥基复合材料的基体材料为硫铝酸盐水泥。硫铝酸盐水泥是以适当成分的生料经煅烧所得的无水硫铝酸钙($3CaO \cdot 3Al_2O_3 \cdot CaSO_4$)和硅酸二钙($\beta$-$2CaO \cdot SiO_2$)为主要矿物成分的熟料,加入适量石膏和 0~10% 石灰石,经磨细制成的早期强度高的水硬性胶凝材料,称为快硬硫铝酸盐水泥,代号为 R·SAC。快硬硫铝酸盐水泥属低碱水泥,pH 值为 9.8~10.2。由于水泥石液相碱度低,故对玻璃纤维的腐蚀性较小。

3. 填料

玻璃纤维增强水泥基复合材料中的填料主要是砂子,其最大直径 D_{max}=2 mm,细度模数 M_x=1.2~1.4,含泥量不大于 0.3%。

4. 外加剂

玻璃纤维增强水泥基复合材料用的外加剂有减水剂和早强剂等。

6.1.2.3 玻璃纤维增强水泥基复合材料的成型工艺

1. 配料设计

玻璃纤维增强水泥基复合材料的配料设计因所选用的成型工艺不同而有所区别,详见表 6-2。

表 6-2　不同成型工艺的配料设计

成型工艺	玻璃纤维	水泥	砂子	外加剂	灰砂比	水灰比
直接喷射法	玻纤粗纱,长度 30~40 mm,体积分数 3%~5%	62.5 硫铝酸盐水泥	$D_{max}=2$ mm, $M_x=1.2$~1.4	试验定	1:0.5~1:0.3	0.32~0.38
喷射-抽吸法	玻纤粗纱,长度 30~44 mm,体积分数 2%~5%	62.5 硫铝酸盐水泥	$D_{max}=2$ mm, $M_x=1.2$~1.4	—	—	起始 0.50~0.55,最终 0.25~0.30
铺网-喷浆法	网格布,体积分数 2%~3%	62.5 硫铝酸盐水泥	$D_{max}=2$ mm, $M_x=1.2$~1.4	试验定	1:1.5~1:1	0.42~0.45
预混合法	玻纤粗纱,长度 35~50 mm,体积分数 3%~5%	62.5 硫铝酸盐水泥	$D_{max}=2$ mm, $M_x=1.2$~1.4	试验定		0.35~0.50
缠绕成型	粗纱、纱团,体积分数 30%~50%	62.5~72.5 硫铝酸盐水泥	—	试验定		0.35~0.50

2. 成型工艺

玻璃纤维增强水泥基复合材料的成型方法很多,有喷射成型法、预先混合成型法、缠绕成型法等。

1) 直接喷射法

喷射成型法的原理是将玻璃纤维无捻粗纱切成一定长度的段,由压缩气流喷出,再与雾化的水泥砂浆混合,一同喷射到模具上,如此反复操作,直至达到设计厚度。喷射成型法的共同特点是都需要喷射成型机(简称喷射机)。直接喷射法利用喷射机直接喷射,喷射机由水泥砂浆(或净浆)喷射部分和玻璃纤维切割部分组成,两部分的喷射束形成一个夹角者称为双枪式,两部分的喷射束相重合者称为单枪式。在直接喷射法中玻璃纤维的长度和掺量可在一定范围内调节;切断的玻璃纤维无捻粗纱可分散成原丝,并能与水泥基体均匀混合分布;纤维在复合材料中呈三维分布。直接喷射法成型工艺流程如图 6-1 所示。

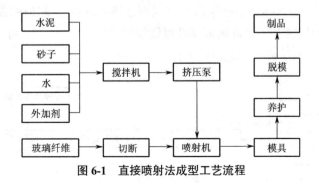

图 6-1　直接喷射法成型工艺流程

2) 喷射-抽吸法

喷射-抽吸法除具有直接喷射法的特点外,还有如下特点:①制品密实,强度有所提高;②生产周期短,效率高;③可模塑成一定形状,故可生产多种外形的制品。喷射-抽吸法成型工艺流程如图 6-2 所示。喷射－抽吸法的主要设备如图 6-3 所示。生产其他模塑制品还需要真空吸盘(用于运送切断的板坯)和成型模具。其喷射工艺与直接喷射法相同。这种方法在完成真空抽吸后,还有整修的工序。有时用真空吸盘将喷射成型的湿板坯吸至另一成型模具上,然后用模具手工模塑成型。

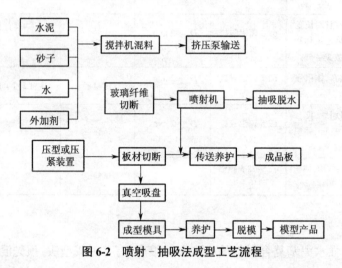

图 6-2　喷射－抽吸法成型工艺流程

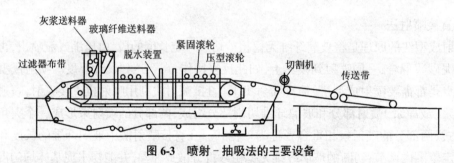

图 6-3　喷射－抽吸法的主要设备

3)铺网－喷浆法

铺网－喷浆法是将连续玻璃纤维网布有规则地排列到水泥基体中,制得具有设计厚度的水泥复合材料制品或构件,将连续玻璃纤维铺设到水泥复合材料中,可提高玻璃纤维强度的利用率。铺网－喷浆法成型工艺流程如图 6-4 所示。

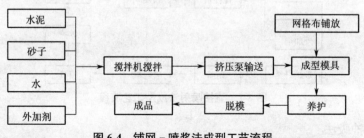

图 6-4　铺网－喷浆法成型工艺流程

铺网－喷浆法的主要设备有强制式砂浆搅拌机、砂浆输送泵、砂浆喷枪、空气压缩机等。

铺网－喷浆法的成型工艺流程是:先用喷枪在模具上喷一层水泥砂浆,然后用人工将玻璃纤维网格布铺到砂浆层上,再喷一层水泥砂浆,铺第二层网格布,如此反复进行,直至达到设计厚度。成型后的制品经过养护后才能达到强度。养护操作同直接喷射法。

4)预混合法

预混合法分为浇注法、冲压成型法和挤出成型法三种,其工艺流程如图6-5所示。

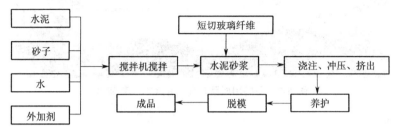

图6-5　预混合法成型工艺流程

（1）浇注法。此法是先将水泥砂浆与定长切断的玻璃纤维用搅拌机拌合均匀,然后浇入模具内,待养护定型达到一定强度后脱模成制品,继续自然养护,达到设计强度后出厂。用该法生产的产品如图6-6所示。

图6-6　大连体育场看台

（2）冲压成型法。此法是将混合好的玻璃纤维水泥砂浆混合料按设计定量送入冲压模内冲压成型。冲压成型可以制造出有立体感的产品,这种产品具有重量感,造型丰富,此外还具质量轻、强度大、不燃烧、抗震和施工方便等特点。

（3）挤出成型法。此法是将玻璃纤维和水泥砂浆混合均匀,制成预混合料,连续不断地送入挤出机,通过挤出机端部的模型挤出成型。这种方法最适合制造线形型材制品和空心板,如图6-7所示。

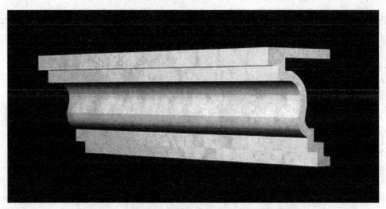

图 6-7   用挤出成型法生产的 GRC 装饰线

5）缠绕成型

此法是将连续玻璃纤维粗纱通过水泥净浆浸胶槽浸胶,然后缠绕到一个旋转的模型上。缠绕工艺可以与喷射工艺结合使用,以获得所需要的玻璃纤维掺量。

此外,GRC 制品的生产方法还有离心浇注制管法、湿态抄取制板法等。在这些成型方法中,以喷射成型法应用最广,生产出来的 GRC 复合材料制品质量也较好。

6.1.2.4   GRC 复合材料制品的养护技术

在水泥基复合材料制品的生产过程中,养护方法十分关键,常用的制品养护方法有三种。

1. 室温或自然养护

水泥基复合材料的固化必须有足够的水分。从理论上讲,如果水灰比（W/C）等于0.42,即使不补充水分,水泥基复合材料也能保持全部水化。但在自然条件下,复合材料制品中的水分会不断蒸发,使水泥浆失水,加之为了高强,加入减水剂或塑化剂以减少水的用量。因此,不补充水分很难保证水泥水化所需的水。这就要求水泥基复合材料在固化过程中不断补充水分,养护就能起到这一作用,确保外部环境能够给制品固化提供水分。

当然,水泥基复合材料的固化除了要有足够的水分外,还要有一定的温度,室温或自然养护的温度应该保持在 15 ℃以下。

自然养护水泥基复合材料多采用蓄水、喷水或洒水等方法。大多数企业采用浸水覆盖的办法,即在制品上铺一层麻袋或草袋,不断地向麻袋或草袋上浇水,这种方法除了能保持大量水分外,还能防止制品内的水分蒸发。

2. 高温低压蒸汽养护

为了缩短水泥基复合材料制品的生产周期,常采用提高水化温度的办法。普通低压蒸汽养护的温度为 40~100 ℃,最佳养护温度为 65~80 ℃。

蒸汽养护一般分为四个阶段。

（1）静停阶段。在蒸汽养护之前,先在室温条件下静置一段时间,使复合材料初步水化,产生初始强度,以改善后期强度。静停时间一般为 2~4 h。

（2）升温阶段。经过静停阶段后,水泥基复合材料已经有了一定的强度,具有抵抗外力的能力,故升温速度可以提高,最高可达 33 ℃/h。如果没有静停阶段,升温速度宜放慢,一般为 11 ℃/h。升温速度过快会引起水泥结构的破坏。

（3）恒温阶段。恒温阶段指保持在最高温度下的阶段。强度的提高与温度和时间的乘积有关,一般养护温度越高,恒温阶段越短。

（4）降温阶段。在恒温阶段过后,养护温度开始降低到室温或自然温度,降温（亦称冷却）速度为 22~33 ℃/h。

蒸汽养护能缩短水泥基复合材料的生产周期,提高工厂的生产率。但有资料报道,蒸汽养护对水泥基复合材料的耐久性有不利影响,故一定要控制养护过程中的温度和湿度。

3. 高温高压蒸汽养护

高温高压蒸汽养护的温度超过 100 ℃,因此必须提高饱和蒸气压,这就需要用到特殊的设备,常采用蒸压釜养护设备。

高温高压蒸汽养护的蒸汽压力为 0.6~2.0 MPa,相应的温度为 160~210 ℃。在这种养护制度下,水化作用和水化性质发生改变,生成物与在 100 ℃下蒸汽养护的生成物有本质的不同,性能有明显的改善。如强度发展快,徐变与收缩小,抗硫酸盐和抗风化性能提高等。

高温高压蒸汽养护同样有静停、升温、恒温和降温四个阶段。其升温、升压的时间应控制在 3 h 内。恒温时间和温度取决于要求达到的强度,在 175 ℃的条件下,常需要 8 h。恒温阶段结束后的降温、降压过程应在 20~30 min 内结束。

只有在复合材料基体 - 水泥浆中加有粉煤灰、磨细矿渣和磨细石英粉的条件下,高温高压蒸汽养护才能获得满意的强度。

6.1.3　钢纤维增强水泥基复合材料

6.1.3.1　概述

钢纤维增强水泥基复合材料分为两类:①钢纤维增强水泥混凝土复合材料,简称钢纤维混凝土;②钢丝网增强水泥砂浆复合材料,一般称为钢丝网水泥。钢丝网水泥强度高,冲击韧性好,成型工艺性好。20 世纪 50 年代我国和苏联都曾研究和开发过这种材料,我国主要将其用于制造楼层板和钢丝网水泥农船。但钢丝网水泥楼板由于不隔声,造价高,虽然能减轻建筑物质量,终究没有被推广应用。钢丝网水泥农船的优点是价格便宜,省木省钢,建造和维修方便,一度在我国长江流域推广应用,但由于钢丝网水泥船自重大、能耗大,航速慢,再加上钢材产量的提高和新材料的出现,钢丝网水泥船已在 20 世纪 80 年代被淘汰。钢丝网水泥已渐渐被人们遗忘。

1. 钢纤维混凝土的定义

钢纤维混凝土是由水泥砂浆固化后的水泥石,砂、石集料和钢纤维组成的三相复合材料。其中砂、石集料主要起提高拉压强度和防止水泥在固化过程中收缩开裂的作用,钢纤维则起到提高抗拉强度、抗弯强度和冲击韧性的作用。也可以把由水泥砂浆和集料配制成的混凝土看作基体材料,把钢纤维看作增强材料,这样划分有利于钢纤维混凝土材料的设计和制造。

　　2.钢纤维混凝土的性能

　　钢纤维混凝土是一种高强混凝土,其抗拉强度和抗弯强度比普通混凝土高数倍,弯曲韧性比普通混凝土高20倍,因而脆性大大改善,可满足结构物的使用要求。钢纤维混凝土的主要性能见表6-3。

表6-3　钢纤维混凝土的主要性能

性能	性能指标
抗压强度	比普通混凝土提高50%
抗拉强度	比普通混凝土提高0.4~2倍
抗弯强度	比普通混凝土提高2~3倍
抗冲击强度	比普通混凝土提高8~30倍
弹性模量	无显著变化
韧性	比普通混凝土提高10~50倍
耐疲劳性	10^5次循环,受弯时残余强度为原来的2/3左右
干缩	当钢纤维加入量为90 kg/m³时,比普通混凝土减小20%~80%;当加入速凝剂时,比普通混凝土减小30%~50%
热传导	比普通混凝土增加10%~30%
徐变性能	无明显变化
热膨胀系数	无明显变化
耐磨性	比普通混凝土提高30%

6.1.3.2　钢纤维混凝土的原材料

　　钢纤维混凝土的生产原料主要有水泥、细集料(砂子)、粗集料(碎石子)、水、减水剂、速凝剂、钢纤维等。为了提高钢纤维混凝土的性能,有时需要加入一定量的矿物外掺粉料(如硅灰、粉煤灰等)。

　　1.钢纤维

　　工程试验证明,钢纤维混凝土被破坏时,往往是钢纤维被拉断时,因此要提高钢纤维的韧性,但也没有必要大幅提高它的抗拉强度。用硬化的方法可获得较高的抗拉强度,但质地易变脆,在搅拌过程中也易被拉断,反而降低了强化效果。仅从强度方面看,只要不是易脆断的钢材,通常强度较高的纤维均可满足要求。

　　钢纤维的尺寸主要由强化特性和施工难易性决定。钢纤维如太粗或太短,强化特性较差;如过长或过细,则在搅拌时容易结团。

　　较合适的钢纤维尺寸是:直径为0.15~0.75 mm,断面面积为0.1~0.4 mm²,长度为20~50 mm。资料表明,在1 m³混凝土中掺入0.5 mm×0.5 mm×30 mm的钢纤维时,其总表面积达到1 600 m²,是与其质量相同的18根φ16 mm×5.5 mm的钢筋的320倍左右。

　　为使钢纤维均匀地分布于混凝土中,必须使钢纤维具有合适的长径比,一般不应超过纤维的临界长径比。当使用单根状钢纤维时,其长径比不应大于 100,适宜的长径比为 60~80。

为了增大钢纤维与混凝土之间的黏结强度,常采用增大表面积或将表面加工成凹凸形状的方法。但不宜将钢纤维做得过薄或过细,因为这样不仅在搅拌时易被折断,而且会提高成本。表面呈凹凸形状的钢纤维只在同一方向定向时效果显著,在均匀分散情况下则不一定有效。

钢纤维用于水泥混凝土中主要起增强作用。水泥混凝土增强用钢纤维的主要技术指标应符合表 6-4 中的要求。

表 6-4　水泥混凝土增强用钢纤维的主要技术指标

名称	相对密度	直径 / (10^{-3} mm)	长度 /mm	软化点 (熔点)/℃	弹性模量 / (10^3 MPa)	抗拉强度 / MPa	极限变形 / 10^{-1}	泊松比
低碳钢 纤维	7.8	250~500	20~50	500(1 400)	200	400~1 200	4~10	0.3~0.33
不锈钢 纤维	7.8	250~500	20~50	500(1 400)	200	600~1 600	4~10	—

对每一种规格的钢纤维与每一种混凝土组分,均存在钢纤维最大掺量的限值。若超过这个限值,则在拌制过程中钢纤维会相互缠绕,结成一个"刺猬"。钢纤维的掺量以体积分数表示,一般为 0.5%~2.0%。钢纤维的材质一般为低碳钢,在一些有特殊要求的工程中也可用不锈钢。钢纤维的分类有以下几种不同的方法:按钢纤维长度、按钢纤维加工制造方法和按钢纤维外形。钢纤维的外形是十分重要的,研究证明,对于纤维增强水泥基材料,纤维与水泥基材料基体之间的黏结力是影响水泥基材料力学性能的关键因素之一。对于直线形钢纤维增强水泥基材料,在破坏时大量的钢纤维不是被拉断而是被拔出,从而严重影响了钢纤维的增强效果。为此,研制出各种外形的钢纤维,以增大钢纤维与基体间的咬合力。

用于钢纤维混凝土的钢纤维有低碳钢和不锈钢两种,其物理力学性能如表 6-5 所示。

表 6-5　钢纤维的物理力学性能

品种	相对密度	抗拉强度 /MPa	弹性模量 /(10^4 MPa)	极限拉伸率 /%	泊松比
低碳钢纤维	7.8	1 000~2 000	20~21	3.5~4.0	0.30~0.33
不锈钢纤维	7.8	2 100	15.4~16.8	3.0	—

2. 水泥基体材料

(1)生产钢纤维混凝土时,一般采用通用水泥,也可以根据使用条件选用其他品种的水泥,目前水泥的品种已经达到 100 多种。

(2)石子:选用一般混凝土用的碎石或卵石,最大粒径应为钢纤维长度的 1/2~2/3。卵石或碎石的最大粒径一般不宜大于 20 mm,常选用 15~20 mm,用喷射法施工时最大粒径不能大于 10 mm。石子的含泥量不大于 1%。通常以选用石灰岩和其他火成岩为佳。

(3)砂子:混凝土用的砂子为河砂,粒径为 0.15~5 mm,含泥量不大于 3%。

（4）水：采用自来水或清洁的淡水，不能用对钢纤维有腐蚀作用的水。

（5）减水剂：选用减水剂是为了降低水灰比，改善混凝土的施工性能，简化工艺过程，提高钢纤维混凝土的强度和致密性，必要时可掺加超塑化剂。常用的减水剂有木质素磺酸钙减水剂、高效磺化煤焦油减水剂、磺化水溶性树脂减水剂等。根据减水剂的种类和性能，其掺用量一般为水泥质量的 0.3%~2.0%。配制钢纤维喷射混凝土时，需掺入适量的速凝剂。

（6）活性矿物外加料：外加料常选用粉煤灰，其密度为 2.0~2.3 g/cm^3，松散容重为 550~800 kg/m^3，成分为 SiO_2、Al_2O_3 和 Fe_2O_3，主要是 SiO_2，其含量为 95% 左右。粉煤灰的细度可用比表面积表示，为 20~25 m^2/g。

为保证钢纤维混凝土拌合物具有良好的和易性，混凝土的砂率一般不应低于 50%，水泥用量一般较掺钢纤维的混凝土高 10% 左右。配制的钢纤维混凝土拌合物应有较好的工作性，使短切纤维可均匀地分布于混凝土中，在浇注时无离析、泌水现象并易于捣实。钢纤维混凝土硬化体应具有尽可能高的致密度，以保证钢纤维混凝土的抗渗、抗冻融、耐腐蚀、抗风化等性能。某些纤维（如玻璃纤维、矿棉与多数植物纤维）要求所用的水泥基材具有低碱度，以防止或减少基材对纤维的化学腐蚀。

总而言之，钢纤维混凝土的原材料是保证质量的基础和前提，在选用原材料时必须满足实际要求。

6.1.3.3　钢纤维混凝土的配制工艺

钢纤维混凝土的配制与普通混凝土不同。

1. 对钢纤维的要求

（1）为了使钢纤维均匀地分布于混凝土中，钢纤维的长径比不应超过临界长径比。当使用单根状钢纤维时，其长径比不得大于 100，在一般情况下为 60~80。

（2）对每一种混凝土组分和每一种规格的钢纤维，都存在钢纤维最大掺量的限值，超过此值，钢纤维在搅拌过程中会相互缠结，不易分散。钢纤维的掺量以体积分数表示，一般为 0.5%~2.0%。

2. 搅拌设备的选择

（1）钢纤维混凝土一般要用强制式搅拌机拌制，当钢纤维含量增加时，可减少每次的拌合量（表 6-6）。

表 6-6　强制式和自由落体式搅拌机使用情况的对比

混合料的性能	强制式搅拌机	自由落体式搅拌机
混合料的均匀性	均匀钢纤维结团	易于出现钢纤维结团
混合料的工作性	适中	混合料易离析
纤维掺入情况	便于掺入	不便于掺入
出料情况	顺利	不易出料，粘机

（2）为了使钢纤维在混凝土中均匀分布，加料时应通过摇筛或采用分散加料机。当选用集束钢纤维时，可不用这两种附加设备。

3. 钢纤维混凝土混合料拌制工艺

为了使钢纤维混凝土混合料中的各组分分布均匀,加料顺序和搅拌机的选择十分重要,常有以下两种方案。

一种是将钢纤维加入砂、石、水泥中干拌均匀,然后加水湿拌合;另一种是先将砂、石、水泥、水和外加剂拌制成混合料,然后将钢纤维均匀加入混合料中搅拌制成钢纤维混凝土混合料。在加料过程中,各种组分要计量准确,钢纤维的加入要选用分散机。

上述两种方案均需在试拌中进行调整,一定要使混合料中的各组分分布均匀。

4. 钢纤维混凝土浇注工艺

钢纤维混凝土的浇注方法和振捣方式对混凝土的质量和钢纤维在混凝土中的取向有很大影响。

(1)采用混凝土泵浇灌大型钢纤维混凝土工程(如大型基础、堤坝等)时,钢纤维在混凝土中呈三维随机分布。

(2)采用插入式振动器浇注钢纤维混凝土时,大部分钢纤维在混凝土中呈三维随机分布,少量钢纤维呈二维随机分布。

(3)采用平板式振动器浇注钢纤维混凝土时,大部分钢纤维在垂直于振动器平板的方向上呈二维随机分布,少量钢纤维呈三维随机分布。

(4)采用喷射法成型时,钢纤维在成型面上呈二维随机分布,喷射法成型适用于矿山井巷、交通隧道、地下洞室等工程。喷射成型钢纤维混凝土时,钢纤维的长度一般不大于30 mm,长径比不大于 80。

(5)挤压成型是利用螺旋挤压机将混凝土混合料从模口中挤出。采用这种工艺必须采取脱水措施,常加入化学或矿物外加剂,加入高效速凝剂也很必要。

挤压成型的钢纤维混凝土,钢纤维大部分呈几维随机分布,但在靠近模口处可能出现纤维单向分布。

6.1.4　其他纤维增强水泥基复合材料

利用纤维来改善水泥基复合材料的物理力学性能由来已久,例如在中国古代很早就将草筋掺入黏土中增强抗裂性。诸如植物纤维增强水泥基材料、矿物纤维增强水泥基材料等。用于水泥基材料增强的合成纤维主要有聚丙烯纤维、尼龙纤维、聚氨酯纤维(贝纶纤维)等。

植物纤维用于增强水泥基材料较晚,所用的植物纤维大都是强度较高的纤维,如茎类纤维、叶类纤维、表层类纤维和木质纤维。这些纤维作水泥基材料的增强材料成本低,且属于绿色环保材料,在某些工程范围内具有一定的发展前景。由于植物纤维在水泥基材料搅拌工程中往往会渗出一些可能影响水泥的凝结性能等的有机物,从而使植物纤维增强水泥基材料的应用受到了一定的限制,有不少关于这一问题的研究报道。

石棉纤维是由天然的结晶态纤维质矿物制成的,每一根纤维都是由许多单丝组成的,单丝直径小于 0.1 μm。石棉纤维在使用前都要用梳棉机将纤维束碾开,以更好地发挥纤维的增强作用。石棉纤维之所以能够在水泥制品中得到广泛的应用,是因为石棉纤维具有较高的抗拉强度和弹性模量,对水泥具有良好的适应性,与水泥基体的界面黏结强度高,且易分散,因而纤维的掺量可高达 10% 以上。石棉水泥制品的主要生产工艺方法有抄取法、半干法与流浆法(这种方法主要用于生产各种板材)、马扎(Mazza)法、挤出法和注射法(后三种方法主要用于生产压力管和各种异型制品)。

生产聚丙烯纤维混凝土的原材料主要有聚丙烯膜裂纤维、水泥和骨料。聚丙烯纤维混凝土对水泥没有特殊要求,采用 42.5 MPa 或 52.5 MPa 的硅酸盐水泥或普通硅酸盐水泥即可。配制聚丙烯纤维混凝土所用的粗骨料和细骨料与普通水泥混凝土基本相同。细骨料可用细度模数为 2.3~3.0 的中砂或 3.1~3.7 的粗砂,粗骨料可用最大粒径不超过 10 mm 的碎石或卵石。

尼龙纤维是最早用于纤维增强水泥基复合材料的聚合物纤维之一,由于价格昂贵,因此使用量不大。尼龙纤维增强水泥基复合材料具有很强的抗冲击能力和很高的抗折强度,但用于增强水泥基材料的尼龙纤维不宜过短,一般长度应大于或等于 5 mm。尼龙纤维具有很强的耐蚀能力,可以用包括硅酸盐系列水泥在内的所有水泥作胶结料。尼龙纤维耐热性较差,当温度达到 130 ℃时就会发生明显的变形。

聚氨酯纤维和芳纶纤维是聚合物纤维中抗拉强度和弹性模量都较高的纤维,而且韧性高于玻璃纤维和碳纤维。这两种纤维都是由直径为 10~15 μm 的原丝组成的纤维束,与尼龙纤维相比,它们具有更好的耐温性(可以达 200 ℃),耐碱蚀能力更差,但优于玻璃纤维和碳纤维。

这两种纤维的长径比和在混凝土中的掺量(体积分数 V_f)对水泥基材料的性能(特别是强度)有很大的影响。例如当 V_f 由 0 增大到 4%,L_f 由 5 mm 增大到 25 mm 时,芳纶纤维增强水泥基复合材料的抗弯强度比水泥材料高出近 2 倍。另外,如果对纤维表面进行适当的处理(如环氧树脂浸渍),以改善纤维与水泥硬化浆体界面的黏结,可以进一步提高增强效应,同时可以改善纤维的耐蚀能力。试验数据表明,未经处理的芳纶纤维在 pH = 12.5 的碱溶液中浸泡两年后,剩余强度仅为 6%,而经环氧树脂处理后,在同样的碱溶液中浸泡两年后,剩余强度仍在 85% 以上。

聚氨酯纤维和芳纶纤维增强水泥基复合材料主要用于薄壳结构和一些板材,纤维体积分数一般为 3%~5%,水泥选用强度等级大于 42.5 MPa 的普通硅酸盐水泥或其他硅酸盐系列的水泥,也可掺杂适量的减水剂和超细混合材。

6.2 聚合物水泥基复合材料的制造原理

6.2.1 聚合物混凝土复合材料的分类与特点

普通混凝土以水泥为胶结材料,而聚合物混凝土以聚合物或聚合物与水泥为胶结材料。

按照混凝土中胶结材料的组成,聚合物混凝土复合材料可以分为聚合物混凝土或树脂混凝土、聚合物浸渍混凝土和聚合物改性混凝土。聚合物混凝土全部以聚合物代替水泥作为胶结材料;聚合物浸渍混凝土是将低黏度的单体、预聚体、聚合物等浸渍到已硬化的混凝土空隙中,再经过聚合等步骤使水泥混凝土与聚合物成为整体制成的;聚合物改性混凝土是以水泥和聚合物为胶结材料与骨料结合而成的混凝土,即在水泥混凝土中加入聚合物。掺加的聚合物的量比一般减水剂的量要大很多。

在聚合物混凝土复合材料中,因聚合物全部或部分取代水泥,因此与普通混凝土相比有许多特殊性能,并且这些性能随聚合物的品种、掺量不同而变化。表 6-7 列出了聚合物混凝土与普通混凝土的性能比较。

表 6-7 聚合物混凝土与普通混凝土的性能比较

性能	普通混凝土	PIC	PC	PMC
相对抗压强度	1	3~5	1.5~5	1~2
相对抗拉强度	1	4~5	3~6	2~3
相对弹性模量	1	1.5~2	0.05~2	0.5~0.75
相对吸水率	1	0.05~0.1	0.05~0.2	—
抗冻循环次数 /质量损失率	700/25%	(2 000~4 000)/(0~2%)	1 500/(0~1%)	—
相对耐酸性	1	5~10	8~10	1~6
相对耐磨性	1	2~5	5~10	10

注:PIC、PC、PMC 分别为聚异三聚氰酸酯、聚碳酸酯、聚酯模塑料的英文缩写。

6.2.2 聚合物混凝土

6.2.2.1 聚合物混凝土的组成

聚合物混凝土主要由有机胶结料、填料和粗细骨料组成。为了改善某些性能,必要时可加入短纤维、减水剂、偶联剂、阻燃剂、防老剂等添加剂。

常用的有机胶结料有环氧树脂、不饱和聚酯树脂、呋喃树脂、脲醛树脂和甲基丙烯酸甲酯单体、苯乙烯单体等。以树脂为胶结料需要选择合适的固化剂、固化促进剂,固化剂及其掺量要根据聚合物的品种而定,固化剂和固化促进剂的用量要依据施工现场的环境温度进行适当的调整,一般只能在规定的范围内变动。选择胶结料时应注意以下几点:

(1)在满足使用要求的前提下,尽可能采用价格低的树脂;

(2)胶结料的黏度要小,并且可进行适度的调整,以便于同骨料混合;

(3)硬化时间可适当调节,在硬化过程中不会产生低分子物质和有害物质,固化收缩小;

(4)固化过程受现场环境条件(如温度、湿度)的影响要小;

(5)胶结料应与骨料黏结良好,有良好的耐水性和化学稳定性,耐老化性能好,不易燃烧。

掺加填料的目的是减少树脂的用量、降低成本,使用较多的填料是无机填料,如玻璃纤维、石棉纤维、玻璃微珠等。纤维状填料有助于改善材料的冲击韧性,提高其抗弯强度。采用石英粉、滑石粉、水泥、砂子和小石子等可改善材料的硬度,提高其抗压强度。选用填料时首先要解决填料和聚合物之间的黏结问题,如果填料对所用聚合物没有良好的黏结力,则不会有好的效果。

采用的骨料有河砂、河砾石和人造轻骨料等。通常要求骨料的含水率低于 1%,级配良好。

为了增大胶结材料与骨料界面的黏合力,可选用适当的偶联剂,以提高聚合物混凝土的耐久性并提高其强度。加入减缩剂是为了减小在树脂固化过程中产生的收缩,过高的收缩率容易引起混凝土内部的收缩应力,导致收缩裂缝的产生,影响混凝土的性能。

聚合物混凝土的配合比直接影响材料的性能和造价,配合比设计包括以下几个方面。

（1）确定树脂与硬化剂的适当比例,使固化后的聚合物材料有最佳的技术性能,并可适当调整拌合料的使用时间。

（2）采用最大密实体积法选取骨料（粉状骨料、砂、石）的最佳级配。骨料级配可以采用连续级配或间断级配。

（3）确定胶结材料和填充材料之间的配比关系,根据对固化后的聚合物混凝土技术性能的要求和对拌合料施工工艺性能的要求确定两者的比例。

在配比设计时常把树脂和固化剂一起算作胶结料,按比例计算填料,填料应采用最密实级配;配比中骨料的比例要尽量大,颗粒级配要适当。选用的树脂不同和使用目的不同,聚合物混凝土和树脂砂浆的配合比是不相同的,通常聚合物混凝土的配合比为胶结料 : 填料 : 粗细骨料 =1 : （0.5~1.5）:（4.5~14.5）,树脂砂浆的配合比为胶结料 : 填料 : 细骨料 =1 : （0~0.5）:（3~7）。

通常聚合物质量占总质量的 9%~25%,树脂用量为 4%~10%（用 10 mm 粒径的骨料）或者 10%~16%（用 1 mm 粒径的粉状骨料）。表 6-8 给出了几种树脂混凝土的配合比。

表 6-8　几种树脂混凝土的配合比

材料名称		环氧混凝土	聚酯混凝土	呋喃混凝土
胶结料	液体树脂	环氧树脂 12	不饱和聚酯 10	呋喃树脂 12
	粉料	石粉 15	石粉 14	呋喃粉 32
石英骨料粒径 /mm	<1.2	18	20	12
	5~10	20	20	13
	10~20	35	38	31
其他材料		增韧剂适量、稀释剂适量	引发剂适量、促进剂适量	—	—

6.2.2.2　聚合物混凝土的生产工艺

聚合物混凝土的生产工艺与普通混凝土基本相同,可以采用普通混凝土的拌合设备和浇注设备制作。由于聚合物混凝土黏度大,必须采用机械搅拌,用搅拌机将液态聚合物和固化剂充分混合,再往搅拌机内加入骨料进行强制搅拌。由于聚合物混凝土黏度大,在搅拌中不可避免地混进气体形成气泡,所以有时在抽真空状态下进行搅拌。生产构件时有多种成型方式,如浇注成型、振动成型、压缩成型、挤出成型等。

聚合物混凝土的养护方式有两种,一种是常温养护,另一种是加热养护。常温养护适用于大构件制品或形状复杂的制品,采用这种养护方式混凝土的硬化收缩小,在生产中不需要加热设备,因而节省能源,费用较低。加热养护多用于压缩成型和挤出成型的制品,这种方式不受环境温度的影响,但需加热设备,消耗能源,因而费用增加。

6.2.2.3　聚合物混凝土的性能

与普通混凝土相比,聚合物混凝土是一种具有极好耐久性和良好力学性能的多功能材料。其抗拉强度、抗压强度、抗弯强度均高于普通混凝土,其耐磨性、抗冻性、抗渗性、耐水性、耐化学腐蚀性良好。

1. 强度

聚合物混凝土的早期强度高,1 d 强度可达 18 d 强度的 50% 以上,3 d 强度可达 28 d 强度的 70% 以上,因此可以缩短养护期,有利于冬季施工和快速修补,且对金属、水泥混凝土、石材、木材等有很高的黏结强度。值得注意的是,聚合物混凝土的强度对温度很敏感,耐热性差,强度随温度升高而降低。

2. 固化收缩

聚合物的固化过程是放热反应过程,所产生的热量使混凝土的温度上升。在放热反应开始后的一段时间内,聚合物混凝土仍处于流动态到胶凝态阶段,放热不会导致收缩应力的产生。在达到放热峰之后,聚合物混凝土开始降温并收缩,这时混凝土已经硬化,收缩越大所产生的拉应力越大。不同聚合物的收缩值不同,例如环氧树脂浇注体的体积收缩率为 3%~5%,而不饱和聚酯浇注体的体积收缩率为 8%~10%。由于聚合物混凝土的收缩率比普通混凝土大几倍到几十倍,因此在工程应用中经常产生聚合物混凝土开裂和脱空等问题。通过研究发现,加入弹性体可以使收缩率减小,使聚合物混凝土的整体性和抗裂性提高。

3. 变形性能和徐变

聚合物不是脆性材料,其变形性能比较好,因此聚合物混凝土的变形量比水泥混凝土大得多,而且受温度的影响十分明显。

所谓徐变指聚合物砂浆在一定载荷作用下,除弹性变形外,还产生一种随时间缓慢增大的非弹性变形。这种非弹性变形实质上是聚合物砂浆内部质点的黏性滑动现象,是高聚物分子链被拉长或压缩的结果。因此,聚合物混凝土的徐变值比水泥混凝土大许多,而且随温度升高而增大。在 18~49 ℃的温度范围内徐变值的变化达几个百分点。

4. 吸水率、抗渗性和抗冻性

聚合物混凝土的组织结构致密,显气孔率一般只有 0.3%~0.7%,为水泥混凝土的几十分之一。聚合物混凝土是一种几乎不透水的材料,吸水率极低,水很难侵入其内部,抵抗水蒸气、空气和其他气体渗透的性能良好,所以抗渗性特别好。聚合物混凝土的抗冻性能也很好。表 6-9 和表 6-10 为聚合物混凝土的吸水率、抗渗性和抗冻性数据。

表 6-9　聚合物混凝土的吸水率和抗渗性

类别	抗渗性	吸水率 /%					
		1 d	3 d	7 d	14 d	28 d	90 d
聚酯混凝土	20 个大气压不透水	0.06	0.12	0.12	0.12	0.12	0.12
环氧混凝土	20 个大气压不透水	0.05	—	0.13	—	0.20	—

表 6-10　聚合物混凝土的冷冻试验结果

类别	冷冻次数	质量变化率 /%	弹性模量 /（ 10^4 MPa ）	弯曲强度 /MPa
环氧混凝土	0	—	2.27	17.0
	100	0.04	2.75	16.7
	300	0.07	2.51	16.7
聚酯混凝土	0	—	3.29	22.2
	100	0.06	3.29	22.0
	200	0.14	3.29	—
	300	0.15	3.24	—
	400	0.18	3.20	21.3

5. 抗冲击性、耐磨性

聚合物混凝土的抗冲击性、耐磨性优于普通混凝土,分别为普通混凝土的 6 倍和 2~3 倍。环氧砂浆和环氧混凝土具有较高的强度,因而具有较高的抗冲磨强度和较强的抗气蚀性能。环氧砂浆的抗冲磨强度一般为高强水泥砂浆的 2~3 倍,抗气蚀性能为高强混凝土的 4~5 倍。由于混凝土中胶结材料含量比砂浆少,所以环氧混凝土的抗冲磨强度与高强混凝土相比,提高一般不超过 1 倍。

由于聚合物混凝土构造严密,孔隙率低,组成材料的耐磨蚀稳定性好,所以聚合物混凝土的化学稳定性比水泥混凝土有很大的提高,提高的程度因树脂种类不同而有所差别。聚合物混凝土的耐候性由树脂种类、骨料种类、用量和配比等因素确定。日本学者大浜禾彦根据多年室外暴露试验的结果推算,聚合物混凝土的耐久性可保证使用 20 年。

6.2.3　聚合物浸渍混凝土

聚合物浸渍混凝土是一种用有机单体浸渍混凝土表层的孔隙,并经聚合处理而成一个整体的有机 - 无机复合新型材料。其主要特征是:①强度高,比普通混凝土的强度高 2~4 倍;②混凝土的密实度得到明显的改善,几乎不吸水、不透水,因此抗冻性和耐化学侵蚀能力得到提高,尤其对硫酸盐、碱和低浓度酸有较强的耐腐蚀性。

聚合物浸渍混凝土的原材料主要是普通混凝土制品和浸渍液。浸渍液由一种或几种单体加适量的引发剂、添加剂组成。混凝土基材和浸渍液的成分、性质都对聚合物浸渍混凝土的性质有直接影响。

在聚合物浸渍混凝土中聚合物主要起黏结和填充混凝土中的孔隙和裂隙的内表面的作用,浸渍液的主要功能是:①对裂缝起黏结作用,消除混凝土裂隙尖端的应力集中;②提高混凝土的密实性;③形成一个连续的网状结构。由此可见,聚合物使混凝土中的孔隙和裂隙被填充,使多孔体系变成较密实的整体,提高了强度和各项性能;由于聚合物的黏结作用,混凝土各相间的黏结力增大,所形成的混凝土－聚合物互穿网络结构改善了混凝土的力学性能和耐久性、抗渗性、抗磨损性、抗腐蚀性等性能。

6.2.3.1　聚合物浸渍混凝土的材料组成和制备工艺

1. 材料组成

聚合物浸渍混凝土主要由基材和浸渍液两部分组成。

（1）基材。国内外采用的基材主要是水泥混凝土(包括钢筋混凝土制品),其制作成型方法与一般混凝土预制构件相同。作为被浸渍的基材应满足下列要求:①有适当的孔隙,能被浸渍液浸填;②有一定的基本强度,能承受干燥、浸渍、聚合过程的作用应力,不因搬动而产生裂隙等缺陷;③不含有使浸渍液溶解或阻碍浸渍液聚合的成分;④构件的尺寸和形状与浸渍、聚合的设备相适应;⑤充分干燥,不含水分。

（2）浸渍液。浸渍液的选择主要取决于聚合物浸渍混凝土的用途、浸渍工艺和制作成本等。用作浸渍液的单体应满足如下要求:①有适当的黏度,浸渍时容易深入基材内部;②有较高的沸点和较低的蒸气压,以减少浸渍后和聚合过程中的损失;③经加热等处理后,能在基材内部聚合并与其形成一个整体;④由单体形成的聚合物的玻璃化温度必须超过材料的使用温度;⑤由单体形成的聚合物应有较高的强度和较好的耐水、耐碱、耐热、耐老化等性能。

常用的单体和聚合物有苯乙烯、甲基丙烯酸甲酯、丙烯酸甲酯、不饱和聚酯树脂和环氧树脂等。除此之外,根据单体的不同还需要加入引发剂、促进剂和稀释剂等。

2. 制备工艺

聚合物浸渍混凝土无论是室内加工还是现场施工,工艺过程都较复杂,而且需要消耗较多的能量。其制备工艺过程的主要步骤有干燥、抽真空、浸渍和聚合。

对准备浸渍的混凝土先进行干燥处理,排除基材中的水分,确保单体浸填量和聚合物对混凝土的黏着力。这是浸渍处理成功的关键,通常要求混凝土的含水率不超过 0.5%。干燥方式一般采用热风干燥,干燥温度和时间与制品的形状、厚度和浸渍混凝土的性质有关,干燥温度一般控制在 105~150 ℃。

抽真空的目的是将阻碍单体渗入的空气从混凝土的孔隙中排除,以加快浸渍速度和提高浸填率。浸填率是衡量浸渍程度的重要指标,以浸渍前后的质量差与浸渍前基材质量的百分数来表示。抽真空是在密闭容器中进行的,真空度以 50 mmHg 为宜。混凝土在浸渍前是否需要真空处理,应视聚合物浸渍混凝土的用途而定。高强度混凝土需要采用抽真空处理,强度要求不高时可以不采用抽真空处理。

浸渍可分为完全浸渍和局部浸渍两种。完全浸渍指混凝土断面被单体完全浸透,浸填量一般在 6% 左右,浸渍方式应采用真空－常压浸渍或真空－加压浸渍,并要选用低黏度的单体。完全浸渍可全面改善混凝土的性能,大幅度提高混凝土的强度。局部浸渍的深度一般在 10 mm 以下,浸填量为 2% 左右,主要目的是改善混凝土的表面性能,如耐腐蚀性、耐磨性、防渗性等。浸渍方式采用涂刷法或浸泡法。浸渍时间根据单体种类、浸渍方式、基材状况和尺寸而定。施工现场采取的浸渍处理多为局部浸渍。

通过一定的方式使渗入混凝土孔隙的单体由液态单体转变为固态聚合物,这一过程叫聚合。聚合的方法有辐射法、加热法和化学法。辐射法不用加引发剂而靠高能辐射聚合;加热法需要加入引发剂经加热聚合;化学法不需要辐射和加热,只用引发剂和促进剂引起聚合。

6.2.3.2 聚合物浸渍混凝土的性能

聚合物混凝土经浸渍后性能得到明显的改善。下面从结构与性能的关系上介绍聚合物浸渍混凝土的性能。

1. 强度

聚合物混凝土经浸渍处理后强度大幅度提高,提高的程度与基材的种类、性质有关,单体的种类与聚合方式有关。微观研究表明,聚合物浸渍混凝土强度提高的主要原因是:①聚合物充填了混凝土内部的孔隙,包括水泥石的孔隙、骨料的微裂隙、骨料与水泥石之间的接触裂隙等,从而增大了混凝土内部各相的黏结力,并使混凝土变得致密;②聚合物所形成的连续网络大大提高了混凝土的强度,并使混凝土应力集中效应降低。聚合物浸渍混凝土不仅强度提高,而且强度的变异系数减小。

2. 弹性模量

聚合物浸渍混凝土的弹性模量比普通混凝土高 50% 左右,最大压缩变形大 40%~70%,应力 - 应变曲线近似于直线。

3. 吸水率与抗渗性

普通混凝土中的孔隙在浸渍之后被聚合物填充,吸水率、渗透率显著减小,抗渗性显著提高。

4. 耐化学腐蚀性

聚合物浸渍混凝土的耐化学腐蚀性采用快干湿循环试验测定,将试件在各种介质中浸泡 1 h,再经 80 ℃干燥 6 h,交替 1 次为一个循环。试验结果表明,聚合物浸渍混凝土对碱和盐类有良好的耐腐蚀稳定性,对无机酸的耐蚀能力也有一定程度的提高。

5. 抗磨性能

在聚合物浸渍混凝土中聚合物使水泥之间的黏聚力增大,而且使水泥对骨料的黏结力增大,这两种作用都可明显提高混凝土的抗磨性能。

6.2.4 聚合物改性混凝土

将聚合物乳液掺入新拌混凝土中,可使混凝土的性能得到明显的改善,这类材料称为聚合物改性混凝土。用于水泥混凝土改性的聚合物品种繁多,基本上分为三种类型:聚合物乳液、水溶性聚合物和液体树脂。

聚合物乳液作为水泥材料的改性剂时,可以部分取代或全部取代拌合水。聚合物乳液具有如下特性:①作为减水塑化剂,在保持砂浆和易性良好、收缩较小的情况下,可以降低水灰比;②可以提高砂浆与老混凝土的黏结能力;③可以提高修补砂浆对水、二氧化碳和油类物质的抗渗能力,而且能增强对一些化学物质侵蚀的抵抗能力;④在一定程度上可以用作养护剂;⑤可以提高砂浆的抗弯、抗拉强度。

当选择聚合物作为混凝土或砂浆的改性剂时,必须满足很多要求,如:①改善和易性和弹性;②提高力学强度,尤其是弯曲强度、黏结强度和断裂伸长率;③减小收缩;④提高抗磨性能;⑤提高耐化学介质(尤其是冰盐、水和油)性能;⑥提高耐久性。

制备聚合物分散体系时应尽量注意以下问题:①对水泥的水化和胶结性能无不良影响;②在水泥的碱性介质中不被水解或破坏;③对钢筋无锈蚀作用。

聚合物改性混凝土的性能分为硬化前的性能和硬化后的性能,首先讨论硬化前的性能。

1. 减水性

聚合物乳液有较好的减水性,使砂浆的和易性大大改善。聚灰比越大,减水效果越明显,最大减水率可达到 43%。

2. 坍落度

聚合物改性混凝土的坍落度随单位用水量(即水灰比和聚灰比)增加而增大。当水灰比不变时,聚灰比越大,坍落度越大。要达到预定坍落度的聚合物改性混凝土所需的水灰比会随聚灰比增大而大大减小。这一减水效果对于混凝土早期强度的发挥和干燥收缩的减小是很有益的。

3. 含气量

聚合物水泥砂浆的含气量较高,可达到 10%~30%,在拌制聚合物改性混凝土时,只要采用优质消泡剂,含气量就会低得多,可降到 2% 以下,与普通混凝土基本相同,这是因为混凝土与砂浆相比,骨料颗粒粗一些,空气容易排除。

4. 密度和孔隙率

聚合物水泥砂浆的平均密度取决于很多因素,主要有骨料的性质和用量、密实方法、水灰比等。随聚合物分散体的含量增加,PMC 的密度减小,当 P/C 为 0.2~0.25 时密度出现极大值,这是由于在此用量下聚合物分散体的塑化作用提高了成型性,有利于混合物的密实。

加入聚合物乳液引起材料内的孔隙重分布,使孔隙率提高,因此在聚合物水泥砂浆的密度减小的同时,孔隙显著变小,整体分布均匀。例如,在不加聚合物的混凝土中,半径为 30~45 nm 的孔隙率最高。加入丁苯胶乳后,半径为 3~10 nm 的孔隙增多,大孔隙数目减少。

5. 凝结时间

聚合物改性混凝土的凝结时间有随聚灰比增大而有所延长的趋势,该现象可能是聚合物悬浮液中所含的表面活性剂等成分阻碍了水泥的水化反应所造成的。

在聚合物改性混凝土中,水分自混凝土表面蒸发和水泥水化致使聚合物悬浮液脱水,于是聚合物粒子相互粘连,形成具有黏结性的聚合物薄膜,强化了作为胶结料的水泥硬化体。

因此,硬化后聚合物改性混凝土的各种性能均比普通混凝土好。

6. 强度

除 PVAC 混凝土外,聚合物改性混凝土的抗压强度、抗弯强度、抗拉强度和抗剪强度均随聚灰比增大而有所提高,其中尤以抗拉强度和抗弯强度的提高更为显著。

养护条件直接影响聚合物水泥砂浆的强度,聚合物水泥砂浆和混凝土一样,理想的养护条件是:早期水中养护,以促进水泥水化;然后干燥养护,以促进聚合物成膜。

在无机胶结材料中加入有机聚合物外加剂,可显著提高与其他材料的黏附强度。聚合物改性水泥材料与多孔基材的黏附强度取决于亲水性聚合物与水泥悬浮体的液相一起向基体的孔隙和毛细孔内的渗透。孔隙和毛细孔内充满水泥水化产物,并且水化产物被聚合物增强,从而保证了胶结材料与基体之间良好的黏结强度。黏结强度受聚合物品种影响,也与聚灰比有关。

7. 变形性能

在乳胶改性砂浆横断面的扫描照片中,可清楚地看到乳胶形成的纤维像桥一样横跨在微裂缝上,有效地阻止裂缝的形成和扩展。因此,乳胶改性砂浆的断裂韧性、变形性能都比水泥砂浆有很大的提高,弹性模量也明显降低。

8. 徐变行为

聚合物改性水泥砂浆在不受外力的情况下,随时间变化而产生的形变称为徐变。PMC徐变的总趋势是随聚合物含量的增加而增大。养护条件和聚合物的种类对徐变是有影响的。干养护时徐变随聚合物含量的增加而增大;湿养护时聚合物改性混凝土的徐变是普通混凝土的 2 倍以上,在不同聚合物含量下徐变几乎相等。

9. 耐水性和抗冻性

水对聚合物改性混凝土的作用可用吸水性、不透水性和软化系数等指标描述。吸水性指试样置于水中一定时间后的吸水量,即增加的质量。不透水性指材料组织的水渗透性质。软化系数指湿试样与干试样的强度比。

任何聚合物掺加剂都可使混凝土的吸水性减小,这是因为聚合物填充了孔隙,使总孔隙量、大直径孔隙量和开口孔隙量减少。在较好的情况下,吸水量可下降 50%,软化系数达0.80~0.85,这样的聚合物改性混凝土属于水稳定材料。

聚合物改性水泥砂浆的吸水性和抗冻性与改性砂浆的孔结构有关,而孔结构受乳液中聚合物类型和聚灰比的影响。一般聚合物改性水泥砂浆的吸水性和渗透性随聚灰比增大明显下降,因为大的孔隙均被填充或被连续的聚合物膜封闭。大多数 PMC 的吸水率和渗透率都比普通混凝土小,聚合物类型不同、聚灰比不同,聚合物改性水泥砂浆的吸水率变化情况不同。一般来说,随聚合物含量增加,聚合物改性水泥砂浆的吸水率和透水率减小得更为明显。

因为水的渗透减少和空气的引入,PMC 的冻融耐久性得以提高。在 P/C = 5% 时,乳液改性砂浆的抗冻性得到进一步提高。

10. 收缩与耐磨性

聚合物改性混凝土的收缩受到聚合物种类和添加剂的影响,有的聚合物使收缩增大,有的使收缩减小,如聚灰比为 12% 的丙烯酸酯共聚乳液砂浆的收缩率比空白砂浆小 60%,而氯丁胶乳水泥砂浆的干缩则比空白砂浆有所增大。聚合物掺加剂可使水泥砂浆的耐磨性大幅度提高。材料耐磨性提高的本质并不是由于结构中矿物部分的密度和强度增大,而是由于在磨损表面上有一定数量的有机聚合物,聚合物起黏结作用,防止水泥材料的颗粒从表面脱落。聚合物的品种和掺量均会影响 PMC 的耐磨性。

11. 化学稳定性

聚合物改性混凝土的另一个重要特性是抗碳化能力和化学稳定性都比普通混凝土高。在聚合物改性水泥砂浆中,聚合物的填充作用和聚合物膜的密封作用可由气体穿透量的减小来证实,如空气、二氧化碳、水蒸气不易渗透,而且随聚灰比增大,防碳化作用、耐腐蚀性提高的效果十分明显。良好的不透水性也提供了较高的耐氯化物渗透能力。

6.3　陶瓷基复合材料的制造原理

6.3.1　概述

众所周知,现代陶瓷复合材料具有高强度、高模量、超高硬度、耐腐蚀和质量轻等许多优良的性能,但陶瓷材料的致命弱点是脆性太大,严重阻碍了其作为结构材料的应用。任何固体材料在外界载荷作用环境中都通过两种方式吸收能量:材料变形和形成新的表面。对于脆性较大的陶瓷来说,在试验过程中所允许的形变非常小,只能通过增加断裂表面和裂纹的扩展路径来消耗能量。

6.3.1.1　连续纤维增强陶瓷基复合材料

连续纤维增强陶瓷基复合材料(CMC)可以从根本上克服陶瓷的脆性,是陶瓷基复合材料发展的主流方向。根据增强纤维排布方式的不同,CMC 可以分成单向排布纤维增强陶瓷基复合材料和多向排布纤维增强陶瓷基复合材料。

1. 单向排布纤维复合材料

单向排布纤维增强陶瓷基复合材料的显著特点是具有各向异性,即沿纤维长度方向的纵向性能大大优于横向性能。

在这种材料中,当裂纹扩展遇到纤维时会受阻,要使裂纹进一步扩展就必须提供外加应力,图 6-8 为这一过程的示意图。当外加应力进一步增大时,基体与纤维间的界面解离,纤维的强度高于基体的强度,从而使纤维可以从基体中拔出。当拔出的长度达到某一临界值时,纤维断裂。因此,裂纹扩展必须克服由于纤维的加入而产生的拔出功和纤维的断裂功,这使得材料断裂更为困难,从而起到了增韧的作用。在实际材料的断裂过程中,纤维断裂并非发生在同一裂纹平面,主裂纹还将根据纤维断裂位置的不同而发生裂纹转向,这同样会使裂纹扩展的阻力增大,从而使韧性进一步提高。

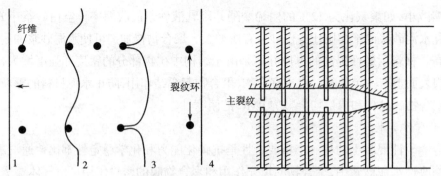

图 6-8　裂纹垂直于纤维方向扩展示意

2. 多向排布纤维增强陶瓷基复合材料

许多陶瓷构件要求在二维和三维方向上均具有优良的性能,这就要进一步研究多向排布纤维增强陶瓷基复合材料,如图 6-9 与图 6-10 所示。

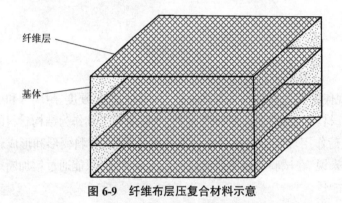

图 6-9　纤维布层压复合材料示意

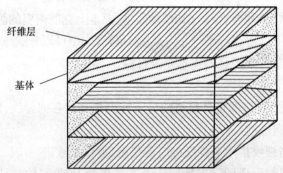

图 6-10　多层纤维沿不同角度方向层压示意

二维纤维韧化机制主要包括纤维拔出与裂纹转向机制,可使增韧材料的韧性和强度比基体材料大幅度提高。

三维多向编织纤维增韧陶瓷是为了满足某些性能要求而设计的,这种材料是从宇航用三向 C/C 复合材料开始的,现已发展到三向石英 / 石英等陶瓷基复合材料。

6.3.1.2　短纤维、晶须增强陶瓷基复合材料

短纤维通常短于 3 mm,常用的是 SiC 晶须、Si_3N_4 晶须和 Al_2O_3 晶须,常用的基体为 Al_2O_3、ZrO_2、SiO_2、Si_3N_4、莫来石等。晶须增韧的效果不随温度而变化,因此晶须增韧被认为是高温结构陶瓷基复合材料的主要增韧方式。

晶须增强陶瓷基复合材料的性能与基体和晶须的选择、晶须的含量和分布等因素有关。研究表明,复合材料的断裂韧性随晶须含量(晶须的体积含量)增加而增大,但是随着晶须含量的增加,晶须的桥连作用使复合材料的烧结致密化变得困难。

晶须对陶瓷基体的强韧化主要靠晶须拔出桥连与裂纹偏转机制对强度和韧性的提高,如图 6-11 所示。

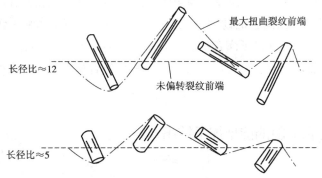

长径比≈12

最大扭曲裂纹前端

未偏转裂纹前端

长径比≈5

图 6-11　裂纹偏转增韧示意

裂纹偏转指当裂纹扩展到晶须时,因晶须模量极高,裂纹被迫绕过晶须,沿晶须的轴向和径向扩展,这意味着裂纹的前行路径更长。当裂纹平面不再垂直于所受应力的轴线方向时,该应力须进一步增大,使裂纹继续扩展。裂纹偏转改变了裂纹扩展的路径,不断吸收能量。裂纹尖端的应力减小,裂纹偏转角度越大,能量释放率就越低,增韧效果就越好。

对于特定位向和分布的晶须,裂纹很难偏转,只能沿着原来的扩展方向继续扩展,这时紧靠裂纹尖端处的晶须并未断裂,而是在裂纹两侧搭起小桥,使两侧连接在一起,如图 6-12 所示。这样会在裂纹表面产生一个压应力,以抵消外加拉应力的作用,从而使裂纹难以进一步扩展,起到增韧的作用。

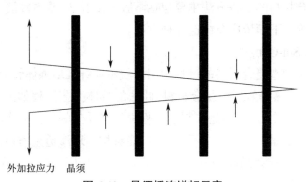

外加拉应力　晶须

图 6-12　晶须桥连增韧示意

6.3.1.3　颗粒增韧陶瓷基复合材料

用颗粒作增韧剂制备颗粒增韧陶瓷基复合材料,原料的均匀分散和烧结致密化都比短纤维和晶须增强复合材料简便易行。因此,尽管颗粒的增韧效果不如晶须与纤维,但如颗粒的种类、粒径、含量和基体材料选择得当,仍有一定的韧化效果,同时会带来高温强度、高温蠕变性能的改善。所以,颗粒增韧陶瓷基复合材料同样受到重视,并开展了有效的研究工作。

根据增韧机理,颗粒增韧分为非相变第二相颗粒增韧、延性颗粒增韧、纳米颗粒增韧。非相变第二相颗粒增韧主要通过添加颗粒使基体和颗粒间产生弹性模量和热膨胀失配来达到强化和增韧的目的。此外,基体和第二相颗粒的界面在很大程度上决定了增韧机制和强化效果。目前使用较多的是氮化物和碳化物等颗粒。延性颗粒增韧是在脆性陶瓷基体中加入第二相延性颗粒来提高陶瓷的韧性,一般加入金属粒子。将金属粒子作为有延性的第二相引入陶瓷基体内,不仅改善了陶瓷的烧结性能,而且能以多种方式阻碍陶瓷中裂纹的扩展,如裂纹的钝化、偏转、钉扎和金属粒子的拔出等,使复合材料的抗弯强度和断裂韧性得以提高。

6.3.2　陶瓷基复合材料的成型加工技术

6.3.2.1　简介

纤维增强陶瓷基复合材料的制备方法十分关键,它影响着复合材料的完整性和分布状态,同时影响着纤维的体积分数、气孔的含量和分布状态、基体的致密度和均匀性等。而传统陶瓷的制备方法限制了这些性能的提高,不能满足现代科学领域的需求,因此新的纤维增强陶瓷基复合材料的制备方法在近些年的研究中不断涌现出来。

6.3.2.2　连续纤维增强陶瓷基复合材料的制备与加工

连续纤维增强陶瓷基复合材料可以从根本上克服陶瓷的脆性,是陶瓷基复合材料发展的主流方向。用于陶瓷基复合材料的增韧纤维需要具有较好的耐热性、化学稳定性和良好的机械属性。常见的陶瓷基复合材料增韧纤维有碳纤维、氧化铝纤维和碳化硅纤维。连续纤维增强陶瓷基复合材料的制备方法主要包括溶胶－凝胶法、浆料浸渍－热压法、先驱体转化法和化学气相法等。下面依次介绍这几种方法。

1. 溶胶－凝胶(Sol-Gel)法

用溶胶－凝胶法制造复合材料的过程为用溶胶浸渍纤维增强体骨架,然后水解、缩聚形成凝胶,凝胶经干燥和热解后形成复合材料,此法的具体工艺流程如图 6-13 所示。这种方法的优点主要体现在两个方面:一是在制造过程中纤维受到的机械损伤小;二是制得的复合材料质地均匀。这主要是由于溶胶中不含颗粒,能够均匀地渗透至增强体的孔隙中,充分浸润增强纤维;而且此方法热解的温度一般控制在 1 400 ℃以下,减小了高温环境对纤维性能造成的损伤。

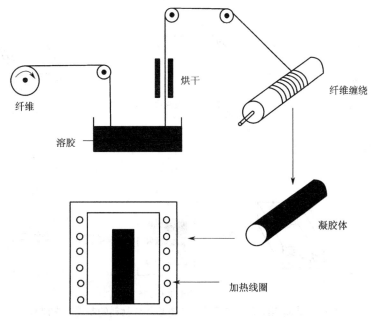

纤维

烘干

纤维缠绕

溶胶

凝胶体

加热线圈

加热使凝胶转化为玻璃或陶瓷

图 6-13　用溶胶－凝胶法制造陶瓷基复合材料的工艺流程

有研究将溶胶－凝胶法和浆料浸渍法结合起来制造多相陶瓷基体。用溶胶－凝胶法可以在较低的温度下实现陶瓷基体的致密化,同时浆料浸渍法中颗粒的加入又防止了致密化过程中材料的体积收缩,从而进一步降低了基体的孔隙率。然而,这种方法的缺点在于醇盐的转化效率低,导致致密化效率较低,需要多次浸渍才能实现致密化,而且这种方法只能用于制备氧化物陶瓷基体。

2. 浆料浸渍－热压法

用浆料浸渍－热压法可以制备纤维增强玻璃和低熔点陶瓷基复合材料,诸多以玻璃相为基体的复合材料被开发出来。LAS($Li_2O \cdot Al_2O_3 \cdot SiO_2$)、MAS($MgO \cdot Al_2O_3 \cdot SiO_2$)、BAS($BaO \cdot Al_2O_3 \cdot SiO_2$)系玻璃陶瓷与 SiC 纤维具有很好的化学、物理相容性,采用这种方法成功地制备出了 SiC_f/LAS、SiC_f/BAS、C_f/BAS、C_f/LAS 也有报道(f 表示材料为纤维状)。

如图 6-14 所示,单向连续纤维增强玻璃陶瓷基复合材料的制造工艺流程主要包括以下几步。

(1)纤维浸渍:连续纤维束浸渍浆料,浆料由陶瓷粉末、溶剂和有机黏结剂组成。

(2)无纬布制备:将浸有浆料的纤维缠绕在轮毂上,经烘干制成无纬布。

(3)无纬布切割:将无纬布切割成一定尺寸的块,层叠在一起。

(4)脱黏结剂:经 500 ℃高温处理,黏结剂挥发、逸出。

(5)热压烧结:按预定规律(即热压制度)升温和加压,在高温作用下将发生基体颗粒重排、烧结和在外压作用下的黏性流动等过程,最终获得致密化的复合材料。

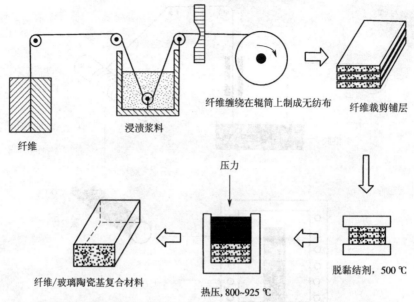

纤维缠绕在辊筒上制成无纺布　　纤维裁剪铺层

浸渍浆料

纤维

压力

脱黏结剂，500 ℃

纤维/玻璃陶瓷基复合材料

热压，800~925 ℃

图 6-14　单向连续纤维增强玻璃陶瓷基复合材料的制造工艺流程

　　浆料浸渍－热压法的优点可以概括为：基体软化温度较低，可使热压温度接近或低于陶瓷软化温度，从而利用陶瓷的黏性流动来获得致密的复合材料。它的缺点是：为了熔解陶瓷，烧结过程需要很高的温度以获得大的流动性，高温烧结会使纤维受到损伤，并且导致纤维与基体之间发生化学反应，这种在高温状态下发生的额外反应会大大降低复合材料的性能。这种方法应避免用于制备高熔点的陶瓷材料，而更适合制备低熔点的陶瓷基复合材料和玻璃材料。

　　3. 先驱体转化法

　　先驱体转化法又称聚合物浸渍裂解（polymer infiltration pyrolysis，PIP）法，是 20 世纪 70—80 年代发展起来的。其基本原理是：合成先驱体聚合物，将纤维预制体在先驱体溶液中浸渍，在特定温度和环境下同化，然后在一定的温度和气氛下裂解和转化为无机陶瓷基体，再经反复浸渍裂解达到致密化的效果。

　　最为常用的几种陶瓷先驱体是聚硅烷（polysilane，PS）、聚硅氧烷（polysiloxane，PSO）、聚碳硅烷（polycarbosilane，PCS）、聚硅氮烷（polysilazane，PSZ），它们都已经商品化。它们裂解后可得到 Si—C、Si—O、Si—N、Si—C—O、Si—C—N、Si—N—O 陶瓷。陈朝辉等以二维碳纤维布、硅树脂为先驱体、SiC 微粉和乙醇为原料，采用 PIP 工艺制备了 2D C_f/Si—O—C 复合材料。其工艺流程如图 6-15 所示，将 SiC 微粉、硅树脂、乙醇、添加剂等混合均匀制成浆料，将碳纤维布裁剪成一定形状，铺入模具中，均匀、适量地涂刷浆料，然后模压成素坯，交联后裂解，脱模得到碳布层压板粗坯。由于浆料中含有先驱体，常压裂解后材料的孔隙率很高，因此必须经过反复的先驱体（SR/ethanol）浸渍—交联—裂解过程来使粗坯致密化，制得致密的 2D C_f/Si—O—C 复合材料。

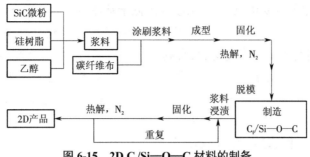

图 6-15　2D C_f/Si—O—C 材料的制备

先驱体转化法可以对先驱体进行分子设计,制备所期望的单相或多相陶瓷基体,但基体的密度在裂解前后相差很大,致使基体的体积收缩很大(可达 50%~70%)。用这种方法能得到组成均匀的单相或多相陶瓷基体,具有更高的陶瓷转化率;预制件中没有基体粉末,可防止纤维受到额外的机械损伤,但陶瓷基复合材料制品的孔隙率较高,致密化周期较长。这种方法还有裂解温度较低、无压烧成、可减少纤维与基体间的化学反应的特点。

4. 化学气相法

化学气相法主要包括化学气相沉积(CVD)法和化学气相渗透(chemical vapor impregnation, CVI)法。如图 6-16 所示,化学气相沉积法是通过一些反应性混合气体在高温下反应,分解出陶瓷材料并沉积在各种增强材料上形成陶瓷基复合材料的方法。CVD 法生产周期长,效率低,成本高;坯件的间隙在沉积过程中容易堵塞或形成闭孔,即使提高压力,源气也无法通入,难以制造高致密度复合材料。

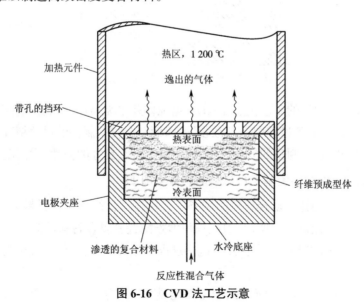

图 6-16　CVD 法工艺示意

化学气相渗透法是在 CVD 法的基础上发展起来的,它是一种最常用的制备纤维增强陶瓷基复合材料的方法。CVI 法将纤维预制体置于密闭的反应室内,采用气相渗透的方法使气相物质在加热的纤维表面或附近发生化学反应,并在纤维预制体中沉积,从而形成致密的复合材料。

化学气相渗透法的主要优点是:①由于在远低于基体熔点的温度下制备材料,避免了纤维与基体间的高温化学反应,在制备过程中对纤维的损伤小,材料内部的残余应力小;②通过改变工艺条件,能制备多种陶瓷材料,有利于材料的优化设计和多功能化;③能制备形状复杂、近净尺寸和纤维体积分数大的复合材料。其主要缺点是:生产周期长,设备复杂,制备成本高;制成品孔隙率大,材料致密度低,从而影响复合材料的性能;不适于制备厚壁部件。

5.熔融金属直接氧化法(Lanxide 法)

熔融金属直接氧化法是美国 Lanxide 公司首先提出并进行研究的,所以又称为 Lanxide 法。此法适用于以氧化铝为基体的陶瓷基复合材料,如 SiC_f/Al_2O_3。Lanxide 法的工艺原理为:将编织成一定形状的纤维预制体的底部与熔融的铝合金接触,在空气中熔融的金属铝发生氧化反应生成 Al_2O_3 基体。Al_2O_3 通过纤维坯体中的孔隙因毛细管作用向上生长,最终坯体中的所有孔隙都被 Al_2O_3 填满,制成致密的连续纤维增强陶瓷基复合材料(CFCC)。用熔融金属直接氧化法制造 CFCC 的示意图如图 6-17 所示。

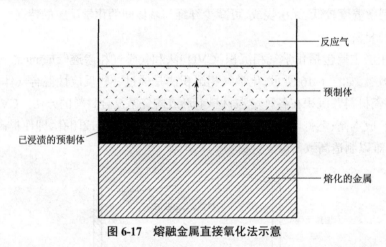

图 6-17　熔融金属直接氧化法示意

熔融金属直接氧化法的工艺优点是:①对增强体几乎无损伤,所制得的陶瓷基复合材料中纤维分布均匀;②在制备过程中不存在收缩,因而复合材料制件的尺寸精确;③工艺简单,生产效率较高,成本低,所制备的复合材料具有高比强度、良好的韧性、耐高温等特性。

6.3.2.3　晶须或颗粒增强陶瓷基复合材料的制备与加工

晶须或颗粒增强陶瓷基复合材料的制备工艺比连续长纤维复合材料简便得多,所用设备也不太复杂。与陶瓷材料相似,晶须或颗粒增强陶瓷基复合材料的制备工艺也可大致分为配料、成型、烧结、精加工等几个步骤。这一过程看似简单,实则包含着相当复杂的内容。

1.配料

粉体的性能直接影响陶瓷的性能,制备高纯、超细、组分均匀分布、无团聚的粉体是获得优良的陶瓷基复合材料关键的第一步。

粉体的制备方法包括机械法和化学法。机械法最常用的是球磨和搅拌振动磨。化学法可分为固相法、液相法和气相法三种。液相法是目前工业上和实验室中广泛采用的方法,主要用于氧化物系列超细粉末的合成。气相法多用于制备超细、高纯的非氧化物陶瓷材料。

2. 成型

成型是获得高性能陶瓷基复合材料的关键步骤之一。成型方法包括干法、等静压法、挤压法、轧制法、注浆法、注射法、胶态成型法等。陶瓷基复合材料的成型不仅需要考虑陶瓷粉体的物理性质(如颗粒大小、尺寸分布、成型应力、颗粒团聚等),还要考虑材料混合中的化学行为(如流变学、表面化学、胶体化学等)。

干法是将干燥的粉料装入模具,加压后即可成型,通常包括干压法和冷等静压法。干压法采用金属模具,具有装置简单、成型成本低的优点,但它的加压方向是单向的,粉末间传递压力不太均匀,故易导致烧成后的生坯变形或开裂,只适用于形状比较简单的制件。冷等静压法利用流体静压力从各个方向均匀加压于橡胶模具内的粉体而成型,因此不会产生生坯密度不均匀的问题,适合批量生产。

胶态成型(gel-casting)法是陶瓷材料湿法成型技术,最早由美国橡树岭国家重点实验室发明,是一种近净尺寸成型技术。该技术由于工艺简单、含脂量低,制备的坯体均匀、强度高而具有可机械加工、加工量小等诸多优点,得到广泛关注。

3. 烧结

将从生坯中除去黏合剂组分后的陶瓷素坯在适当的温度和气氛条件下,烧固成致密制品的过程叫烧结。烧结必须有专门的窑炉。

4. 精加工

由于对高精度制品的需求不断增多,对烧结后的许多制品还需进行精加工。精加工主要包括用金刚石砂轮进行磨削加工和用磨料进行研磨加工,其目的是提高烧成品的尺寸精度和表面平滑性。

在实际进行磨削操作时,除选用砂轮外,还需确定砂轮的速度、切削量、给进量等各种磨削条件,才能获得好的效果。

陶瓷的制备质量与其制备工艺有很大的关系。在实验室规模下能够稳定重复制造的材料,在扩大的生产规模下常常难以重现。在生产规模下可能重复再现的陶瓷材料,在原材料波动和工艺装备有所变化的条件下常常难以实现。这是陶瓷制备中的关键问题之一。

先进陶瓷制品的一致性是它大规模推广应用的最关键问题之一。先进陶瓷制备技术可以做到成批地生产出性能很好的产品,但却不容易保证所有制品的品质一致。

第7章 界面原理

7.1 聚合物基复合材料的界面

7.1.1 界面的基本概念

由物理化学的基本知识可知,凡是不同相共存的体系,在相与相之间都存在着界面。聚合物基复合材料是由纤维和基体结合而成的一个整体,具备原组成材料所没有的性能,并且由于界面的存在,纤维和基体所发挥的作用是各自独立而又相互依存的。界面是复合材料的重要组成部分,它的结构、性能、黏结强度等直接关系到复合材料的性能,因此对复合材料界面的研究有着十分重要的意义。

影响复合材料性能的因素主要有以下几方面:①增强材料的性能;②基体材料的性能;③复合材料的结构和成型技术;④复合材料中纤维和基体界面的结合状态,即界面的性能。复合材料所用的纤维可看作细分散物质,例如将 1 cm³ 的玻璃块抽成直径为 8 μm 的纤维,其总表面积由原来的 6 cm² 增大到 5 000 cm²,增大了 800 多倍。在 1 cm³ 的复合材料中,若直径为 8 μm 的纤维的含量达到 50%,则界面总表面积可达数千平方厘米,可见界面在复合材料中的作用是不可忽视的。界面规律的研究是复合材料的基础理论之一。

这里所说的界面并非一个没有厚度的理想几何面。实验已证明,两相交接的区域是一个具有一定厚度的界面,即中间相,两相接触会引起多种界面效应,使界面的结构和性能不同于它的两侧。

许多复合材料的纤维与基体的相容性差,为了改善两者的相容性,在两相界面上加入一些改性剂,如偶联剂等,这样在纤维、基体之间的界面上形成了一层新的界面,该界面的结构与性能不同于原来的两相界面(图 7-1)。

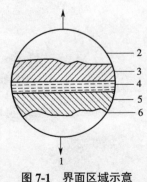

图 7-1 界面区域示意

1—外力场;2—树脂基体;3—基体表面区;4—相互渗透区;5—增强体表面区;6—增强体

复合材料界面的好坏将直接影响复合材料的综合性能。大量事实证明,由多种组分组成的复合材料的综合性能并不是各单一组分性能的简单加和。在复合材料中,各组分起着独立的作用,但又不是孤立的,它们相互依存,这种相互依存关系是通过各组分之间的界面实现的。复合材料的界面效应包括:①物理效应,引起各组分之间相互浸润、扩散和相容性、界面吉布斯自由能、结构网络互穿的变化;②化学效应,引发界面上的化学反应,形成新的界面结构;③力学效应,引起界面上的应力分布。界面对复合材料的断裂韧性和在潮湿、腐蚀环境下的反应(如界面上的极性基团吸附水)起着决定性的作用。具有弱界面的复合材料有较低的强度和刚度,但断裂抗力较大;具有强界面的复合材料有高的强度和刚度,但非常脆。界面的强度和刚度与裂纹扩展过程中发生脱黏和纤维从基体中拔出的难易程度有关。

界面上的多种效应反映复合材料性能的综合变化,如力学性能、耐蚀性、能量吸收、流变特性等。因此,复合材料界面研究对复合材料性能的提高、材料的设计、加工工艺的实施、复合材料应用的开拓和新型复合材料的开发起着重要的作用。

7.1.2　界面的形成与作用机理

7.1.2.1　界面的形成

聚合物基复合材料界面的形成可以分成两个阶段。第一阶段是基体与增强纤维的接触与浸润阶段。由于增强纤维对基体分子的各种基团或基体中的各组分的吸附能力不同,只吸附那些能降低其表面能的物质,并优先吸附那些能较大幅度地降低其表面能的物质,因此界面在结构上与聚合物本体是不同的。第二阶段是聚合物的固化阶段。在此过程中,聚合物通过物理或化学变化而固化,形成固定的界面。固化阶段受第一阶段影响,同时直接决定着所形成的界面的结构。以热固性树脂的固化过程为例,树脂的固化反应可以借助固化剂或靠本身的官能团反应来实现。在利用固化剂固化的过程中,固化剂所在位置是固化反应的中心,固化反应从中心以辐射状向四周扩展,最后形成中心密度大、边缘密度小的非均匀固化结构,密度大的部分称为胶束或胶粒,密度小的称为胶絮;在依靠树脂本身的官能团反应固化的过程中也出现了类似的现象。

在复合材料的制备过程中,一般都有一个要求,即组分间能牢固地结合,并且有足够的强度。一般认为,要实现这一点,必须使材料在界面上形成能量的最低结合,通常都存在一个液体对固体的浸润过程。把液体滴到固体表面上,有时液滴会立即铺展开来,遮盖固体的表面,这一现象称为浸润;有时液滴仍团聚成球状,这一现象称为不浸润或浸润不好。

液体对固体的浸润能力可以用浸润角(又称为接触角)θ来表示,当$\theta < 90°$时,称为浸润;当$\theta > 90°$时,称为不浸润;当$\theta = 0°$、$180°$时,则分别为完全浸润、完全不浸润,如图7-2所示。

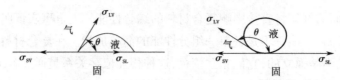

图 7-2　液体在固体表面的浸润情况

液体浸润角的大小与固体表面张力 σ_{SV}、液体表面张力 σ_{LV} 和固 - 液界面张力 σ_{SL} 有关。它们之间存在如下关系：

$$\sigma_{SV} = \sigma_{SL} + \sigma_{LV} \cos\theta$$

即

$$\cos\theta = \frac{\sigma_{SV} - \sigma_{SL}}{\sigma_{LV}} \tag{7-1}$$

式中 σ_{SV}、σ_{LV} 也可以写作 σ_{SA}、σ_{LA} 或简写为 σ_S、σ_L。

对式（7-1）可以进行下列的讨论：①若 $\sigma_{SV} < \sigma_{LV}$，则 $\cos\theta < 0$，$\theta > 90°$，液体不能浸润固体，当 $\theta = 180°$ 时，表面完全不浸润，液体呈球状；②若 $\sigma_{LV} > \sigma_{SV} - \sigma_{SL} > 0$，则 $1 > \cos\theta > 0$，$\theta < 90°$，液体能浸润固体；③若 $\sigma_{LV} = \sigma_{SV} - \sigma_{SL}$，则 $\cos\theta = 1$，$\theta = 0°$，这时液体完全浸润固体；④若 $\sigma_{SV} - \sigma_{SL} > \sigma_{LV}$，则液体在固体表面完全浸润（$\theta = 0°$）时仍未达到平衡，从而自动铺展开来。

由式（7-1）可知，改变研究体系的表面张力 σ 就能改变接触角 θ，即改变体系的润湿情况。固体表面的润湿性能与其结构有关，改变固体的表面状态，即改变其表面张力，就可以达到改变润湿情况的目的，如对增强纤维进行表面处理，就可改变纤维与基体材料间的润湿情况。

复合材料的界面区可以理解为纤维和基体的界面加上基体和纤维表面的薄层。基体表面层和纤维表面层是相互影响和相互制约的，同时受表面层本身结构和组成的影响，表面层的厚度目前尚不清楚，估计基体表面层比纤维表面层厚 10 倍。基体表面层的厚度是一个变量，它不仅影响复合材料的力学行为，还影响其韧性参数。对于复合材料，界面区还包括由处理剂生成的偶联化合物，它与纤维和基体的表面层结合为一个整体。

从微观角度看，界面区可被看作是由表面原子和表面亚原子构成的，影响界面区的表面亚原子有多少层，目前还不清楚。基体与纤维表面原子间的距离取决于原子间的亲和力、原子和基团的大小、复合材料制成后界面上的收缩量。赫尔方（Helfand）等由统计理论计算得到界面的厚度为几十纳米，Wu 认为界面的厚度小于 0.1 μm，但 Kwei 等的报道值在 200 nm~2 μm，Saglaz 报道 SiO_2/环氧填充复合材料界面的厚度为 2.2 μm。孙慕瑾等报道，对未加 KH-550 硅烷偶联剂的体系，其界面的厚度小于 0.5 μm；对加有 KH-550 硅烷偶联剂的体系，其界面的厚度大于 0.5 μm，但界面的厚度随增强材料加入量的增加而减小。Sideridis 等发现铁/环氧填充复合材料也有同样的规律。此外，万巴赫（Wambach）等用透射电镜观察玻璃微珠/聚苯醚填充复合材料，发现界面的厚度为 7 000 nm。

界面的作用是使纤维和基体形成一个整体，通过它传递应力。如果纤维表面没有应力，而且全部表面都形成了界面，则界面传递应力是均匀的。实践证明，应力是通过基体与纤维间的化学键传递的。若基体与纤维间的润湿性不好，胶结面不完全，那么应力的传递面积仅为纤维总表面积的一部分,所以为了使复合材料内部能均匀地传递应力,显示出优良的性能,要求复合材料在制备过程中形成一个完整的界面区。

7.1.2.2　界面的作用机理

在组成复合材料的两相中,一般总有一相以溶液或熔融流动状态与增强材料接触,然后发生固化反应使两相结合在一起。在这个过程中,两相间的作用机理一直是人们关心的问题,但至今尚不完全清楚。根据已有的研究结果总结出了几种理论,包括浸润吸附理论、化学键理论、扩散理论、电子静电理论、弱边界层理论、机械黏结理论、变形层理论和优先吸附理论。每种理论都有自己的根据,然而也都存在自己无法解释的实验事实。有时对同一问题,两种理论的观点是背道而驰的,有时则需要几种理论联合应用才能概括全部实验事实。

1. 浸润吸附理论

浸润吸附理论认为,高聚物的黏结作用可分为两个阶段。第一阶段,高聚物大分子借助于宏观布朗运动从溶液或熔融体中移动到被黏物表面;再通过微布朗运动,大分子链节逐渐向被黏体表面的极性基团靠近。没有溶剂时,大分子链节只能局部靠近表面,而在压力作用下或加热使黏度降低时,便可以与表面靠得很近。第二阶段,产生吸附作用。当被黏体与黏结剂的分子间距 < 0.5 nm 时,范德华力开始产生作用,从而形成偶极－偶极键、偶极－诱导偶极键、氢键等。此理论认为黏结力取决于次价键力,其根据是:①同一种黏结剂可黏结各种不同的材料;②一般黏结剂与被黏体的惰性很大,它们之间发生化学作用的可能性很小。

班克罗夫特(Bancroft)指出,被黏体对黏结剂的吸附越强烈,黏结强度越高。浸润吸附理论认为:欲使基体在纤维上铺展,基体的表面张力必须小于增强材料或经过偶联剂处理后的临界表面张力。已有资料指出双酚 A 环氧树脂的表面张力为 4.25×10^{-4} N/cm,聚酯树脂为 3.5×10^{-4} N/cm,所以要求玻璃纤维的临界表面张力对环氧树脂至少是 4.25×10^{-4} N/cm,对聚酯在 3.5×10^{-4} N/cm 以上,否则将会在界面上形成空隙。这一理论并不能完善解释实际情况,通常在达到基本黏结要求后,为了进一步改善性能,着力改善基体对填充剂的浸润性。浸润吸附理论的局限性在于:①实验表明,剥离高聚物薄膜所需要的能量达 $10^4 \sim 10^8$ erg/cm²(1 erg = 10^{-7} J),大大超过了克服分子间力所需的能量,这表明界面上不仅仅有分子间力的作用;②实验表明,黏结功取决于黏结层剥离的速率,但分子间力的强弱不取决于两个黏结表面的分离速率,所以黏结不是仅由分子间力决定的;③该理论是以黏结剂与被黏体的极性基团相互作用为基础的,因此不能解释为什么非极性聚合物间也有黏结力。

2. 化学键理论

1949 年,Bjorksten 和 Lyaeger 提出了化学键理论。该理论的主要观点是,偶联剂分子应至少含有两种官能团,第一种官能团在理论上可与增强材料起化学反应,第二种官能团在理论上应能参与树脂的固化反应,与树脂分子链以化学键结合,于是偶联剂分子像"桥"一样,将增强材料与基体材料通过共价键牢固地连接在一起。例如,在不饱和聚酯/玻璃纤维体系中使用甲基三氯硅烷、二甲基二氯硅烷、乙基三氯硅烷、乙烯基烷氧基硅烷和二烯丙基烷氧基硅烷,结果表明含不饱和基硅烷的制品强度比含饱和基硅烷的高几乎 2 倍,显著地改善了树脂与玻璃纤维两相间的界面黏结。该理论对许多未使用偶联剂的复合体系或虽使用了偶联剂但理论上根本不能形成化学键的复合体系是没有意义的。

3. 扩散理论

Barodkuu 提出了高聚物－高聚物黏结作用的扩散理论,其主要观点是:高聚物之间的黏结作用与其自黏作用(同种分子间的扩散)一样,也是由高聚物分子链和链段相互扩散引起的,由此而产生强大的黏结力。该理论的出发点基于高聚物的最根本特征:大分子链结构和柔顺性。

两相高聚物分子相互扩散实际上是相互溶解,相互溶解的能力由溶解度参数决定,溶解度参数越相近,两者越容易互溶。偶联剂的使用使这一理论在纤维复合材料领域得到应用。后来提出的相互贯穿网络理论实际上是化学键理论和扩散理论在某种程度上的结合。

两种完全不相容的聚合物,当它们的分子内部具有相近的范德华分子斥力时,在一定温度和 pH 值下,能以分子尺寸(或分子规模)连续或半连续地分离,并形成一种各自向对方穿越、相互纠结的树脂网络组织形态,称为互穿聚合物网络(interpenetrating polymer network, IPN)。

4. 电子静电理论

当两种电介质相接触时,会产生接触起电现象。在一定条件下,当从被黏物表面剥离黏结剂薄膜时,由于放电和发射电子而产生特殊声响和发光现象,根据此现象,Dezayagin 提出了电子静电理论,认为:黏结剂－被黏体可以看成一个电容器;两者各为一个极板,相互接触而使电容器充电,形成双电层。黏结破坏就相当于电容器被分开,黏结功就相当于电容器被分开时要抵抗的静电引力。双电层可以通过一个相的极性基团在另一个相表面上定向吸附而产生,也可由聚合物官能团的电子穿过相表面而形成。就电介质－金属黏结而言,双电层是由于金属的费米能级改变和电子转入电介质中而产生的静电现象,仅在一定条件下,如试样特别干燥、剥离速率大于 10 cm/s,才表现出来。电子静电理论与一些实验结果是吻合的,但也有一定的局限性,例如它不能圆满地解释极性相近的聚合物也能牢固黏结的事实。根据该理论,非极性聚合物之间是不能黏结的,但实际上这类黏结具有高的黏结强度。

5. 机械黏结理论

机械黏结理论认为黏结剂与被黏体的黏结纯粹基于机械作用,首先液态黏结剂渗入被黏体的孔隙内,然后在一定条件下黏结剂凝固或固化而被机械地"镶嵌"在孔隙中,于是产生了如螺栓、钉子、钩子那样的机械结合力。由此可见,机械结合力主要取决于材料的几何学因素。事实上,机械黏结理论是与其他黏结理论协同作用的理论,没有一个黏结体系是只由机械作用形成的。

6. 变形层理论

胡珀(Hooper)在层压件的疲劳性能研究中发现,表面有一层偶联剂涂层,可使疲劳性能得到很大的改善。该理论认为,这一涂层是柔性层,能提供具有"自愈能力"的化学键,这种化学键在外载荷作用下处于不断形成与断裂的动平衡状态。低分子物的应力侵蚀使化学键断裂,但应力也使得纤维和基体间保持一定的强度,即在化学键断裂的同时应力松弛,减弱局部应力集中,这种动平衡不仅可以减小水等低分子物的破坏作用,而且可以松弛界面的局部应力。

聚合物基复合材料固化时,聚合物将产生收缩现象,而且由于基体与纤维的热膨胀系数相差较大,在固化过程中纤维与基体的界面上会产生附加应力,这种附加应力会破坏界面,导致复合材料的性能下降。此外,由外载荷作用产生的应力在复合材料中的分布是不均匀的。观察复合材料的微观结构可知,纤维与树脂的界面不是平滑的,在界面的某些部位上集中了比平均应力大的应力,这种应力集中将使纤维与基体间的化学键断裂,使复合材料内部形成微裂纹,从而使复合材料的性能下降。

增强材料经处理剂处理后,能减小上述应力的作用,因此一些研究者对界面的形成和作用提出了几种理论。一种理论认为,处理剂在界面上形成了一个塑性层,它能松弛界面的应力,减小界面应力的作用,这种理论称为变形层理论。另一种理论认为,处理剂是界面的组成部分,是介于高模量增强材料和低模量基体材料之间的中等模量物质,能起到均匀传递应力,从而减小界面应力的作用,这种理论称为抑制层理论。还有一种理论称为减弱界面局部应力作用理论,该理论认为处于基体材料与增强材料界面间的处理剂提供了一种具有"自愈能力"的化学键,这种化学键在外载荷作用下处于不断形成与断裂的动平衡状态。低分子质量的物质(如水)的应力侵蚀使化学键断裂,但在应力作用下,处理剂能沿增强材料的表面滑移,滑移到新的位置后,已经断裂的键又能重新结合成新的键,使基体材料与增强材料之间仍保持一定的黏结强度。

上述理论对聚合物生成柔性膜的情况不适用,因为聚合物与处理剂生成柔性膜,与增强材料间形成的键水解后会收缩,不能再生成新的键,水会在增强材料表面漫开,使基体材料与增强材料间的黏结完全被破坏。

7. 优先吸附理论

在树脂胶液中,纤维对各组分的吸附能力各不相同,吸附有先有后,纤维表面优先吸附基体体系中的助剂。例如,在胺类固化环氧树脂时,纤维表面优先吸附胺,使其在界面层基体内呈梯度分布,最后导致界面层的结构发生梯度变化,这样有利于消除应力,从而改善复合材料的力学性能。

7.1.3　界面的影响因素和破坏机理

7.1.3.1　影响界面黏结强度的因素

1. 纤维表面晶体的尺寸和比表面积

碳纤维表面的晶体增大,则碳纤维的石墨化程度上升,模量增大,导致表面更光滑、更具惰性,它与树脂的黏附性和反应性变得更差,所以界面黏结强度下降。大量实验证明,碳纤维复合材料的界面黏结强度随纤维表面的晶体尺寸增大而下降,这与纤维模量增大使碳纤维复合材料的层间剪切强度下降的结果是一致的。

纤维的比表面积大,黏结的物理界面大,黏结强度高,但纤维和表面处理方法不同,其孔径分布和表面反应基团及其浓度是各异的。此外,不同基体体系的相对分子质量不同、黏度不同,其与表面反应基团的反应能力也不一样,所以应该针对具体问题进行具体分析。

2. 浸润性

界面的黏结强度随浸润性增加而增大，随孔隙率上升而下降，这归因于黏结界面面积减小和应力集中源增加。如果完全浸润，树脂在界面上物理吸附所产生的黏结强度是很大的，但实际上由于纤维表面吸附有气体和其他污物，不能被完全浸润，因此吸附的气体和其他污物没有被排挤走，留在界面成为孔隙，使材料的孔隙率上升、层间剪切强度下降。

3. 界面反应性

界面黏结强度随界面反应性增大而增大，界面反应性与复合材料的层间剪切强度紧密相关。例如，用硅烷偶联剂改性玻璃纤维表面，使复合材料的性能得到改善；采用冷等离子体改性纤维表面提高界面反应性，可使复合材料的层间剪切强度得到很大的改善。因此，制备复合材料时，要向界面引入尽可能多的反应基团，增大界面化学键合比例，这样有利于提高复合材料的性能。

4. 残余应力

对高聚物基复合材料而言，界面残余应力包括由于树脂和纤维的热膨胀系数不同所产生的热应力和在固化过程中树脂体积收缩所产生的化学应力。究其原因，主要是由于树脂的热膨胀系数大，纤维的热膨胀系数小，在150 ℃时树脂处于橡胶态，当冷却到室温时树脂转变为玻璃态，体积发生了较大的收缩，而纤维则收缩得较少，此时界面黏结力企图阻止这种收缩，最终的结果是树脂受到拉应力，纤维受到压应力，界面则受到剪应力。界面存在内应力，导致试件破坏所需的外力相应地减小，这就是复合材料界面黏结强度受残余应力影响的原因，影响的程度依赖于纤维的含量、纤维与基体的模量比和纤维的粗细度。一般热应力随纤维的体积分数增加而减小，随纤维与基体的模量比减小而增大。

7.1.3.2 界面破坏机理

复合材料的破坏机理要从纤维、基体和界面在载荷作用和介质作用下的变化来着手研究。了解界面破坏机理是很重要的，因为纤维和基体是通过界面构成复合材料整体的。在界面破坏机理的研究中，对界面裂纹扩展过程的能量变化和介质引起界面破坏的理论报道较多，现在介绍这两种观点：在复合材料中，纤维和基体界面中均有微裂纹存在，在外力和其他因素的作用下，微裂纹按照一定的规律扩展，最终导致复合材料破坏。例如，基体中的微裂纹的扩展趋势，有的平行于纤维表面，有的垂直于纤维表面（图7-3）。

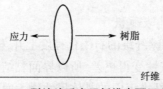

应力 ← ○ → 树脂

纤维

图7-3　裂纹峰垂直于纤维表面示意

微裂纹受外界因素作用时，将逐渐贯穿基体，最后到达纤维表面。在此过程中，裂纹的扩展伴随着能量的消耗，由于消耗能量，其扩展速率减小，垂直于表面的裂纹还减缓了外界对纤维的冲击。如果没有能量消耗，能量集中于裂纹尖端上就能穿透纤维，导致纤维和复合材料破坏，这属于脆性破坏。提高碳纤维和环氧树脂的黏结强度，就能观察到这种脆性破坏。另外,也可观察到有些聚酯或环氧树脂复合材料破坏时,不是脆性破坏,而是逐渐破坏的过程,破坏开始于破坏总载荷的 20%~40%。这种破坏机理,如前所述,即裂纹在扩展过程中发生能量流散(能量耗散),减小了裂纹的扩展速率,能量消耗于界面的脱胶(黏结被破坏)过程,从而分散了裂纹峰上集中的能量,未能造成纤维破坏,致使整个破坏过程是界面逐渐破坏的过程。

当裂纹在界面上被阻止时,界面脱胶(界面黏结被破坏)消耗能量,其结果是产生大面积的脱胶层。用高分辨率的显微镜观察,可以观察到脱胶层的可视尺寸达 0.5 μm,可见能量流散机理在起作用。在界面上,基体与增强材料间形成的键可以分为两类:一类是物理键,即范德华力,键能约为 25.12 kJ/mol;另一类是化学键,键能约为 125.60 kJ/mol。可见能量流散时,消耗于化学键的破坏能量较大。界面上化学键的分布与排列可以是集中的、分散的,甚至是混乱的。

如果界面上的化学键是集中的,当裂纹扩展时,能量流散较少,较多的能量集中于裂纹尖端,就可能在还没有引起集中键断裂时,已冲断纤维,导致复合材料破坏。

界面上的化学键集中的另一种情况是,在裂纹扩展过程中,还未冲断纤维便已使集中键断裂,引起能量流散,仅造成界面黏结的破坏。如果裂纹尖端集中的能量足够大,或继续增加能量,则不仅使集中键破坏,而且引起纤维断裂。此外,在化学键破坏的过程中,物理键破坏也能消耗一定量的集中于裂纹尖端的能量。

如果界面上的化学键是分散的,当裂纹扩展时,化学键逐渐破坏,使树脂从界面上逐渐脱落,能量逐渐流散,导致界面脱黏破坏。

7.1.3.3　水对复合材料和界面的破坏作用

玻璃纤维复合材料表面上吸附的水浸入界面后,发生水与玻璃纤维和树脂间的化学变化,引起界面黏结破坏,致使复合材料破坏。玻璃纤维复合材料对水分很敏感,它的强度和模量随湿度增大明显降低。

1. 水的浸入

众所周知,水以水蒸气的形式普遍存在于大气中,尤其是在潮湿而炎热的地区,大气中水含量更高,水分子的体积很小,极性又大,所以它很容易进入界面。清洁的玻璃纤维表面吸附水的能力很强,并且水分子间的作用力可以通过已吸附的水膜传递,因此玻璃纤维表面对水的吸附是多层吸附,会形成较厚的水膜(其厚度约为水分子直径的 100 倍)。玻璃纤维表面对水的吸附过程异常迅速,在相对湿度为 60%~70% 的条件下,只需 2~3 s 即可完成。纤维越细,比表面积越大,吸附的水越多。水在玻璃纤维表面被吸附得异常牢固,加热到 110~150 ℃时,只能排除约 1/2 被吸附的水;加热到 150~350 ℃时,也只能排除约 3/4 被吸附的水。另外,大量的实验事实证明,水是通过扩散过程进入界面的,进入的途径有三种:一是从树脂的宏观裂缝处进入,宏观裂缝是由树脂固化过程中产生的化学应力和热应力引起的;二是树脂内存在的杂质,尤其是水溶性无机物杂质,其遇到水时,因渗透压的作用形成高压区,高压区将产生微裂纹,水沿微裂纹浸入;三是通过工艺过程在复合材料内部形成气泡,气泡在应力作用下被破坏,形成互相串联的通道,水很容易沿通道进入很深的部位。

2. 水对玻璃纤维表面的化学腐蚀作用

当水进入复合材料中,到达玻璃纤维表面时,玻璃纤维表面的碱金属溶于其中,水溶液变成碱性,加速了表面的腐蚀破坏,最后导致玻璃纤维的二氧化硅骨架解体,强度下降,复合材料的性能减退。这种腐蚀破坏在玻璃纤维表面有结构缺陷处更为严重。

3. 水对树脂的降解作用

水对树脂的作用通常有两种效应:一是物理效应,即水分子可以破坏高聚物内部的氢键和其他次价键,使高聚物发生增塑作用,导致热力学性能下降,这种效应是可逆的,一旦将水驱走性能就可以复原;二是化学效应,即水分子与高聚物中的某种键(如酯键、醚键等)起化学作用,使之断裂,导致高聚物降解、强度降低。水对树脂的降解作用是一个不可逆的反应过程。水对不同树脂的降解能力不同,聚酯树脂的水解活化能为 $11\sim12$ kcal/mol。玻璃纤维/聚酯复合材料在水的作用下,玻璃纤维受到水的作用产生氢氧根离子,使水呈碱性,碱性的水有加速聚酯树脂水解反应的作用,反应如下:

$$R-\overset{\overset{O}{\|}}{C}-O-R' + H_2O \xrightarrow{OH^-} R-\overset{\overset{O}{\|}}{C}-O-OH + R'-OH$$

树脂水解引起大分子链断裂(降解),致使树脂层破坏,进而造成界面黏结破坏。水解造成的树脂破坏是一小块一小块的不均匀破坏,由于接触水的机会不同,树脂在接近复合材料表面的部位破坏较多,而在复合材料中心的部位破坏较少。

4. 水溶胀树脂导致界面脱黏破坏

水进入黏结界面之后,树脂发生溶胀,使黏结界面上产生拉应力,一旦拉应力大于界面黏结力,界面就会发生脱黏破坏。

5. 水进入孔隙产生渗透压导致界面脱黏破坏

在黏结过程中,黏结剂总是不能很理想地在黏结体表面铺展而排除表面吸附的所有气体,因此形成的黏结界面难免存在一些微孔隙,当水通过扩散进入黏结处时,水就在微孔隙中聚集形成微水袋。微水袋内的水与树脂接触,某些杂质溶于其中,使袋内外形成浓度差,导致袋内产生渗透压,在一定温度下,随着时间的推延,袋内的水溶液浓度不断增大,渗透压大于界面黏结力,黏结界面就脱黏导致破坏。

6. 水促使破坏裂纹扩展

侵入玻璃纤维复合材料界面中的水,首先引起界面黏结破坏,继而使玻璃纤维强度下降,树脂降解。复合材料的吸水率初期剧增,以后逐渐缓慢下来。

水对复合材料的作用,除了对界面起破坏作用外,还促使破坏裂纹扩展。当复合材料受力时,若应力引起弹性应变所消耗的能量超过形成新表面所需的能量和塑性变形所需的能量之和时,破坏裂纹便会迅速扩展。

由于水的存在,在较小的应力作用下,玻璃纤维表面上的裂纹就会向其内部扩展。水助长破坏裂纹的扩展,除了减小了形成新表面所需的能量和塑性变形所需的能量这个原因之外,还有两个原因:一是水的表面腐蚀作用使纤维表面产生新的缺陷;二是凝集在裂纹尖端的水能产生很大的毛细压力,促使纤维中原来的微裂纹扩展,从而促进破坏裂纹扩展。

7.1.4　纤维的表面处理

无机纤维增强材料与有机聚合物基体在本质上属于不相容的两类材料,直接应用不能获得理想的界面黏结效果。对玻璃纤维来说,在制备过程中为了方便纺织工序,减轻机械磨损,防止水分侵蚀,往往要在其表面涂覆一层纺织型浸润剂。这种浸润剂是一种石蜡乳剂,若不除掉会影响纤维与树脂的界面黏结性。未涂或脱除了浸润剂的玻璃纤维的表面张力较大,它在空气中极易吸附一层水膜。水不仅侵蚀纤维,而且危害纤维与树脂的界面黏结。高模量碳纤维的表面是化学惰性的,与树脂基体的浸润性差,结果使复合材料呈现较低的层间剪切强度。

经过处理的纤维可与基体形成理想的界面黏结,两者牢固黏结,犹如无数微桥梁架于两者之间,沟通了性能各异的材料,使它们联合起来、协同作用,因此对无机材料进行表面处理就显得尤为重要。

7.1.4.1　玻璃纤维的表面处理

为了提高基体与玻璃纤维之间的黏结强度,可采用表面处理剂对纤维表面进行化学处理。表面处理剂分子在化学结构上至少带有两类反应性官能团:一类官能团能与玻璃纤维表面的—Si—OH 发生反应而与之结合;另一类官能团能够参与树脂的固化反应而与之结合。处理剂就像"桥"一样,将玻璃纤维与树脂连成一体,从而获得良好的黏结性,因此也称为偶联剂。

1. 脱蜡处理

为了在拉丝纺织工序中达到集束、浸润和清除静电吸附等目的,在抽丝过程中在玻璃纤维单丝上涂一层纺织型浸润剂。纺织型浸润剂是一种石蜡乳剂,它残留在纤维表面上妨碍了纤维与基体间的黏结,从而降低了复合材料的性能,因此在与基体复合之前,必须将上述浸润剂清除掉。

浸润剂除去的程度用残留量来表示,它是玻璃纤维织物上残留的蜡等物质的质量分数。除去浸润剂的方法主要有洗涤法和热处理法两种。

洗涤法是针对浸润剂的组成,采用碱液、肥皂水、有机溶剂等溶解和洗去浸润剂的方法,经洗涤后玻璃布上的残留量可以降低到 0.3%~0.5%。

热处理法是利用加热的方式,使玻璃纤维和织物表面上涂覆的浸润剂经挥发、碳化、灼烧而除去。按加热温度高低,热处理法分为低温(250~300 ℃)热处理、中温(300~450 ℃)热处理和高温(>450 ℃)热处理。热处理温度越高,时间越长,浸润剂残留量越小,但强度下降幅度越大。在 500 ℃下处理 1 min,强度下降 40%~50%。

2. 化学处理

化学处理指采用偶联剂处理玻璃纤维,使纤维与基体之间形成化学键,获得良好的黏结,并有效地降低水的侵蚀。

1）有机硅烷类偶联剂

有机硅烷类偶联剂是最常用的偶联剂。目前工业上所用的硅烷偶联剂一般的结构式为

$$R(CH_2)_n SiX_3 \qquad (n = 0\sim3)$$

式中　X——可水解的基团，如甲氧基、乙氧基、卤素等，水解后生成—OH，与无机增强材料
　　　　　　表面产生作用；

　　　　R——有机官能团，能与基体起反应。

偶联剂的作用机理如下。

（1）水解生成硅醇。

$$X{-}\underset{\underset{X}{|}}{\overset{\overset{R}{|}}{Si}}{-}X + 3H_2O \longrightarrow HO{-}\underset{\underset{OH}{|}}{\overset{\overset{R}{|}}{Si}}{-}OH + 3HX$$

（2）与玻璃纤维表面作用。硅烷经水解后生成三醇,其结构与玻璃纤维表面的结构相同,因此很易接近玻璃纤维而发生吸附。吸附在玻璃纤维表面的硅三醇只有一个—OH 基团与硅醇结合,其余的—OH 与邻近的分子脱水形成 Si—O—Si 键。

$$R'O{-}\underset{\underset{OR'}{|}}{\overset{\overset{R}{|}}{Si}}{-}OR' \xrightarrow{H_2O} HO{-}\underset{\underset{OH}{|}}{\overset{\overset{R}{|}}{Si}}{-}OH \xrightarrow{化学吸附} HO{-}\underset{\underset{O}{|}}{\overset{\overset{R}{|}}{Si}}{-}OH \xrightarrow[\text{干燥过程}]{\text{形成氢键}}$$

（玻璃纤维表面）

$$\xrightarrow[\text{缩合作用}]{\text{脱水}}$$

（玻璃纤维表面）

（3）与树脂基体作用。硅烷偶联剂的 R 基团是与树脂发生偶联作用的活性基团,对于不同的树脂,它所起的作用也不同。在热固性树脂中, R 基团一般参与固化反应,成为固化树脂结构的一部分。在热塑性树脂中,基于结构相同或相似则相溶的原则, R 基团与热塑性树脂分子发生溶解、扩散和缠结等作用,或通过添加交联剂实现分子交联。对于不同的树脂基体,要选择含有不同 R 基团的硅烷偶联剂。

2）有机铬络合物偶联剂

有机铬络合物由氯化铬与有机酸反应而制备，反应式如下：

$$2Cr(OH)Cl_2 \quad + \quad R\!-\!\overset{\overset{\displaystyle O}{\|}}{C}\!-\!OH \quad \longrightarrow \quad R\!-\!\overset{\overset{\displaystyle O}{\|}}{C}OCr_2(OH)Cl_4 \quad + \quad H_2O$$

当 R 为 $CH_3C\!=\!CH_2$，即常见的"沃兰"（甲基丙烯酸氯化铬络合物）时，其作用机理

如下。

（1）沃兰水解。

由于水解后生成 HCl，故沃兰水溶液呈酸性。

（2）与玻璃纤维表面作用。沃兰吸附于玻璃纤维表面，与玻璃纤维表面的—Si—OH 脱水缩合，生成抗水的 Si—O—Cr 键，沃兰分子之间发生脱水缩合反应形成 Cr—O—Cr 键，过程如下：

上述物理与化学作用使沃兰分子聚集于玻璃纤维表面,对玻璃纤维表面吸附的水产生排斥作用,使玻璃纤维表面具有疏水性,其中化学键形式的结合占 35%,起着主要作用。

（3）与树脂作用。沃兰中的 $CH_3C\!=\!\!\!=\!CH_2$ 可参与聚酯的固化反应与之共聚,而 Cr—Cl、Cr—OH 可参与环氧与酚醛的固化反应与之加聚、缩聚,因此沃兰适用于不饱和聚酯树脂、环氧树脂和酚醛树脂。

对于热塑性树脂,与 $CH_3C\!=\!\!\!=\!CH_2$ 结构相似的 PP、PE、PMMA 等均可应用。

7.1.4.2　碳纤维的表面处理

碳纤维尤其是高模量石墨纤维的表面是惰性的,它与树脂的浸润性、黏附性较差,所制备的复合材料层间剪切强度和界面黏附强度较低。长期以来,人们为了增大碳纤维与基体的黏结力,或保护碳纤维在复合过程中不受损伤,对碳纤维的表面处理进行了大量的研究。20 世纪 60—70 年代人们对碳纤维采用了各种表面处理方法,在提高复合材料的界面黏结强度和层间剪切强度上都取得了不同程度的效果。之后,人们又开展了碳纤维表面改性研究,不仅使复合材料具有良好的界面黏结强度、层间剪切强度,而且显著改善其界面的抗水性、断裂韧性和尺寸稳定性。碳纤维的表面处理方法主要有气相氧化法、液相氧化法、阳极氧化法、等离子体氧化法、表面涂层改性法、表面电聚合改性法和表面等离子体聚合接枝改性法。

1. 气相氧化法

气相氧化法指在氧化剂气体（如空气、O_2、O_3）中对碳纤维表面进行氧化处理,主要包括空气氧化法和臭氧氧化法。为了达到氧化改性碳纤维表面使其生成一些活性基团（如—OH、—COOH 等）的目的,必须创造一定的外界条件（如加温、加入催化剂等）。

（1）空气氧化法。在 Cu 和 Pb 盐催化剂存在下,在 400 ℃（或 500 ℃）下用 O_2（或空气）氧化处理碳纤维表面,能使碳纤维表面生成一些活性基团,使复合材料的层间剪切强度提高 2 倍左右。

（2）臭氧氧化法。利用 O_3 的强氧化能力,在气相条件下直接对碳纤维表面进行氧化处理,使其生成氧活性官能团（如—COOH、—OH 等）。氧化条件（如 O_3 的浓度、环境温度、氧化处理时间）对氧化效果有很大的影响,其中氧化处理时间影响最大,其次为 O_3 的浓度。经 O_3 氧化处理后,碳纤维的抗拉强度提高了 11%~13%,达到 3.36 GPa,表面含氧官能团的浓度增大了 16%~45%,碳纤维增强复合材料（CFRP）的层间剪切强度提高了 36%~56%,达到 106 MPa。

2. 液相氧化法

液相氧化法种类较多,有浓硝酸法、次氯酸钠氧化法和强氧化剂溶液氧化法。下面主要介绍浓硝酸法和次氯酸钠氧化法。

（1）浓硝酸法。利用硝酸的强氧化性能,在一定温度下将惰性的碳纤维表面氧化,使其生成含氧活性官能团（如羧基、醛基等）。例如用 65% 的浓硝酸回流氧化处理碳纤维得到如

图 7-4 所示的结果,由图可知碳纤维经浓硝酸处理后强度损失较大。

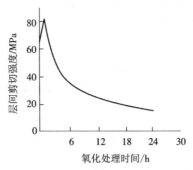

图 7-4　氧化处理时间与层间剪切强度的关系

（2）次氯酸钠氧化法。向浓度为 10%~20%、pH = 5.5 的次氯酸钠水溶液中加入乙酸,生成次氯酸,然后控制溶液的温度为 45 ℃,将碳纤维浸入,浸置时间为 16 h,浸置后将碳纤维表面残存的酸液洗去。经这种方法处理碳纤维后,复合材料的层间剪切强度从 21 MPa提高到 70 MPa,弯曲强度和模量也提高了。

3. 阳极氧化法

阳极氧化法就是把碳纤维作为电解池的阳极、石墨作为阴极,利用电解水的过程在阳极生成氧化碳纤维表面。一般纯水中需加入少量电解质以提高电导率,减少能耗,通常加入的电解质有 NaOH、H_2SO_4、$(NH_4)_2CO_3$、Na_3PO_4 等。以碳纤维为阳极、不锈钢为阴极,在 5% 的NaOH 水溶液中进行阳极氧化,连续处理碳纤维,结果如表 7-1 所示。

表 7-1　阳极氧化对碳纤维表面物化性能和层间剪切强度(ILSS)的影响

处理时间 /min	电流密度 /(mA/cm²)	比表面积 /(m²/g)	总含氧基量 /%	ILSS/MPa	破坏模式
0	0	1.8	42.11	56.5	多剪
2	1.5	1.6	44.29	90.5	单剪

4. 等离子体氧化法

等离子体又称为电晕,是由部分电子被剥夺的原子和原子被电离后产生的正负电子组成的离子化气体状物质。它广泛存在于宇宙中,常被视为除固、液、气外物质存在的第四态。用等离子体氧化法进行表面处理时,电场中产生的大量等离子体和高能的自由电子撞击碳纤维表面的晶角、晶边等缺陷处,促使碳纤维表层产生活性基团,在空气中氧化后生成羧基、羰基、羟基等基团。

此法处理效果好,原因之一是经过这种方法处理后碳纤维的强度几乎没有损失;原因之二是碳纤维的表面能增大了 22.25%,表面活性官能团的数量增加了 11.33%,提高了它对基体的浸润性和反应性,使复合材料的层间剪切强度得到显著的提高。

5. 表面涂层改性法

表面涂层改性法指将某种聚合物涂覆在碳纤维表面,改变复合材料界面的结构与性能,使界面极性等相适应,以提高界面黏结强度,并提供一个可塑界面层,以消除界面内应力。用热塑性聚喹噁啉(PPQ)作涂覆剂,处理碳纤维表面增强环氧树脂,可使 CFRP 的层间剪切强度由 64.4 MPa 提高到 78.9 MPa。

6. 表面电聚合改性法

电聚合指利用电极的氧化还原反应过程中引发产生的自由基使单体在电极上聚合或共聚,聚合的机理取决于聚合发生的位置,即碳纤维是作为阳极还是阴极,不同电极的聚合机理各异。

(1)阳极引发聚合机理。在乙酸钾溶液中,通过 Kaeble 反应引发单体(M)聚合:

$$CH_3COO\cdot \xrightarrow{-CO_2} CH_3\cdot \xrightarrow{+M} CH_3M\cdot \xrightarrow{nM} 聚合物$$

(2)阴极引发聚合机理。在含有单体的硫酸水溶液中,阴极表面发生如下聚合反应:

$$H^+ + e^- \longrightarrow H\cdot \xrightarrow{+M} HM\cdot \xrightarrow{nM} 聚合物$$

用于聚合的单体有各种含烯基的化合物(如丙烯酸、丙烯酸酯、马来酸酐、丙烯腈、乙烯基酯、苯乙烯、乙烯基吡咯烷酮等)和环状化合物,这些单体既可以均聚也可以共聚,形成的聚合物可与碳纤维表面的羧基、羟基等基团发生化学键合生成接枝聚合物,从而具有牢固的界面黏结。另外,还可以选择具有柔性链的单体共聚,以改善 CFRP 的脆性。电聚合的时间要控制得当:时间过短,碳纤维表面聚合的涂层太薄,起不到应有的补强作用;时间过长,涂层太厚,反而会使层间剪切强度下降,这是由于时间长发生多层聚合,内层与碳纤维表面结合得很牢,但第二层与第一层是靠聚合物本身的内聚力结合,结合力不强,是一个弱界面层,因此导致层间剪切强度下降。

美国有专利采用甲基丙烯酸酯、硫酸和过氧化氢体系,以碳纤维为阳极,电聚合 30 s,可使 CFRP 的 ILSS 达到 71.16 MPa。

7. 表面等离子体聚合接枝改性法

在辉光放电等离子体作用下,材料表面生成大量活性自由基,单体分子与之接触则会被引发,在表面发生接枝聚合,此方法无须加任何引发剂和溶剂,污染小,耗时短,设备简单,效率高,又很安全,所以比用化学方法进行表面接枝好。

7.1.4.3 芳纶的表面处理

芳纶具有高比强度、高比模量和高耐热性等特性,与其他纤维相比,芳纶蠕变速率、收缩率和膨胀率都很小,具有很好的尺寸稳定性。纤维表面呈惰性且光滑,表面能低,所以与树脂基体复合而成的复合材料的界面黏结强度低, ILSS 较小,限制了芳纶优越性的发挥。芳纶的表面处理方法包括氧化还原处理、表面化学接枝处理、冷等离子体表面处理。

1. 氧化还原处理

通过氧化还原反应可以在芳纶表面引入所需的化学活性基团,但用硝酸或硫酸进行氧化时纤维的抗拉强度急剧下降,从而严重影响复合材料的层间剪切强度。Pem 等研究了一种氧化还原法,即引入氨基与环氧树脂反应,以提高界面黏结强度。这种氧化还原法的步骤是先硝化后还原引入氨基,在控制纤维表面氨基浓度不超过 0.6 个 /100 Å^2 的前提下,纤维的抗拉强度基本上不降低,经过这种方法处理的芳纶与环氧树脂基体的界面黏结强度提高约 1 倍。此氧化还原法虽然使界面黏结强度有较大的提高,但操作繁杂,最佳的处理条件不易掌握,同时纤维的损伤难以避免。

2. 表面化学接枝处理

利用冠醚使 NaH 均相地溶于二甲基亚砜(DMSO)中,加入芳纶与之反应,使纤维表面金属化,然后与卤代烃、聚合性单体或多官能团环氧化合物发生接枝反应。

式中,R 是带有所需官能团的烷基或芳烷基,可增强纤维与基体界面间的化学黏结;PPTA 是聚对苯二甲酰对苯二胺的英文缩写。结果表明,接枝上环氧基,可使复合材料的层间剪切强度提高 3 倍左右。不过,此方法工艺复杂,不易工业化。

3. 冷等离子体(cold plasma)表面处理

冷等离子体表面处理是一种比较好的方法,因为处理改性过程不需要加入引发剂、溶剂,污染小,耗时短,设备简单,操作易行,效率高,又很安全。经冷等离子体表面处理后,纤维的抗拉强度会上升,其原因有两个:一是等离子体处理作用仅发生在表面浅层,不损伤本体的强度,且等离子体的缓慢刻蚀作用能完全消去表面的裂纹,减少了应力集中源,间接地提高了纤维的抗拉强度;二是由于在高频场中受等离子体反复的撞击作用,纤维内部松弛,使生产过程中积累的内应力得以释放减小,也间接地提高了纤维的抗拉强度。用等离子体处理和聚合接枝改性芳纶 -1414 表面,结果发现经过不同的处理时间,抗拉强度有所提高,结果如图 7-5 所示。由图 7-5 可知,不论用哪类等离子体处理芳纶 -1414,其抗拉强度都有所提高,而且随处理时间延长而上升。由于等离子体的活性与质量不同,抗拉强度上升的趋势也不同。芳纶 -1414 表面经等离子体空气处理和接枝改性后,其表面能和复合材料的层间剪切强度如表 7-2 所示。

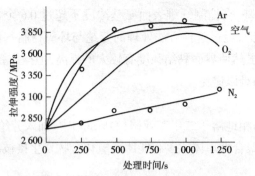

图 7-5　处理时间与抗拉强度的关系

表 7-2　芳纶－1414 表面经等离子体空气处理和接枝烯丙胺处理对表面能和 ILSS 的影响

处理条件	表面能 /（mN/m）	ILSS/MPa
未处理	34.05	46.0
等离子体空气		
压力：0.15 torr ★	41.65	60.5
功率：200 W　时间：120 s		
等离子体空气 + 烯丙胺		
压力：0.15 torr	42.48	81.2
功率：200 W　时间：600 s		

★ 1 torr = 1.333 22 × 10² Pa，下同。

7.1.5　界面的研究

7.1.5.1　表面浸润性的测定

增强材料与基体材料之间的浸润性对复合材料的性能影响很大。一般来说，浸润性好，界面黏结强度就比较高。如果完全浸润，仅树脂在界面上物理吸附所产生的黏结强度就比树脂自身的内聚能还大。良好的黏结界面能很好地传递应力，使材料有较好的力学性能。如浸润性不好，界面上就会留有空隙，不但没有良好的黏结界面来传递应力，反而成为应力集中源，使材料性能变差。要制作高性能的复合材料，对增强材料的浸润性进行测定是十分必要的，现将有关测定方法介绍如下。

1. 接触角的测定

（1）单丝浸润法。将单丝用胶带粘在试样夹头上，然后悬挂于试样架上，纤维下端拉有重锤，纤维以竖直状态与树脂液面接触。由于表面张力的作用，接触部分会产生一定的弯月面，使之成像，在放大镜下读得纤维直径和弯月面附近树脂沿纤维表面上升的最大高度，根据式（7-2）就可以求出接触角（θ）：

$$\frac{Z_{\max}}{\alpha}=\frac{R}{\alpha}\cos\theta\left[0.809+\ln\frac{\alpha}{R(1+\sin\theta)}\right]$$

（7-2）

其中　　$\alpha=\sqrt{\dfrac{\gamma}{\rho g}},R=\dfrac{b}{\cos\theta}$

式中　　$Z_{\max}$——液体沿纤维壁上升的最大高度；

　　　　γ——液体的表面张力；

　　　　ρ——液体的密度；

　　　　g——重力加速度；

　　　　b——纤维的半径。

将式（7-2）整理成

$$\frac{\cos\theta}{1+\sin\theta}=\frac{b}{a}\mathrm{e}^{\frac{Z_{\max}}{b}-0.809}$$

（7-3）

当 γ、ρ、$Z_{\max}$、b 已知时，式（7-3）右边为一个常数，即

$$\frac{b}{a}\mathrm{e}^{\frac{Z_{\max}}{b}-0.809}=k$$

则式（7-3）变为

$$\frac{\cos\theta}{1+\sin\theta}=k$$

（7-4）

令 $t=\sin\theta$，则 $\cos\theta=\sqrt{1-t^2}$，将其代入式（7-4），得

$$\sqrt{1-t^2}=k(1+t)$$

（7-5）

通过实验测得 k 值，并将其代入式（7-5）求出 t 值，则接触角 $\theta=\sin^{-1}t$ 即可求得。

（2）单丝接触角测定法。利用单丝接触角测定仪，将纤维的一端穿过储器，用胶带将纤维的两端固定在样品座的定位细丝上，旋动张力调节螺母，对纤维施加张力直到拉紧为止，将少量液体滴入储器中形成薄膜。将装好纤维的测定仪平放在显微镜平台上，校准焦距，缓慢旋转角度调节钮，使液体储器转动，直到液体表面膜与纤维接触处的圆弧突然消失，液体表面恰好成水平面，这时液面与纤维的夹角即为接触角。

（3）倾斜法。倾斜法指将欲测的纤维试样绷紧在样品弓上，然后插入测试液中，开动接触角测定仪转动马达，让纤维与液面的接触点对准在光轴位置上慢慢转动，每转 2° 拍照一次，最后根据相片上液体沿纤维上升的情况和倾斜法测接触角的规定确定所测的接触角。

（4）测单丝浸润力法。用微天平测定单丝从液体中拔出的浸润力，然后按如下关系求出 θ。

$$\cos\theta=\frac{F}{P\gamma_1}$$

（7-6）

式中　　θ——接触角；

　　　　F——纤维从液体中拔出的浸润力，dyn（1 dyn＝10^{-5} N）；

　　　　P——纤维的周长，cm；

　　　　γ_1——测试液的表面张力，mN/cm。

（5）动态毛吸法。此方法通过测定毛吸过程中体系表面吉布斯自由能的变化值而求得浸润接触角,即根据浸润过程表面吉布斯自由能的变化是消耗于移动浸润液面克服黏滞、重力和惯性所做的功,进行一些数学处理得到表面吉布斯自由能的变化值和浸润量间的关系:

$$\Delta \gamma = \frac{64(1-\varepsilon)^2 H^2 \rho_f \eta}{k^2 \varepsilon^3 w_f d_f \rho_1^2} \cdot \frac{m^2}{l}$$

（7-7）

$$\varepsilon = \frac{V_1}{V_t}$$

式中 V_1——纤维束内吸液总体积;

V_t——体系总体积;

ρ_f——纤维密度;

η——浸润液黏度;

H——纤维束长度;

k——水力常数;

w_f——纤维束质量;

d_f——纤维直径;

ρ_1——浸润液密度;

m——纤维束毛吸浸润质量;

t——毛吸作用时间。

由浸润测定仪测得浸润曲线,由曲线得到浸润达平衡时的 m 和 t,代入式（7-7）求得 $\Delta \gamma$,然后由扬（Young）方程 $\cos \theta = \Delta \gamma / \gamma_1$（$\gamma_1$ 为浸润液的表面张力）计算得到浸润接触角 θ。除此之外,也可以利用福克斯（Fowkes）提出的几何平均方程:

$$\gamma_1 (1 + \cos \theta) = 2(\gamma_s^d \gamma_1^d)^2 + 2(\gamma_s^\gamma \gamma_1^\gamma)^{\frac{1}{2}}$$

（7-8）

假定固体的表面张力由极性与色散两部分组成,即用

$$\gamma_s = \gamma_s^d + \gamma_s^p$$

（7-9）

来测定纤维的表面张力。

式（7-8）、式（7-9）中上角标 d、p、γ 分别表示色散、极性、诱导。

2. 动态浸润速率的测定

用浸润速率表测定液体在表面上的接触角随时间的变化,用下式表示:

$$\ln \left(1 - \frac{\cos \theta_t}{\cos \theta_\infty}\right) = -Kt$$

（7-10）

式中 θ_t——t 时刻的接触角;

θ_∞——平衡时的接触角;

K——浸润速率常数。

以 $1 \ln \left(1 - \dfrac{\cos \theta_t}{\cos \theta_\infty}\right)$ 对 t 作图,由直线的斜率求得浸润速率常数 K。

3. 树脂固化体系临界表面张力的测定

在研究浸润性对复合材料界面黏结强度的影响时,用树脂的表面张力来表示整个树脂

固化体系的表面张力是不确切的。Dearlore 提出了动态表面张力的概念,并以树脂固化过程动态表面张力的平衡值来表示树脂固化体系的表面张力。

动态表面张力的测定比较困难,可以采用齐斯曼(Zisman)提出的接触角测定法测定出树脂固化体系的临界表面张力 γ_c,并用它表示树脂固化体系的表面张力。

Zisman 认为被测固体的临界表面张力 γ_c 与液体的表面张力 γ_l 之间有下列关系:

$$\cos\theta = 1 + b(\gamma_c - \gamma_l) \tag{7-11}$$

式中 θ——液体在固体表面上的接触角;

  γ_c——固体的临界表面张力;

  γ_l——液体的表面张力;

  b——物质的特性常数。

当 $\theta = 0^\circ$,即液体在固体表面完全浸润时,根据式(7-11)可得到 $\gamma_c = \gamma_l$,即液体的表面张力等于被测固体的临界表面张力。

使用接触角测定法测定树脂固化体系的临界表面张力 γ_c 的具体方法是:先测定一系列已知表面张力的液体,再测定达到固化临界状态(由黏流态转变为固态)时树脂固化体系(加有固化剂、增韧剂等组分的树脂)表面的接触角 θ,并假定 $\cos\theta$ 和液体的表面张力之间是线性关系,以 $\cos\theta$ 和 γ_l 作图并外推得到 $\cos\theta = 1$($\theta = 0^\circ$)时液体的表面张力,这时的 γ_l 就是树脂固化体系的临界表面张力 γ_c,用此数据来表示树脂固化体系的表面张力。

7.1.5.2 显微镜观察法

显微镜观察法是直观研究复合材料表面和界面的方法,主要用于对纤维的表面形态、复合材料断面的结构和状态进行观察。这种方法又可以分为扫描电子显微镜观察法和光学显微镜观察法两种。

扫描电子显微镜(简称扫描电镜)具有比光学显微镜更高的分辨率,它能观察到表面层以下 10 nm 左右的结构细节,其景深长,视场大,图像富有立体感,放大倍数易调节,而且对样品要求简单。通过扫描电镜可以观察到复合材料的破坏断面状态:当纤维与基体黏结牢固时,在断面上能见到基体黏附在纤维上;当纤维与基体黏结较差时,可见到纤维从基体内拔出,在基体断面上留下孔洞。例如:玻璃纤维经处理后与聚丙烯复合,其断面上无孔洞,可见聚丙烯与纤维黏结牢固;玻璃纤维未经处理就与聚丙烯复合,由于它们之间黏结较差,在断面上就可见到纤维拔出和孔洞。

7.1.5.3 红外光谱法和拉曼光谱法

红外光谱法通过红外光谱分析研究表面和界面。通过红外光谱分析数据可以了解到基体材料在增强材料表面上发生的是物理吸附还是化学反应。例如通过红外光谱分析可以知道,含氧硅烷在室温条件下在玻璃纤维表面上发生物理吸附,但将玻璃纤维置于 300 ℃的含氧硅烷中,或置于 CCl_4 溶液中经 120~150 ℃干燥,它们会与玻璃纤维表面发生不可逆的化学反应。

拉曼(Raman)光谱法利用氩激光激发的拉曼光谱研究表面和界面,可用于研究处理剂与玻璃纤维间的黏结。例如将玻璃纤维浸在浓度为 2%~3%的乙烯基三乙氧基硅烷水溶液中，干燥后用拉曼光谱研究，发现硅烷处理剂与玻璃纤维表面间发生了化学键合；再把经处理的玻璃纤维与甲基丙烯酸甲酯复合，同时甲基丙烯酸甲酯被引发聚合，用拉曼光谱研究，发现约有 5% 的乙烯基三乙氧基硅烷与甲基丙烯酸甲酯发生了共聚反应，从而证实了处理剂在基体材料与增强材料间的偶联作用。

7.1.5.4 界面力(强度)的测定

界面性能差的材料大多呈剪切破坏，在材料的断面上可看到脱黏、纤维拔出，纤维有应力松弛等现象。界面间黏结过强的材料则呈突发性的脆性断裂。一般认为界面黏结最佳的状态是材料受力开裂时，裂纹能区域化而不发生进一步的界面脱黏，这时复合材料具有最大的断裂能和一定的韧性。目前有许多测量界面力的方法，但在众多方法中却没有一种既简便可信度又高的方法。除了用不同的方法得出的结果有差异外，最令人困惑的问题是，材料失效不是由于界面分离，而是在靠近界面的基体或增强材料处发生破坏。通常使用的测定界面黏结强度的方法是单丝拔脱实验。

单丝拔脱实验(monofilament pull-out test)是将增强材料的单丝或细棒垂直埋入基体的浇注圆片中，然后将单丝或细棒从基体中拔出，测定出它们之间界面的剪切强度。界面的剪切强度与施加给单丝或细棒的最大载荷间有如下关系：

$$\tau = \frac{P_{max}}{2\pi r l} = \frac{\sigma_{max} r}{2l} \qquad (7\text{-}12)$$

式中 τ——界面的平均剪切强度；

P_{max}——对单丝或细棒施加的最大载荷；

r——单丝或细棒的半径；

l——单丝或细棒埋入基体中的长度；

σ_{max}——单丝或细棒的最大拉伸应力。

变换式(7-12)可以得出单丝或细棒埋入基体中的长度 l 的计算式：

$$l = \frac{\sigma_{max} r}{2\tau} \qquad (7\text{-}13)$$

当实际埋入基体中的单丝或细棒的长度大于式(7-13)的计算值时，单丝或细棒在拔出前将断裂；当埋入基体中的长度小于计算值时，单丝或细棒将从基体中拔出。已知单丝或细棒的抗拉强度极限，则可以根据将单丝或细棒从基体中拔出来的临界长度用式(7-12)计算出界面的平均剪切强度。例如直径为 100 μm 的硼纤维的抗拉强度极限为 2 100 MPa，埋入某种基体中的临界长度为 760 μm，则硼纤维与这种基体界面的平均剪切强度为

$$\tau = \frac{\sigma_{max} r}{2l} = \frac{2\,100 \times \dfrac{100}{2}}{2 \times 760} = 69.1(\text{MPa})$$

用上述方法测定玻璃纤维埋在聚酯树脂浇注圆片中的界面剪切强度时，若玻璃纤维仅用丙酮清洗后即与聚酯树脂复合，其界面的平均剪切强度为 42.4 MPa；若玻璃纤维经乙烯基三乙氧基硅烷处理后与聚酯树脂复合，则其界面的平均剪切强度为 47.7 MPa。

7.2　金属基复合材料的界面

金属基复合材料的基体一般是金属、合金和金属间化合物,既含有不同化学性质的组成元素和不同的相,又具有较高的熔化温度,因此这种复合材料的制备需在接近或超过金属基体的熔点的高温下进行。金属基体与增强体在高温复合时易发生不同程度的界面反应;金属基体在冷却、凝固、热处理过程中会发生元素偏聚、扩散、固溶、相变等。这些均使金属基复合材料界面区的结构十分复杂,界面区的组成和结构明显不同于基体和增强体,受到金属基体成分、增强体类型、复合工艺参数等多种因素的影响。

在金属基复合材料的界面上会出现材料物理性质(如弹性模量、热膨胀系数、热导率、热力学参数)和化学性质等的不连续性,使增强体与金属基体形成了热力学不平衡的体系。界面的结构和性能对金属基复合材料中应力和应变的分布、导热和导电性能、热膨胀性能、载荷传递和断裂过程都起着决定性作用。针对不同类型的金属基复合材料,深入研究界面精细结构、界面反应规律、界面微结构和性能对复合材料各种性能的影响,界面的结构和性能的优化与控制途径,界面的结构和性能的稳定性等,是金属基复合材料发展中的重要内容。

7.2.1　金属基复合材料界面的特点

金属基复合材料的界面除了机械结合、溶解与润湿结合、反应结合、交换反应结合和混合结合外,还有氧化物结合。氧化物结合是当所采用的增强体是某种氧化物时,其与基体间发生反应生成另一种氧化物所产生的结合。具有氧化物结合的体系有 Al_2O_{3f}/Ni、Al_2O_{3f}/Cu、SiO_{2f}/Al 等。氧化物增强体与基体能否反应,取决于形成基体氧化物的自由能和周围环境的氧气含量。在一般情况下金属基复合材料的界面以化学结合为主,有时有两种或两种以上界面结合方式并存的现象。即使是同一种金属基复合材料,对应于不同的部位,其界面结构也有较大的差别。

通常将金属基复合材料的界面分成Ⅰ、Ⅱ、Ⅲ三种类型。

Ⅰ型界面代表增强体与金属基体既不溶解也不反应(包括机械结合和氧化物结合);Ⅱ型界面代表增强体与金属基体之间可以溶解,但不反应(即溶解与润湿结合);Ⅲ型界面代表增强体与金属基体之间发生反应并形成化合物(包括交换反应结合和混合结合)。金属基复合材料的界面类型如表 7-3 所示。

表 7-3　金属基复合材料的界面类型

界面类型	体系
Ⅰ型	C/Cu、W/Cu、Al_2O_3/Cu、Al_2O_3/Ag、B(BN)/Al、B/Al[①]、SiC/Al[①]、不锈钢/Al[①]
Ⅱ型	W/Cu(Cr)、W/Nb、C/Ni、V/Ni[②]、共晶体[③]
Ⅲ型	W/Cu(Ti)、C/Al(>100 ℃)、Al_2O_3/Ti、B/Ti、SiC/Ti、Al_2O_3/Ni、SiO_2/Al、B/Ni、B/Fe、B/不锈钢

注:①表示伪Ⅰ型界面;②该体系在低温下生成 Ni_4V;③当两组分溶解度极低时划为Ⅰ型。

表 7-3 中伪 I 型界面的含义是：按热力学分析，该种体系的增强体与基体之间应该发生化学反应，但金属基体的氧化膜阻止反应的进行，反应能否进行取决于氧化膜的完整程度。当氧化膜尚完整时属于 I 型界面；当工艺过程中温度过高或保温时间过长而使基体的氧化膜破坏时组分之间将发生化学反应，变为 III 型界面。具有伪 I 型界面特征的复合材料在工艺上宜采用固态法（加热压、粉末冶金、扩散结合），而不宜采用液态浸渗法，以免变为 III 型界面而损伤增强体。

任何复合材料的界面类型都不是一成不变的，它随基体合金成分、增强体表面处理工艺和复合工艺方法、工艺参数而改变。例如 Petrasek 和 Weeton 对 W/Cu 复合材料界面的研究结果表明，在基体铜中加入不同的合金元素会出现以下四种不同的界面情况。

（1）W_f/Cu 系。在 W 丝周围未发生 W 与 Cu 的相互溶解和化学反应。

（2）W_f/Cu（Co、Al、Ni）系。基体中的合金元素（Co、Al、Ni）向 W 丝中扩散，导致 W 丝再结晶温度下降，W 丝外表面的晶粒因再结晶而变得粗大，导致 W 丝变脆。

（3）W_f/Cu（Cr、Nb）系。合金元素（Cr、Nb）向 W 丝中扩散、溶解并合金化，形成 W（Cr、Nb）固溶体，这种情况对复合材料性能的影响不大。

（4）W_f/Cu（Ti、Zr）系。W 与合金元素 Ti 与 Zr 均发生反应并形成化合物，使复合材料的强度和塑性均下降。

7.2.2　界面模型

建立界面模型是为了在界面研究中突出主要矛盾，省略各种复杂的非本质因素，以了解界面区域中最具影响的因素与性能之间的关系。

在早期的研究中，人们最初假设复合材料界面处无反应，无溶解，界面厚度为零，复合材料的性能与界面无关；之后则假设界面强度大于基体强度，就是所谓的强界面理论。强界面理论沿用至今。强界面理论认为：基体最弱，基体产生的塑性形变使纤维至纤维的载荷传送得以实现；复合材料的强度受增强体的强度控制。预测复合材料的力学性能的混合物定律是根据强界面理论导出的。由此可见，不同类型的界面应当有与之相应的不同模型。

1. I 型复合材料的界面模型

1968 年库珀（Cooper）和凯利（Kelly）提出，I 型界面模型的界面存在机械互锁，且界面的性能与增强体和基体均不相同；复合材料的性能受界面的性能的影响，影响程度取决于界面的性能与基体、纤维的性能差异程度的大小；I 型界面模型包括机械结合和氧化物结合两种类型。

I 型界面控制复合材料的两类性能，即界面抗拉强度（σ_i）和界面剪切强度（τ_i）。受界面抗拉强度控制的复合材料的性能包括横向强度、压缩强度和断裂能量；受界面剪切强度控制的复合材料的性能包括纤维临界长度（或称有效传递载荷长度，l_c）、纤维拔出时的断裂功和经过断裂时基体的形变。

2. II、III 型复合材料的界面模型

II、III 型界面模型认为：复合材料的界面具有既不同于基体也不同于增强体的性能，它

是有一定厚度的界面带；界面带可能由元素扩散、溶解造成，也可能由反应造成。

不论 Ⅱ 型还是 Ⅲ 型界面，都对复合材料的性能有显著的影响。例如 B/Ti 复合材料的界面属于 Ⅲ 型，其横向破坏是典型的界面破坏。

Ⅱ、Ⅲ 型界面控制复合材料的十类性能，即基体抗拉强度、纤维抗拉强度、反应生成物抗拉强度、基体/反应生成物界面抗拉强度、纤维/反应生成物界面抗拉强度、基体剪切强度、纤维剪切强度、反应生成物剪切强度、基体/反应生成物界面剪切强度和纤维/反应生成物界面剪切强度。

反应生成物抗拉强度是最重要的界面性能。反应生成物的强度、弹性模量与基体和纤维有很大的不同。反应生成物的断裂应变一般小于纤维的断裂应变。反应生成物中裂纹的来源有两种，即在反应生成物生长过程中产生的裂纹和在复合材料承受载荷时先于纤维出现的裂纹。

反应生成物裂纹的长度对复合材料性能的影响与反应生成物的厚度直接相关。反应生成物裂纹的长度一般等于反应生成物的厚度，当少量反应时（反应生成物的厚度小于 500 nm），反应生成物在复合材料受力的过程中产生的裂纹长度小，反应生成物裂纹所引起的应力集中小于纤维固有裂纹所引起的应力集中，所以复合材料的强度受纤维中的裂纹控制；当中等反应时（反应生成物的厚度为 500~1 000 nm），复合材料的强度开始受反应生成物中的裂纹控制，纤维在达到一定应变量后破坏；当大量反应时（反应生成物的厚度为 1 000~2 000 nm），反应带中产生的裂纹会导致纤维破坏。复合材料的性能主要由反应生成物中的裂纹所控制。

由上述研究结果可见，在具有 Ⅱ、Ⅲ 型界面的复合材料中，反应生成物裂纹是否对复合材料的性能产生影响，取决于反应生成物的厚度。可以认为反应生成物存在一个临界厚度，超过这个临界厚度，反应带裂纹将导致复合材料的性能显著下降；小于这个临界厚度，复合材料的纵向抗拉强度基本上不受反应生成物裂纹的影响。影响反应生成物的临界厚度的因素如下。

（1）基体的弹性极限。若基体的弹性极限高，则裂纹开口困难，反应生成物的临界厚度大，即允许裂纹长一些。

（2）纤维的塑性。如果纤维具有一定程度的塑性，则反应生成物裂纹尖端的应力集中将使纤维发生塑性变形，从而使应力集中程度降低而不致引起纤维断裂，此时反应生成物的临界厚度大；若纤维是脆性的，则反应生成物裂纹尖端的应力集中很容易使纤维断裂，此时反应生成物的临界厚度小。例如在不锈钢纤维增强铝复合材料体系中，由于纤维是韧性的，反应生成物裂纹尖端的应力集中使纤维发生塑性变形（产生了滑移带），如图 7-6 所示。再例如在碳纤维增强铝复合材料体系中，由于纤维是脆性的，反应生成物裂纹尖端的应力集中使纤维断裂，如图 7-7 所示。可见后者反应生成物的临界厚度小于前者。

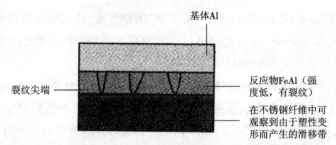

图 7-6 反应生成物裂纹尖端的应力集中使塑性纤维发生塑性变形

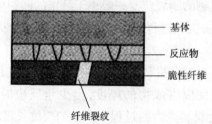

图 7-7 反应生成物裂纹尖端的应力集中使脆性纤维断裂

7.2.3 界面微观结构

金属基复合材料的界面指金属基体与增强体结合构成的能起传递载荷作用的微小区域,界面微区的厚度从一个原子层到几微米不等。由于金属基体与增强体在类型、组分、晶体结构、化学和物理性质上有很大的差别,在高温制备过程中发生元素的扩散、偏聚、相互反应等,因此所形成的界面结构很复杂。界面微区包含基体与增强体的接触连接面,基体与增强体相互作用生成的反应产物和析出相、增强体的表面涂层作用区,元素的扩散和偏聚层,近界面的高密度位错区等。

界面微区的结构和特性对金属基复合材料的各种宏观性能起着关键作用,了解界面微区、界面微结构、界面相组成、界面反应生成相、界面微区的元素分布、界面结构与基体相和增强体相结构的关系等,对制备和应用金属基复合材料具有重要意义。

国内外学者利用高分辨率电镜、分析电镜、能量损失谱仪、光电子能谱仪等现代材料分析手段,为金属基复合材料界面微结构的表征做了大量的研究工作,对一些重要的复合材料[如碳(石墨)/铝、碳(石墨)/镁、硼/铝、碳化硅/铝、碳化硅/钛、钨/铜、钨/超合金等金属基复合材料]的界面结构进行了深入研究,取得了重要进展。

金属基复合材料界面中的典型结构主要有以下几种。

1. 有界面反应产物的界面微结构

多数金属基复合材料在制备过程中会发生不同程度的界面反应。轻微的界面反应能有效地改善金属基体与增强体的浸润和结合,是有利的;严重的界面反应将造成增强体损伤,形成脆性界面相等,十分有害。界面反应通常是在局部区域发生的,生成粒状、棒状、片状的反应产物,而不是在增强体和基体接触的界面上生成层状物。只有严重的界面反应才可能形成界面反应层。

碳(石墨)/铝复合材料是发展最早的性能优异的复合材料之一。碳(石墨)纤维的密度小(1.8~2.1 g/cm³)、强度高(3 500~7 000 MPa)、模量高(250~910 GPa)、导热性好、热膨胀系数接近零,可用来增强的铝、镁组成的复合材料,综合性能优异。碳(石墨)纤维与铝基体在500 ℃以上会发生界面反应。有效地控制界面反应十分重要:当制备工艺参数控制得合适时,界面反应轻微,生成少量细小的 Al_4C_3;若制备时温度过高、冷却速度过慢,将发生严重的界面反应,生成大量条块状 Al_4C_3。

碳(石墨)/铝、碳(石墨)/镁、氧化铝/镁、硼/铝、碳化硅/铝、碳化硅/钛、硼酸铝/铝等金属基复合材料,都存在界面反应的问题,它们的界面结构中一般都有界面反应产物。

2. 有元素偏聚和析出相的界面微结构

金属基复合材料的基体常选用金属合金,很少选用纯金属。金属合金中含有各种合金元素,用以强化基体合金。有些合金元素能与金属基体生成金属化合物析出相,如向铝合金中加入铜、镁、锌等元素会生成细小的 Al_2Cu、Al_2CuMg、Al_2MgZn 等时效强化相。由于增强体的表面吸附作用,金属基体中的合金元素在增强体的表面富集,为在界面微区生成析出相创造了有利条件。在碳纤维增强铝或镁复合材料中均可发现界面上有 Al_2Cu、$Mg_{17}Al_{12}$ 化合物析出相存在。

3. 增强体与基体直接进行原子结合的界面结构

有些增强体可与基体直接进行原子结合,形成清洁、平直的界面,界面上既无反应产物也无析出相。该界面结构常见于自生增强体金属基复合材料,如 $TiB_2/NiAl$ 自生复合材料。TiB_2 与 NiAl 的界面为直接原子结合,界面平直,无中间相存在。

4. 其他类型的界面结构

金属基复合材料的基体合金中的不同合金元素在高温制备过程中会发生元素的扩散、吸附和偏聚,从而在界面微区形成合金元素浓度梯度层。合金元素浓度梯度层的厚度、浓度梯度的大小与元素的性质、加热过程的温度和时间有密切的关系。如用电子能量耗损谱测定经加热处理的碳化钛颗粒增强钛合金复合材料中的碳化钛颗粒表面,可发现明显的碳浓度梯度。碳浓度梯度层的厚度与加热温度有关:经 800 ℃加热 1 h,碳化钛颗粒中的碳浓度由 50% 降低到 38%,梯度层的厚度约为 1 000 nm;经 1 000 ℃加热 1 h,梯度层厚 1 500 nm。

金属基体与增强体在强度、模量、热膨胀系数上有差别,在高温冷却时还会产生热应力,从而在界面微区产生大量位错,位错密度与金属基复合材料体系和增强体的形状有密切的关系。

由于金属基复合材料组成体系和制备方法的特点,多数金属基复合材料的界面结构比较复杂。即使同一种金属基复合材料也存在不同类型的界面结构,既有增强体与基体直接以原子形式结合的清洁、平直的界面结构,也有界面反应产物的界面结构,还有析出物的界面结构等。

7.2.4 界面稳定性

金属基复合材料的主要特点是,与树脂基复合材料相比,它能在较高的温度下使用,因此对金属基复合材料界面的要求是在允许的高温条件下长时间保持稳定。例如某种复合材料及其半成品的原始性能很好,但在较高温度下使用时或在进一步加工过程中由于界面发生变化而性能下降,则这种复合材料没有实际应用价值。金属基复合材料的界面不稳定因素有两类,即物理不稳定因素和化学不稳定因素。

1. 物理不稳定因素

这种不稳定因素主要表现为基体与增强体之间在使用的高温条件下发生溶解和溶解与再析出现象。

发生溶解的典型例子是钨丝增强镍复合材料。钨在镍中有很大的固溶度,尽管在制造时可以采取快速浸渍和快速凝固的办法来防止溶解,但这种复合材料主要用于制作在高温下工作的零部件(例如涡轮叶片),工作温度在 1 000 ℃以上,如不采取有力措施,将产生严重的后果。例如在 1 100 ℃左右使用 50 h,直径为 0.25 μm 的钨丝只剩下 60%。也有特殊情况,溶解现象不一定造成坏的结果。例如在钨铼合金丝增强铌合金复合材料中,钨会溶入铌合金中,但由于形成的钨铌合金会对钨丝的损失起补偿作用,能基本保持强度恒定或者使强度略有提高。

界面上的溶解与再析出过程可使增强体的聚集态形貌和结构发生变化,对复合材料的性能产生极大的影响。最典型的例子是碳纤维增强镍复合材料,原先人们以为 Ni-C 系中不生成化合物,它们在化学上是相容的,因此将这种材料作为一种有前景的、能在高温下应用的复合材料进行研究。但人们很快就发现,这种体系在较高温度(800 ℃以上)下碳会先溶入镍而后又析出,析出的碳都变成了石墨结构,同时碳变成石墨结构,使密度增大而留下了孔隙,给镍提供了渗入碳纤维并扩散聚集的地方,结果碳纤维的强度严重降低,温度越高,时间越长,碳纤维的强度损失越大。

2. 化学不稳定因素

化学不稳定因素主要是复合材料在制造、加工和使用过程中发生的界面化学作用,它包括界面反应、交换反应和暂稳态界面的变化。

发生界面反应时生成化合物,绝大多数化合物较金属基复合材料常用的几种增强体更脆,在外载荷作用下首先产生裂纹,当化合物的厚度超过一定值后,复合材料的性能将由其左右而降低,此外化合物的生成可能对增强体的性能有所影响,因此界面反应是一种十分有害的因素,务必设法消除或抑制。基体与增强体的化学反应可能发生在化合物与增强体之间的接触面上,即增强体一侧,也可能发生在基体与化合物之间的接触面上,即基体一侧,还可能在两个接触面上同时发生。在研究比较多的几种复合材料中,以发生在基体一侧比较多见。

交换反应主要发生在基体为含有两种或两种以上元素的合金的情况下,其过程可分为两步:第一步,增强体与合金生成化合物,此化合物中暂时包含合金中的所有元素;第二步,根据热力学规律,增强体中的元素总是优先与合金中的某一种元素起反应,因此原先生成的化合物中的其他元素将与邻近的基体合金中的这种元素发生交换反应直到达到平衡。交换反应的结果是最易与增强体中的元素起反应的合金元素将富集在界面层中,而不易或不能与增强体中的元素起反应的基体的合金元素则在邻近界面的基体中富集。有人认为,基体中不形成化合物的元素向基体中的扩散控制着整个过程的速度,因此可以选择适当的基体成分来降低交换反应的速度。多种钛合金与硼的复合材料中存在着这种不稳定因素,应该指出的是,交换反应不一定有害,有时还有益。就拿钛合金/硼复合材料来说,正是那些不易或不能与 B 生成化合物的元素在界面附近富集提供了 B 向基体扩散的额外的阻挡层,减慢了反应速度。

暂稳态界面的变化发生在具有准 I 类界面的复合材料中,发生变化的主要原因是原先的氧化膜由于机械作用、球化、溶解等受到破坏,准 I 类界面逐步向Ⅲ类界面转变,这是很危险的。保持氧化膜不受到破坏是消除这类不稳定因素的最有效办法。

通过上面的分析可以清楚地看到,要得到性能良好的复合材料,必须有一个合适的界面。对于一些复合材料,应将基体与增强体之间的溶解和相互作用控制在一定的范围内;对于另一些复合材料,则应改善基体与增强体的润湿性和结合强度。

7.2.5　界面对性能的影响

在金属基复合材料中,界面结构和性能是影响基体和增强体性能的充分发挥、形成最佳综合性能的关键因素。

不同类型和用途的金属基复合材料的界面作用和最佳界面结构、性能有很大的差别,如连续纤维增强金属基复合材料和非连续增强金属基复合材料的最佳界面结合强度就有很大的差别。

对于连续纤维增强金属基复合材料,增强纤维具有很高的强度和模量,其强度比基体合金的强度高几倍甚至高一个数量级,因此纤维是主要承载体,它对界面的要求是能起到有效传递载荷、调节复合材料内的应力分布、阻止裂纹扩展、充分发挥增强纤维的作用,使复合材料具有最好的综合性能。界面结构和性能要满足以下要求:界面结合强度必须适中,过低不能有效传递载荷,过高则会引起脆性断裂,不能充分发挥纤维的作用。当复合材料中的某一根纤维断裂,产生的裂纹到达相邻纤维的表面时,裂纹尖端的应力作用在界面上。若界面结合强度适中,则纤维和基体在界面处脱黏,裂纹沿界面发展,钝化了裂纹尖端,当主裂纹越过纤维继续向前扩展时,纤维发生"桥接"现象;当界面结合极强时,界面处不发生脱黏,裂纹继续发展穿过纤维,造成脆断。

对于颗粒、晶须等非连续增强金属基复合材料,基体是主要承载体,增强体的分布基本上是随机的,因此有足够强的界面结合才能发挥增强效果。

7.2.5.1　连续纤维增强金属基复合材料的低应力破坏

大量研究发现,连续纤维增强金属基复合材料存在低应力破坏现象,即在制备过程中纤维没有受损伤,纤维的强度没有变化,但复合材料的抗拉强度远低于理论计算值,纤维的性能和增强作用没有充分发挥。例如碳纤维增强铝基复合材料,在纤维没有受损伤并保持原有强度的情况下,抗拉强度下降 26%。

导致低应力破坏的主要原因是,在 500 ℃下加热处理所发生的界面反应使铝基体界面结合增强,强界面结合使界面失去调节应力分布、阻止裂纹扩展的作用;裂纹尖端的应力使纤维断裂,造成脆性断裂。解决的办法是:通过适当的冷热循环处理,松弛和改善界面结合。复合材料经冷热循环处理以后,由于碳纤维与铝基体的热膨胀系数相差较大,在循环过程中界面处产生热应力交变,松弛和改善了界面结合,经 10 次冷热循环处理以后,减弱了强的界面结合,使材料的抗拉强度比冷热循环处理前提高了 25%~40%,比较充分地发挥了纤维的增强作用,使实测抗拉强度接近按混合律估计的值,这证明了界面结合强度对断裂过程的影响。

导致低应力破坏的另一个重要原因是纤维在基体中分布不均匀,特别是某些纤维相互接触,使复合材料内部的应力分布不均匀。当纤维相互接触时,在拉伸状态下特别容易造成应力集中,一根纤维断裂会使相邻接触的纤维发生连锁状断裂,裂纹迅速扩展并导致纤维断裂,造成复合材料低应力破坏。

纤维与基体之间存在脆性界面也是复合材料低应力破坏的原因之一,一般在受载时界面反应生成的脆性化合物和从合金中析出的金属间化合物首先断裂,形成裂纹源或在增强体之间形成脆性连接,引起低应力破坏。

7.2.5.2　界面对金属基复合材料力学性能的影响

界面结构与性能对复合材料力学性能的影响机制前面已简要介绍,下面讨论对力学性能的具体影响。

界面结合强度对复合材料的弯曲、拉伸、冲击和疲劳等性能有明显的影响,界面结合适中的 C/Al 复合材料的弯曲压缩载荷大,是弱界面结合的 2~3 倍,材料的弯曲刚度也较大。

弯曲破坏包括材料下层的拉伸破坏和上层的压缩破坏。在拉伸破坏区内出现基体和纤维之间脱黏、纤维轻微拔出现象;在压缩破坏区有明显的纤维受压崩断现象。界面结合适中,纤维能发挥拉伸增强作用,还能充分利用自身的压缩强度和刚度。纤维的压缩强度和刚度比其抗拉强度和刚度大,因此对提高弯曲性能更为有利。强界面结合的复合材料弯曲性能最差,在受载状态下边缘处一旦产生裂纹,裂纹便迅速穿过界面扩展,造成材料脆性弯曲破坏。

界面结合强度对复合材料的冲击性能影响较大,纤维从基体中拔出与基体脱黏后,不同位移造成的相对摩擦都会吸收冲击能量,并且界面结合强度还影响纤维和基体的变形能力。实验发现,三种典型的复合材料的冲击载荷 - 冲击时间关系曲线如图 7-8 所示。

(1)弱界面结合的复合材料虽然具有较大的冲击能量,但冲击载荷值比较低,刚性很差,整体抗冲击性能差。

(2)适中界面结合的复合材料冲击能量和最大冲击载荷都比较大。冲击能量具有韧性破坏特征,界面既能有效传递载荷,使纤维充分发挥高强高模作用,提高抗冲击能力,又能使纤维和基体脱黏,使纤维大量拔出和相互摩擦,提高塑性能量吸收。

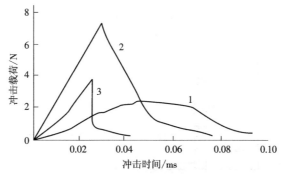

图 7-8　三种典型的复合材料的冲击载荷 - 冲击时间关系曲线

1—弱界面结合；2—适中界面结合；3—强界面结合

（3）强界面结合的复合材料明显具有脆性破坏特征，抗冲击性能差。

界面区存在脆性析出相对复合材料的性能也有明显的影响，如铝合金的时效强化相在制备复合材料时于界面处析出，甚至在两根纤维之间析出，形成连接两根纤维的脆性相，这样易使复合材料发生脆性断裂，所以纤维增强铝合金一般不选择时效强化型高强度铝合金作为基体。

7.2.5.3　界面对金属基复合材料内微区性能的影响

界面的结构和性能对复合材料内微区特别是近界面微区的性能有明显的影响。由于金属基体和增强体的物理性能、化学性质等有很大的差别，通过界面将其结合在一起，会产生性能的不连续和不稳定。强度、模量、热膨胀系数、热导率的差别会引起残余应力和应变，形成高位错密度区等，界面性能对复合材料内性能的不均匀分布有很大的影响。

在复合材料内，特别是近界面微区，明显存在性能的不均匀分布。对复合材料界面区域和基体区域的显微硬度测定表明，复合材料内微区存在显微硬度的不均匀分布，显微硬度的分布有一定的规律，在界面区域明显升高，越接近界面越高，并与界面结合强度和界面微结构有密切的关系。当采用冷热循环处理，使界面结合松弛后，近界面微区的显微硬度值与基体的显微硬度值趋于一致。

7.2.6　界面反应与控制

如前所述，在金属基复合材料的制备过程中会发生不同程度的界面反应，形成复杂的界面结构，这是金属基复合材料研制、应用和发展的重要障碍，也是金属基复合材料所特有的问题。金属基复合材料的制备方法有液态金属压力浸渗、液态金属挤压和铸造、液态金属搅拌、真空吸铸等液态法，还有热等静压、高温热压、粉末冶金等固态法。这些方法均需在超过金属的熔点或接近熔点的高温下进行，因此基体合金和增强体会不可避免地发生不同程度的界面反应和元素扩散，界面反应和反应的程度决定了界面结构和性能。

通常金属基复合材料的界面包括固溶体和金属间化合物，如图 7-9 所示。

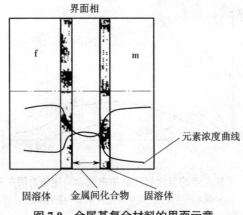

图 7-9　金属基复合材料的界面示意

固溶体是通过组分之间元素相互扩散并相互溶解而形成的以纤维或金属基体为母体的新相。当体系的热力学与动力学条件允许时,扩散的物质之间发生化学反应并生成化合物,金属与金属、金属与非金属之间形成的化合物称为金属间化合物。金属间化合物具有高熔点、高硬度和较高的脆性,当反应产物的厚度超过一定值时会导致界面脆化,使复合材料的性能下降,因此必须严格控制。

7.2.7　界面设计

如前所述,为了得到性能优异且能满足各种需要的金属基复合材料,需要一个合适的界面,使增强体与基体之间具有良好的物理化学和力学上的相容性。在大多数金属基复合材料中基体对增强体的润湿性不好,必须设法改善。在很多有应用前景的体系中,增强体和基体之间靠化学反应在界面上生成一定的化合物而结合成为一个整体并传递载荷。这些化合物都很脆,在外载荷作用下容易产生裂纹,当化合物层达到一定厚度后,裂纹会立即向纤维中扩展,造成纤维断裂和复合材料整体破坏,因此化合物的总量必须严格控制。在少数体系中,增强体与基体结合得不好,必须采取措施来增强它们之间的结合。增强体与基体在弹性性能(弹性模量、泊松比)方面存在很大的差异,即使在最简单的纵向载荷作用下也会在界面上产生横向应力,使界面的力学环境复杂化,横向应力往往对复合材料的整体性能有害。增强体与基体之间的热膨胀系数不匹配,导致在复合材料中产生热残余应力(热残余应力一般是有害的),热残余应力与两者的热膨胀系数之差成正比。复合材料在受载过程中如有一根纤维断裂,此纤维原来承受的应力必将重新分配到其周围的纤维上,为使此应力均匀分配于邻近的纤维乃至更多的纤维上,要求纤维与基体之间有合适的界面结合强度,界面结合过强容易造成邻近的纤维上应力集中而断裂,如反应连锁进行会很快使复合材料整体破坏。

为了解决这些问题,必须对界面进行设计,并采取相应的措施。前面有关章节中提出的一些措施,例如对增强体进行表面涂覆处理、在基体中添加合金元素、采用有效的强化的工艺方法、严格控制工艺参数等只能解决一个或若干个问题,并且这些问题存在着相互矛盾的方面。譬如为了提高复合材料的力学性能,通常采用高性能的增强体,它们的弹性性能与基体的弹性性能相差甚大,热膨胀系数也比基体的小得多,这样的矛盾用一般的方法不易解决。

　　一个能解决上述所有问题的理想界面,应是从成分上和性能上由增强体向基体逐步过渡的区域;它能提供增强体与基体之间适当的结合,以有效传递载荷;它能阻碍基体与增强体的过度的化学反应,避免生成过量的有害的脆性化合物;通过控制工艺参数可以达到合适的界面结合强度,以满足各种性能的要求。如果过渡层由脆性化合物组成则不能太厚,它应是界面允许的脆性化合物层的一部分,过渡层与基体接触的外层应能被液态基体很好地润湿。

　　增强体上的梯度涂层能够满足上述多种功能的要求。在理论上可以为各种金属基复合材料体系设计各自的有效的多功能梯度涂层,其实质是连续改变基体和增强体的组成和结构,使内部界面消失,从而得到功能相应于组成和结构变化而缓变的非均质材料,以减小结合部位的性能不匹配因数。下面以碳纤维增强铝基复合材料为例介绍。

　　碳纤维与铝基体在物理化学上和力学上都不相容,因此为体系设计了一个多功能梯度涂层,其结构为: C-C+SiC-SiC-SiC+Si-Si。碳纤维上的软碳层有助于改变裂纹的走向,钝化裂纹尖端的应力场有利于保护纤维,使复合材料的脆性断裂转变为正常断裂。中间的 SiC 层是扩散阻挡层,能阻止或减缓碳纤维与铝基体的相互作用。外层的 Si 层是润湿层,它能被液态铝基体很好地润湿,对纤维、基体无害。在此涂层中,从里到外 Si 与 C 的原子比从 0 到 1, C 与 Si 的原子比从 1 到 0,这种成分和结构上的渐变使弹性性能和热膨胀系数也发生渐变,结果界面上的横向应力和热残余应力显著减小。多功能梯度涂层可用化学气相沉积法得到,改变温度、反应物的流速、反应物的比例等参数可以控制各层的厚度、涂层总厚度和结构、基体和增强体的结合强度。以带有多功能梯度涂层的碳纤维与铝基体制得的复合材料具有优异的性能。当软碳层、SiC 层、Si 层的厚度分别为 0.2 μm、0.25 μm、0.2 μm 时,用体积分数为 35%、平均抗拉强度为 3 300 MPa 的碳纤维增强 Al-Si-Mg 所得的复合材料的抗拉强度最高达到 1 225 MPa。但这种梯度涂层工艺复杂,成本很高,难以实用。自生复合是获得理想的界面结合的有效方法,将共晶、偏晶合金通过定向凝固制成自生复合材料,可获得热力学相容性良好的界面,某些研究已取得很大的进展并获得应用,如 Ni-Ni$_3$Al 等。

　　总之,由于复合材料界面研究的难度很大,很难形成复合材料界面设计的统一理论体系,并且不同的载荷情况对界面的要求有很大的差别,只能利用现有的一些经验进行复合材料界面设计。在一般情况下,根据载荷的类型,复合材料的界面结合强度应遵守如下原则:当主要承受拉伸载荷时,需要适中界面结合;当横向应力较大时,需要强界面结合;当承受疲劳载荷或温度交变时,需要适中偏强界面结合;当承受冲击载荷时,需要适中偏弱界面结合;当要求低强度、高刚度时,需要强界面结合;颗粒、晶须增强金属基复合材料通常需要强界面结合。根据这些原则,选择适当的匹配体系、表面处理工艺、制备参数,以满足使用要求。

7.3 无机非金属基复合材料的界面

7.3.1 水泥基复合材料的界面

传统水泥和混凝土在得到广泛应用的同时,其在许多工程中的应用也因脆性大、抗拉和抗冲击性能差、凝固时易开裂等弱点而受到严重影响。用纤维增强这类材料能明显改善这些缺陷,相关的研究和应用得到了迅猛发展。对纤维改善水泥制品的性能的机理仍未形成共识,但同纤维增强其他基体的复合材料一样,纤维与基体界面之间的作用是至关重要的。

7.3.1.1 化学纤维增强水泥基复合材料界面

化学纤维经过改性可以明显加强与水泥之间的化学或物理黏结,通过 SEM 表征可发现碳纤维和聚酰胺纤维与水泥的结合都比聚丙烯纤维好。高强高模聚乙烯纤维与水泥的黏结较弱,拔出后会留下光滑的孔洞,且有严重的塑性变形。

7.3.1.2 钢纤维增强水泥基体界面

在钢纤维混凝土中,钢纤维表面一定厚度区域内的混凝土结构与基体结构并不完全相同。赵尚传等对该区域进行了逐层逐点的研究与测试(图 7-10),发现在钢纤维表面一定厚度区域内存在薄弱、疏松的空间结构区,即界面层,在混凝土受力过程中界面层的存在使得纤维与基体间的应力传递得以维系。

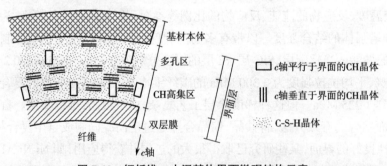

图 7-10 钢纤维－水泥基体界面微观结构示意

国内有学者对界面层的结构、成分和性能进行了研究分析。谢建斌等通过 SEM 表征,认为钢纤维混凝土界面层为多孔隙和微裂纹的结构,且厚度不均匀,结构疏松。李永鹏等进一步发现,界面层除含有 C-S-H 晶体和 CH 晶体外,还存在较多针刺状钙矾石晶体(AFt)。东南大学的孙伟教授认为,纤维表面的界面层主要由水泥水化产生的 CH 晶体发生选择性定向排列并堆积而成。由于钢纤维与水的结合性更好,钢纤维表面会先形成一层水膜,然后水化产物以渗透扩散的方式进入该水膜,导致界面层的水灰比远大于基体,硬化后其结构疏松多孔,成为增强复合材料中的薄弱区域。

郭文峰等将界面区薄弱归因于:①大尺寸 CH 晶体无约束生长、富集导致孔隙率增大;

② C-S-H 晶体含量降低且与纤维表面的接触点减少,造成界面区域中原始裂隙点增多变大,大大削弱了界面区的致密性。高丹盈从界面微观结构的角度出发,认为界面区中由六方晶片构成的 CH 晶体存在界面,使得钢纤维与混凝土基体界面区受到钢纤维传递的剪应力作用时极易失效破坏。

7.3.1.3　纤维与基体水泥间的相互作用

(1)当纤维间距 ≥ 2 倍界面层厚度时,各纤维的界面层将保持自身的性状,互不干扰。

(2)当纤维间距 < 2 倍界面层厚度时,界面层间互相交错、搭接,产生叠加效应,不同程度地引起界面层弱谷变浅,对界面层产生强化效应。

(3)当纤维 – 集料间距 < 2 倍界面层厚度时,会产生界面层强化效应。

纤维间距 < 2 倍界面层厚度,则界面黏结强度、界面黏结刚度、纤维脱黏与拔出所做的功等力学性能均有不同程度的提高;纤维间距 ≥ 2 倍界面层厚度,对诸界面的力学性能均无明显的影响。

7.3.2　陶瓷基复合材料的界面

在陶瓷基复合材料中,增强纤维与基体之间形成的反应层质地比较均匀,对纤维和基体都有很好的结合力,但它通常是脆性的。增强纤维的横截面多为圆形,故界面反应层常呈空心圆筒状,其厚度可以控制。当反应层的厚度达到某一值时,复合材料的抗张强度开始降低,此时反应层的厚度可定义为第一临界厚度。如果反应层的厚度继续增大,材料的强度随之降低,直至达到某一强度,这时反应层的厚度称为第二临界厚度。例如利用 CVD 技术制造碳纤维 / 硅材料时,第一临界厚度为 0.05 μm,此时出现 SiC 反应层,复合材料的抗张强度为 1 800 MPa;第二临界厚度为 0.58 μm,抗张强度降至 600 MPa。相比之下,碳纤维 / 铝材料的抗张强度较低,第一临界厚度为 0.1 μm 时,形成 Al_4C_3 反应层,抗张强度为 1 150 MPa;第二临界厚度为 0.76 μm 时,抗张强度降至 200 MPa。

氮化硅具有强度高、硬度大、耐腐蚀、抗氧化和抗热震性能好等特点,但其断裂韧性较差,使其特点的发挥受到限制。如果在氮化硅中加入纤维或晶须,可有效地改善其断裂韧性。氮化硅具有共价键结构,不易烧结,所以在制造复合材料时需添加助烧结剂,如 6% Y_2O 和 2% Al_2O_3 等。在氮化硅基碳纤维复合材料的制造过程中,成型工艺对界面结构影响甚大。例如采用无压烧结工艺时,碳与硅之间的反应十分严重,用扫描电子显微镜可观察到非常粗糙的纤维表面,在纤维周围还存在许多空隙;若采用高温等静压工艺,则由于压力较高、温度较低,反应 $Si_3N_4 + 3C \longrightarrow 3SiC + 2N_2 \uparrow$ 和 $SiO_2 + C \longrightarrow SiO + CO \uparrow$ 受到抑制,在碳纤维与氮化硅之间的界面上不发生化学反应,无裂纹或空隙,而发生比较理想的物理结合。在以 SiC 晶须为增强体、氮化硅为基体的复合材料体系中,若采用反应烧结、无压烧结或高温等静压工艺,也可获得无界面反应层的复合材料,但在反应烧结和无压烧结制成的复合材料中,随着 SiC 晶须的含量增加,材料的密度减小,导致强度降低,而采用高温等静压工艺时则不会出现这种情况。

第8章 功能与新型复合材料

8.1 声学功能复合材料

8.1.1 隔声和吸声复合材料

8.1.1.1 多层板复合材料

1. 多层壁的隔声度量

当采用隔声罩和隔声室等隔声设施时,比较方便的方法是用插入损失(IL)来表示其隔声效果,IL较易于现场测定。插入损失是录得的置于隔声罩(室)内的噪声源的声级与隔声罩(室)外侧某一位置的声级之差,其表达式为

$$IL=10\lg\ (1+\alpha\cdot10^{0.1TL})\tag{8-1}$$

式中 IL——插入损失;

α——内壁材料的吸声系数。

由式(8-1)可知,要得到大的插入损失,需要大的吸声系数。

声波在消声片内传输的模型采用阻性片式消声结构时,消声片的结构和材料对声波的传输影响很大。声波通过片式消声结构时,不仅在片间传输,而且在片内传输。由于声波遇到板片会反射,板片的声阻抗远远大于空气或吸声材料的声阻抗,声阻抗相差越大,反射的声能就越多。根据边界上的声压和质点运动速度的连续条件,列出连续方程组,可解出声强的透射系数(τ_1)为

$$\tau_1=1/[1+0.25(R_2^2\ /\ R_1^2)\sin(K_2L)]\tag{8-2}$$

式中 R_1、R_2——第一、第二种介质的声阻抗,等于介质的密度与介质中的声速的乘积。

因而传声损失(TL)为

$$TL=10\lg\ (1/\tau_1)\tag{8-3}$$

2. 层状复合材料的隔声结构

材料的隔声性能与材料的刚性、阻尼性能,声波的频率,声源的位置和性质等有很大的关系。传统的隔声材料一般都十分笨重,对其可加工性、使用范围、成本等都有很大的影响。为了有效隔断噪声,人们迫切期待出现轻量、超薄的隔声材料,但轻量、超薄材料的小阻尼量会使其隔声性能下降。传统的隔声材料多为均质单层材料,遵循质量定律,单层材料的隔声量随其面密度增大而增大,因此提高隔声量与减轻材料的自重之间总存在冲突。例如常用的钢板作为隔声材料,虽然隔声效果较好,但因密度大在应用中存在诸多不便。而层合复合材料有独特的力学和阻尼性能,能够突破质量定律,形成质量轻、降噪性能良好的隔声材料。

多层复合板结构利用声波在不同介质的多个分界面上发生反射的原理,只要面层与弹性层选择得当,在获得同样的隔声量的情况下,其比单层均质板结构要轻得多。

有人采用金属或非金属的坚实薄板作为轻质复合结构的面层,内侧覆盖阻尼层或夹入吸声材料、空气层等,因分层材料阻抗不相等,即阻抗不相匹配,声波在分层界面上将发生反射。阻抗相差越大,反射的声能越多。此外,这种复合结构的弯曲劲度随频率而变化,随着频率增大,弯曲劲度变小,临界吻合频率相应地提高,隔声能力提高。这对隔声技术是有利的,用在消声结构中也是有效的。

资料表明,轻质复合结构是由几层轻薄的、密度不同的材料组成的隔声构件,这种结构因质轻且隔声性能良好而被广泛应用于噪声控制中。

8.1.1.2　压电吸声复合材料

压电吸声复合材料将压电材料、导电材料复合于聚合物基体材料中并构成导电回路,当入射声波作用于该材料时会使材料产生相应的振动,其中的压电材料产生相应的极化电荷(电场),在导电回路中产生电流并以热的形式输出。振动越强,产生的电场越强,发热越多。通过上述能量的传递与转换,达到吸声耗能的效果。

钛酸钡是首先发展起来的压电陶瓷,由于机电耦合系数较大、化学性质稳定、有较大的工作温度范围,因而应用广泛。早在 20 世纪 40 年代末,钛酸钡就在拾音器、换能器、滤波器等方面得到应用,后来进行了大量试验对其掺杂改性,以改变其居里温度,提高其温度稳定性。钛酸铅的结构与钛酸钡相似,其居里温度为 495 ℃,在居里温度下为四方晶系,压电性能较差。纯钛酸铅陶瓷很难烧结,冷却至低于居里温度时,就会碎裂成为粉末,因此测量用不纯的样品。少量添加物可抑制开裂,例如含 4%(质量分数)Nb 的材料,d_{33} 可达 40×10^{-12} C/N。锆酸铅为反铁电体,其具有双电滞回线,居里温度为 230 ℃,在居里温度以下为斜方晶系。$PbTiO_3$ 和 $PbZrO_3$ 的固溶体陶瓷具有优良的压电性能。20 世纪 60 年代以来,人们对复合钙钛矿型化合物进行了系统的研究,这对压电材料的发展起到了积极的作用。锆钛酸铅(PZT)陶瓷为二元系压电陶瓷,Pb(Ti, Zr)O_3 压电陶瓷在四方晶相(富钛一边)和菱形晶相(富锆一边)的相界附近,耦合系数和介电常数是最大的,这是因为在相界附近,极化时更容易重新取向。相界大约在 Pb($Ti_{0.465}Zr_{0.535}$)O_3 的地方,其机电耦合系数 k_{33} 可达 0.6,d_{33} 可达 200×10^{-12} C/N。为了满足不同的使用要求,在 PZT 陶瓷中添加某些元素,可达到改性的目的。比如添加 La、Nd、Bi、Nb 等,它们属“软性”添加物,可使陶瓷的弹性柔顺常数增大,矫顽场减小,k_p 增大;添加 Fe、Co、Mn、Ni 等,它们属“硬性”添加物,可使陶瓷的性能向“硬”的方面变化,即矫顽场增大,k_p 减小,同时介质损耗降低。为了进一步改性,在 PZT 陶瓷中掺入铌镁酸铅制成三元系压电(PCM)陶瓷,该陶瓷具有可以广泛调节压电性能的特点。还有钨青铜型、含铋层状化合物、焦绿石型和钛铁矿型等非钙钛矿压电材料,这些材料具有很大的潜力。此外,硫化镉、氧化锌、氮化铝等压电半导体薄膜也得到了研究与发展。20 世纪 70 年代以来,为了满足光电子学的发展需要,又研制出了掺镧锆钛酸铅(PLZT)透明压电陶瓷,用它制成各种光电器件。

颗粒填充型压电吸声复合材料已经被广泛地研究。有人以聚氯乙烯为基体材料,以锆钛酸铅为压电相,以炭黑为导电相制备了一种新型压电吸声复合材料,分析讨论了导电相的加入对复合材料性能的影响,为压电吸声复合材料的研究和应用提供了试验依据。研究表明,压电材料经电场极化后的吸声系数大于极化前的数值,表明压电性能对吸声性能起促进作用。极化后炭黑(CB)含量对复合材料的吸声性能产生影响。吸声系数随炭黑含量先增大后减小,在 125~500 Hz 的中低频率段里,炭黑含量为 4% 的复合材料吸声系数最大;大于 500 Hz 后,复合材料的吸声系数趋于一致。由于复合材料被极化后,压电相 PZT 陶瓷有了压电活性,对声波振动刺激产生的响应增强,而中低频率接近高分子基体的共振频率,引起的形变易将一部分机械能转变为电能。当导电相含量较低时,无法及时导出压电颗粒产生的电荷(相当于断路);当导电相含量较高时,虽然容易导出电荷(相当于短路),但产生的电能并没有消失,会不可避免地产生逆压电效应和二次压电效应,导致压电吸声性能下降。虽然具有一定黏弹阻尼性能的高分子基体最终将电能通过摩擦转变为热能,但能量转换效率很低。只有当导电相含量适当时,复合材料内形成了一定的导电网络,但又未完全导通,产生的电能才能通过具有一定阻尼的网络迅速转换成热能而消耗掉,有利于提高复合材料的吸声性能。

聚合物压电吸声材料受到外界声波的作用时,主要有以下三个耗能途径:

(1)通过高分子的黏弹性产生力学损耗作用,将振动能转变为热能,即内阻尼;

(2)通过聚合物与压电材料、导电材料摩擦消耗一部分能量,并转化成热能;

(3)通过压电阻尼效应,将机械能转化为电能,电能再由导电材料转化为热能。

8.1.1.3　泡体复合材料

泡沫金属是一种多孔结构材料,当声波传入泡沫金属的孔中时,会引起孔骨架的振动,从而声能转变为机械能,最后转化为热能,并以热的形式释放出来,降低声波的传播能量;孔内的空气在声波的作用下产生周期性的振动而与孔壁摩擦,产生的摩擦热也可以消耗一部分声波的传播能量;孔道中的空气在声波的作用下还会发生压缩-膨胀变形,在此过程中也有一部分声能变为热能,这种能量转换是不可逆的,对消声起着重要作用。泡沫金属的特殊结构使其具有改变声源特性的功效,可以使难以消除的中低频率段噪声的峰值移向高频率段,这些特征均为采用常规手段进一步降低气流噪声提供了有利条件。由此看来,泡沫金属具有很强的吸声能力,吸声效率高达 90% 以上。泡沫金属对声波的吸收能力受孔结构的影响较大,不同孔结构的泡沫金属对不同频率的声波的吸收能力不同,孔径越大,吸声性越好;孔径越小,吸声效率越高。孔径最小的泡沫镍对声波有最好的吸收能力,而对于泡沫铝,频率在 1~3 kHz 区间的声波能够被较大幅度地吸收。

泡沫金属具有其他材料无法比拟的优良性能:一是泡沫金属可耐高达 780 ℃ 的高温,且受热时不会释放有毒物质,非常有利于环境保护;二是它的刚性相当大,可制成独立的消声板材;三是不受潮,不易污染;四是回收再生性强,对资源的有效利用与环境保护极为有利,且由于它是一种超轻型材料,便于运输、施工、装配。利用这些性能特点可以制作各种环保消声材料,用于工厂防声墙、音响室等需要降低噪声的场合。

按照现代声学理论的声学晶体吸隔声原理,在聚合物基体中周期性地分布功能粒子

（微共振单元），能完全反射某一频段的声波，如果在声学晶体中引入多种共振单元，甚至可以屏蔽人类可感知的所有噪声。聚合物基泡体复合材料是使用空心玻璃微珠填充树脂复合而成的，空心玻璃微珠密度小、强度高，使聚合物基泡体复合材料的各种性能（尤其是隔声性能）得到了很大的提高。虽然聚合物基复合材料的隔声机理较为复杂，影响因素也较多，但仍可根据其结构特点就声波在材料内部传播的反射、散射、折射、衍射等几个方面进行分析探讨，从而定性地评价其隔声性能。一般来说，入射的声波在材料内部将发生反射、散射、折射和衍射现象。对于聚合物基复合材料，由于树脂基体与填充料之间有密度差异，当声波遇到填充颗粒时将发生多次折射和散射，使得传播路径变长，声能消耗增多；声波在树脂基体中传播碰到填充颗粒，相当于遇到障碍物，必须绕过填充颗粒发生衍射，从而使声波的传播路径变长而消耗更多的声能。对于聚合物基泡体复合材料，泡体内的气体强化了材料的吸声效果，从而改善了复合材料的隔声性能。另一方面，在树脂中加入填充物后，限制了树脂大分子链的运动，材料的应变、应力增大缓慢，而模量和黏度明显提高，介质损耗和玻璃化转变温度也相应地发生改变。当声波入射时，在材料中传播要克服更大的阻力，声能消耗更大，从而达到吸声的效果。

有人采用空心玻球、蛭石粉、粉末橡胶、有机蒙脱土和铅粉作为功能粒子，与聚氨酯杂化复合发泡，制得聚氨酯杂化复合泡沫声学材料。研究结果表明，20 份加入上述不同功能粒子制得的复合泡沫的吸隔声性能差别不大，当厚度为 25 mm 时，125~4 000 Hz 内的平均吸声系数在 0.12~0.19，平均隔声量在 12.0~13.9 dB，但它们的泡孔结构有较大的差别，其中铅粉 /PU 复合体系的泡孔尺寸最大，而有机蒙脱土 /PU 纳米复合体系的泡孔分布较均匀。制得的几种复合泡沫都具有较高的抗拉强度，达到 0.126 MPa 以上，粉末橡胶 /PU 复合体系的抗拉强度达到 0.406 MPa。

8.1.1.4　颗粒层合复合材料

颗粒层合复合材料属于新型层合复合材料，多层复合材料隔声性能设计的原则是尽力使声波穿过复合材料时消耗更多的能量。设计主要应用三方面的机理。①利用层合复合材料的多个界面反射能量。声波每遇到一个界面，都要经历一次反射和透射。反射波在两个界面之间的黏弹性介质中多次反射，声能被黏弹性材料吸收。②声波使材料发生弯曲振动，层合复合材料发生弯曲变形，芯层材料除了发生拉伸和压缩变形之外，还发生约束下的剪切变形，会存储和耗散更多的能量。③使复合材料夹层的各单层材料软硬相间，对软硬层的模量进行优化匹配，以消除共振、耗散能量。如图 8-1 所示，材料设计为：玻璃钢板—泡沫塑料—钢板—泡沫塑料—玻璃钢板。玻璃钢板、泡沫塑料和钢板的结合既可以采取黏结的方式，也可以直接在泡沫塑料上喷射形成面板，直接在泡沫塑料上喷射成型会增大树脂向泡沫孔隙中的渗透量而使泡沫的密度增大。

8.1.1.5　晶须复合材料

有人研究了 $SiC_w/6061Al$ 复合材料的超声波衰减系数，发现 $SiC_w/6061Al$ 复合材料的超声波衰减系数随 SiC_w 体积分数的增大而增大。超声波衰减系数的这种变化规律与复合材料中增强体与基体之间的界面有关。

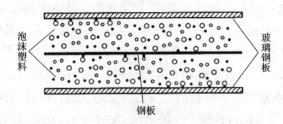

图 8-1　多层复合材料隔声性能设计

随着增强体的体积分数增大,复合材料中的界面增多,导致超声波的散射系数增大。另外,复合材料通常在高温下制备,在材料冷却的过程中因增强体与基体热膨胀系数不同,在增强体与基体之间的界面附近产生较大的热错配应力,其中部分应力被松弛,并产生高密度位错,增大了超声波的吸收系数。复合材料中增强体的体积分数越大,增强体与基体的热错配应力越大,界面附近的位错密度越大,超声波的吸收系数越大。复合材料中超声波的散射系数和吸收系数增大,则超声波衰减系数增大。

8.1.2　光声效应和声光效应复合材料

8.1.2.1　光声效应复合材料

当物质受到光照射时,物质因吸收光能而受激发,然后通过以非辐射的方式消除激发的过程使吸收的光能(全部或部分)转变为热能。资料表明,如果照射的光束经过周期性的强度调制,则在物质内产生周期性的温度变化,使这部分物质和邻近的媒质热胀冷缩而产生应力(或压力)的周期性变化,因而产生声信号,此种信号称为光声信号。光声信号的频率与光调制频率相同,其强度和相位则取决于物质的光学、热学、弹性和几何特性。光声信号可以用传声器或压电换能器接收,前者适用于检测密闭容器内的气体或固体样品产生的声频光声信号;后者还可用于检测液体或固体样品的光声信号,检测频率可以从声频扩展到微波频。光致声波是随后发展起来的一种产生声波的技术,在 20 世纪末有人发现了光声效应,即强度调制的光束射入闭合的介质空间时会产生声波效应。早期激发的光强弱,被激样品的发声效率低,接收器件的灵敏度低等,使这项技术发展缓慢,但大功率脉冲激光器出现以后,产生了激光超声技术。用激光激发样品产生声波时,可以采用窄脉冲激光,所以声波也是窄脉冲。

通常光致声波有如下几种机理。

1)电致伸缩机理

电介质在外电场的作用下会诱导电极化而发生变形,这种现象称为电致伸缩效应。资料表明,电极化由三个因素组成,即电子的位移极化、离子的位移极化和固有电矩的转向极化。诱导电极化是对所有电介质而言的,即无论是晶态物质还是非晶态物质,也无论是中心对称性的晶体还是极性体乃至液体,都具有电致伸缩效应。光波是电磁波,而且是波长极短的电磁波。在强光能量的作用下,电介质诱导电极化而发生变形,产生声波,其形变与电极化强度的平方成比例。在一般情况下,由于电极化强度很小,电致伸缩效应引起的形变是微小的。

2)热膨胀机理

光致声波的效率一般非常低,为了获取较高的声能,大多采用脉冲宽度极窄的高能量密度光束入射介质。对于不透明介质,在脉冲光照下,一部分光能被浅表层吸收,一部分光能被反射。吸收光能的浅表层温度上升,随之发生膨胀,受热膨胀后介质发生变形,其形变的大小与入射到介质上的光能成正比。由于入射的光波是脉动的,浅表层的周期性形变在周围的介质中激发出声波。强激光射入样品,不仅能产生声波,而且能使样品及其周围几百微米的范围很快受热膨胀而产生冲击波,冲击波随距离增大而急剧衰减成为声波。

3)汽化发声机理

液体介质吸收光能后会发生热弹膨胀。若这时光能量继续增加,可以使被光作用的区域内介质的温度达到沸点直至汽化,在汽化的初级阶段为弱汽化。如果光能量进一步增加,被光作用的部分沸腾,达到汽化的高级阶段,也称汽化阶段。此时介质的光辐照区聚集着大量的蒸气,这些蒸气在脉动光源照射下发生胀缩形成声波。介质从受热膨胀到汽化是一个相变过程。

4)介质的光击穿机理

介质的光击穿一般是对流体而言的,当入射到液体中的光能量密度很高时,液体中光束聚集的圆柱体内会发生光击穿,这时圆柱体内有微气泡,并且有发光的等离子体。等离子体吸收光能量,使腔体膨胀产生声波。在四种发声机理中,介质的光击穿机理的光声转换效率最高。光在介质中产生声波,其声压振幅和介质的光吸收系数成正比。

5)热弹膨胀机理

材料在低强度激光照射下产生光声效应的主要机理是热弹膨胀。激光强度较高时,照射到固体材料表面,会发生蒸发、光击穿,从而产生等离子体。蒸发的物质以一定的上升速度离开固体材料表面时产生反冲压力,在这个作用下产生脉冲声信号。

8.1.2.2　声光效应复合材料

1. 声光效应和声光晶体

除外加电场外,应变也会引起晶体折射率的变化,如超声波在介质中传播时,将引起介质的弹性应变在时间和空间上的周期性变化,从而导致介质的折射率发生相应的变化。应变的作用是改变晶格的内部势能,使得约束弱的电子轨道的形状和尺寸发生变化,引起极化率和折射率的变化。应变对晶体折射率的影响取决于应变轴的方向和光学极化相对于晶轴的方向。

声光效应即光通过被声波扰动的介质时发生的散射或衍射现象。当超声纵波以行波的形式在介质中传播时,会使介质的折射率发生正弦或余弦规律的变化,激光通过此介质时就会发生光的衍射,即声光衍射。衍射光的强度、频率、方向等都随着超声波场而变化,衍射光偏转角随超声波频率而变化的现象称为声光偏转;衍射光强度随超声波功率而变化的现象称为声光调制。

当在晶体中激发平面弹性波时,产生周期性的应变模式,引起折射率的周期性变化,晶体相当于体积衍射光栅。声光设备是根据光线以适当的角度入射到声光光栅时,发生部分衍射这一现象制成的。

当超声波通过某些晶体时,晶体内会产生弹性应力,使晶体折射率发生周期性变化形成超声光栅,光通过时就会发生衍射,这种晶体叫声光晶体。声光晶体的最大特点是光学和声学的各向异性。各向异性使声光晶体在声光效应中具有反常布拉格衍射效应,据此开发出了宽带、快速的反常布拉格衍射声光调制器和声光滤波器。声光晶体的各向异性使其在某些方向可获得很小的声速和高的品质因子。此外,晶格的长程有序排列使声光晶体一般具有较小的声损耗,从而可以增大声光器件的带宽。常用的声光晶体有以下三种。①立方晶类声光晶体。主要有石榴石型晶体、硅酸铋(BSO)晶体和锗酸铋(BGO)晶体。该类晶体一般有比较成熟的生长工艺,易于获得较大尺寸的单晶。虽然其弹光系数小,品质因子较低,但其声光损耗小,可制作宽带的声光器件。②光学单轴声光晶体。这是应用最广的一种声光晶体,主要有二氧化碲、钼酸铅、氯化亚汞等。该类晶体较容易生长,但不易获得大尺寸,弹光系数较大,折射率和品质因子高。③光学双轴声光晶体。重要的光学双轴声光晶体有 $LiNbO_3$、$LiTaO_3$、$PbNbO_3$ 和 Pb_2MoO_5。这些晶体的折射率都在 2.2 左右,而且在可见光区都是高度透明的。这类晶体的应用一般取决于压电耦合性、超声衰减和各种声光系数。

利用声光晶体可以制作声光偏转器、声光调制器、声光滤波器等,声光器件在信息处理方面(如脉冲压缩、光学相关器和射频频谱分析等)也有重要应用。金刚石是比较好的声光晶体,但因价格昂贵,使用较少。目前所用的声光晶体中最重要的是 TeO_2 和 $PbMoO_4$,激光打印机中用于偏转激光束的晶体就是 TeO_2。TeO_2 是一种具有高品质因数的声光材料,有良好的双折射和旋光性能,沿 [110] 方向传播的声速慢;在相同的通光孔径下,用 TeO_2 单晶制作的声光器件的分辨率有数量级的提高,有响应速度快、驱动功率小、衍射效率高、性能稳定可靠等优点,是制作声光偏转器、调制器、谐振器、可调滤光器等各类声光器件的理想单晶材料。TeO_2 可制成各种声光器件,如声光偏转器、声光调 Q 开关、声表面波器件等。可把这些声光晶体广泛地用于激光雷达、光子计算机的光存储器和激光通信等方面。

2. 声光效应复合结构

声光器件由声光介质、压电换能器和吸声材料组成(图 8-2),其中声光介质为钼酸铅,吸声材料的作用是吸收通过介质传播到端面的超声波,以建立超声行波。将介质的端面磨成斜面呈牛角状,也可达到吸声的目的。压电换能器又称超声发生器,由铌酸锂晶体或其他压电材料制成,它的作用是将电功率转换成声功率,并在声光介质中建立起超声场。压电换能器既是一个机械振动系统,又是一个与功率信号源相联系的电振动系统,或者说是功率信号源的负载。为了获得最佳的电声能量转换效率,压电换能器的阻抗与信号源的内阻应当匹配。

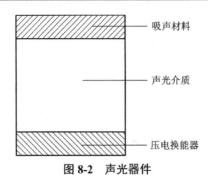

图 8-2 声光器件

8.1.3 声屏蔽复合材料

声屏蔽效应就是对声的折射和反射效应。声屏蔽复合材料常用的增强纤维主要有玻璃纤维（GF）、碳纤维（CF）、芳纶纤维（KF）和超高强聚乙烯纤维（UHMPEF）。从声学的角度讲，材料的声阻抗的排序是海水 <UHMPEFRP<KFRP<CFRP<GFRP< 不锈钢。与钢材料的声阻抗 $[45.8 \times 10^5 \ kg/(m^2 \cdot s)]$ 相比，四种纤维增强的复合材料的声阻抗都很小，所以其声隐身能力远优于钢材料，而复合材料的阻抗与海水的阻抗 $[1.54 \times 10^5 \ kg/(m^2 \cdot s)]$ 都很接近，可获得很好的声学阻抗匹配。

有人在采用传递矩阵法计算混杂纤维复合材料板的水中声反射系数和透射系数时发现，CF/UHMPEF 增强乙烯基酯复合材料的声反射系数最小，其次是 CF、KF 增强乙烯基酯复合材料，再次是 CF、GF 增强乙烯基酯复合材料。这主要由各种纤维的密度与海水的密度的接近程度决定，与海水的密度越接近，声学阻抗的匹配性越好，声反射越低。

8.2 光学功能复合材料

光学功能复合材料又称光功能复合材料，是具有光或光电功能特性的复合材料。它可以由具有光功能特性的功能体与普通基体复合而成，也可以由具有光功能特性的功能体与具有光功能特性的基体复合而成。这里所指的复合包括宏观和微观形式的复合。

光功能复合材料的种类很多，应用范围很广。表 8-1 列出了常用光功能复合材料的种类、作用机理和应用情况。

表 8-1 常用光功能复合材料的种类、作用机理和应用情况

种类	作用效应、机理	应用实例	组成结构实例
透光复合材料	反射、散射、折射	农用温室顶板	玻璃纤维 / 聚酯
光传导复合材料	光传递	光导纤维传感复合材料	光导纤维 / 树脂基体
发光复合材料	能量转换	荧光显示板	荧光粉 / 透明塑料
光致变色复合材料	光化学	变色眼镜	氧化锰 / 玻璃
感光复合材料	光化学	光刻胶	芳族重氮化物 / 聚合物基体

种类	作用效应、机理	应用实例	组成结构实例
选择滤光复合材料	光吸收	滤色片	补色粉/透明塑料
光电转换复合材料	能量转换	光电导摄像管	有机染料/聚乙烯咔唑
光记录复合材料	光化学、能量转换	光学存储器	痕量铁/铌酸锂晶体
非线性光学复合材料	非线性光学	磁光存储器	钇铱铁/玻璃薄膜

8.2.1 透光复合材料

透射率是描述材料的透光性的参数,材料的透光性随着透射率改变而改变,即材料的透光性并不是绝对的,它随着环境改变而改变。H. P. Chiang 等在研究 Ag/MgF$_2$ 薄膜复合材料的透光性时发现,该复合材料的透光性随着温度升高而降低。一般来说,金属和陶瓷基复合材料不透光,通常所说的透光复合材料主要指玻璃纤维增强透明基体的复合材料,其透明基体可以是透明的聚合物、玻璃、单晶或玻璃陶瓷等。

复合材料作为透明光学材料,散射是其关键的控制因素之一。散射是发生在材料内部折射率改变的界面上的光反射,界面包括材料内部的相界面、表面、裂纹等。材料中的杂质和组分波动也是发生散射的重要原因之一。散射除导致光损耗外,还对复合材料的透明性有重要影响,因此控制散射强度是设计透光复合材料的关键之一。最早用作聚合物光学纤维的材料是聚甲基丙烯酸甲酯和聚苯乙烯,为了达到低散射的目的,在乳液聚合时应尽量避免催化剂和表面活性剂残留。在粒子体积含量不变时,散射随粒子尺寸成三次幂增加。因此,对于透光复合材料,在满足其他使用要求的前提下应尽量减小粒子尺寸,使粒子细化。对于聚合物,若能将粒子尺寸减小至 100 nm,散射强度将非常小,接近于完全透明。

透光复合材料的设计一般应注意以下几点:①对于聚合物基光学复合材料,通过各个组分的折射率相匹配可以获得透明性,组分的折射率越接近,透明性越好;②将复合材料中各相的粒子尺寸减小至 100 nm 以下;③在聚合物成型加工过程中产生的取向和各向异性会明显改变折射率,从而对复合材料的光学透明性或其他光学性能产生不利影响;④ 透光复合材料应尽量避免杂质掺入。

8.2.2 光传导复合材料

光传导复合材料是含有光传导组分或具有光传导作用的复合材料,广泛用于电子、信息、医疗、建筑、国防等领域。其中,光导纤维是该类复合材料的重要功能体,也可被视为独立的光传导材料。

8.2.2.1 石英光纤

石英光纤的主要成分为二氧化硅(SiO$_2$),可根据需要加入少量控制折射率用的离子氧化物。添加剂多用与 SiO$_2$ 同样能形成玻璃网纹的二氧化锗(GeO$_2$)、五氧化二磷(P$_2$O$_5$)、氧化硼(B_2O_3)等,修饰网纹的离子[镓(Ga)、铟(In)、镁(Mg)、钙(Ca)、锂(Li)、钠(Na)等]氧化物及其中间氧化物[氧化钛(TiO_2)、氧化锡(SnO_2)、三氧化二铝(Al_2O_3)等],也采用氟(F)之类的阴离子。根据已有的特性研究,Ge、P、B 是光通信用光纤的主要添加剂元素。纯石英的密度约为 2.2 g/cm^3,折射率为 1.458,合成石英或熔融石英的软化点在 1 600~1 730 ℃的范围内。当石英含有添加剂时,其折射率、软化点都会发生变化。含有添加剂的石英折射率通常比纯石英高,但加入 B、F 后却降低。无论加入哪一种添加剂,石英的软化点都会下降。

生产石英光纤的原料主要有四氯化硅($SiCl_4$)、四氯化锗($GeCl_4$),还有氟利昂(CF_2Cl_2)等,它们在常温下是无色透明液体,有刺鼻气味,易水解,在潮湿空气中发烟,有一定的毒性和腐蚀性;氧化反应和载运气体有氧气(O_2)和氩气(Ar)等。

为保证光纤的质量,要求原材料中含有的过渡金属离子、氢氧根等杂质的浓度只有十亿分之一(10^{-9})的量级,因此大部分卤化物都需要进一步提纯。一般对卤化物采用精馏－吸附－精馏的综合提纯法提纯,对气体则采用吸附法提纯。

8.2.2.2　聚合物光纤

自 1964 年美国杜邦(Dupont)公司首先研制出聚合物光纤(POF)以来,聚合物光纤的发展已经走过了 50 多年的历程。聚合物光纤有着石英光纤无可比拟的优点,如直径大、折射率范围宽、弹塑性好、质量轻、易于加工和使用、成本和加工费用低等,因而是短距离分布型网络中最合适的传输介质,在光纤通信的局域网络和入户工程中起到了举足轻重的作用。

用于通信的聚合物光纤必须具有尽可能高的纯度,杂质(如尘埃、金属元素等)的含量应低于 0.1 mg/L,因此聚合物光纤的制备是在完全封闭、净化的系统中进行的。在聚合过程中引入的其他试剂要尽可能少,包括聚合反应所必需的引发剂。反应常采用本体聚合,并用辐照来引发聚合反应。为了减小二次污染,反应得到的聚合物需要直接纺丝制成光纤。

聚合物光纤和石英光纤一样,也由纤芯和包层组成。用作聚合物光纤的纤芯和包层的材料是一些高纯、超净、传光损耗低的无色透明的高分子材料,其中用于制作纤芯的高分子材料主要有聚甲基丙烯酸甲酯(有机玻璃)及其氘代、氟代产物,聚苯乙烯及其氘代、氟代产物,聚碳酸酯等。其中氘代有机玻璃的传光损耗最低,是最佳的聚合物光纤芯材。但其十分昂贵,并且没有解决好工作波长与石英光纤相匹配的问题,因此逐渐被人们放弃。氟代聚合物在改善塑料光纤的性能方面取得了重要进展。另外,由于稀土元素和有机染料具有优良的光学性能,故常以各种形式掺杂于聚合物基体中用作光芯材料。

制作聚合物光纤的包层的高分子材料主要有聚甲基丙烯酸酯、聚四氟乙烯、含氟丙烯酸酯、EVA(乙烯与醋酸乙烯的共聚物)等。折射率较低的含氟乙烯酸酯具有憎水、憎油的优点,特别适合制作聚合物光纤的包层。光纤的直径通常为几十微米到 1 mm,为防止光纤在施工或使用时损伤,在皮层外面还要包覆一层保护层。

不同构造类型的聚合物光纤的制备方法有所不同,其中阶跃型光纤的皮、芯之间有明显的界面,折射率沿径向呈阶跃型变化,光线在光纤中按"之"字形折线传输。

聚合物光纤除了用于通信领域之外,还具有传能、传像、传感等功能,因而在工业、军事和医学等领域得到广泛应用,又称为功能光纤。随着激光技术的发展,20 世纪 60 年代先后出现了各种频率的激光器。激光具有能量高和聚焦性好的特点,传能光纤的开发迎合了这种需求。目前这类光纤已广泛用于工业中的热处理、焊接、切割和医疗中的外科激光手术、眼科手术中的视网膜焊合等。传像光纤利用光纤束的有序排列实现图像传输,传像光纤束中的每一根光纤在光学上都是相互"绝缘"的,并独立地传递图像的一个单元,光纤束中的光纤数量等于图像单元的总数。传像光纤束中的光纤直径小并且排列紧密,因为只有这样,才可以提高所要传输的图像的分辨率。在光纤束中,光纤呈正方形或六角形排列,以获得最大的紧密性。同样直径的光纤,排成六角形时比排成正方形时分辨率高。

在医院里为了诊断患者的病情需要作肠镜或胃镜检查。肠镜和胃镜是通过光纤传输的,由此医生可以清晰地看到患者肠、胃中各部位的图像。此外,传像光纤还可以用于工业和军事领域,比如在一些需要监控而人又无法接近的地方,可采用传像光纤和摄像机在控制室进行监控。实际上,在核反应堆中,在公安系统中,在机场等公共场合,在坦克、潜艇中,都可以看到传像光纤的应用。光在传输时,一些外界环境因素(如温度、压力、电场、磁场)能引起光的强度、相位、频率和偏振态等光学参量的变化。人们利用光传输的这一特征,通过光学参量的变化,可以推测出上述物理参量的变化。因此,聚合物光纤不仅可以传输光信息,而且可以用于制作敏感器件。这种用于制作敏感器件的光纤称为传感光纤。

将传感光纤埋入基体材料中就可实现材料的智能化,以光纤为传感器的智能复合材料结构在生物医学、航空航海、建筑等领域得到了越来越广泛的应用。

8.2.3 发光复合材料

发光是物体以某种方式吸收能量后将其转化为光辐射的过程。这是物体除热辐射之外的一种辐射,其持续时间超过光的振动周期。这种发光与灼烧物体的发光,反射、散射造成的发光和带电粒子减速辐射等引起的发光不同,需要在激发作用下才能发生。

在各种类型的激发作用下能发光的物质叫发光材料。自然界中的很多物质都或多或少地可以发光,这里介绍一类非常重要的发光材料,称之为激活型掺杂发光材料,即有选择地在基质中掺入激活剂的发光材料。

激活型掺杂发光材料按材料的组分可分为无机发光复合材料、有机发光复合材料、有机‐无机发光复合发光材料等。根据激发方法可将发光材料分成光致发光材料、电致发光材料、阴极射线致发光材料、X 射线发光材料和放射线发光材料。

8.2.3.1 无机发光复合材料

无机发光复合材料是发展比较成熟的一类发光材料,常见的无机发光复合材料以碱土金属[钙(Ca)、锶(Sr)等]的氧化物、硫化物、铝酸盐、硅酸盐等为发光基质,以稀土镧系元素[铕(Eu)、镝(Dy)、铥(Tm)、镱(Yb)、钐(Sm)、铒(Er)、钕(Nd)、铽(Tb)等]为激活剂和助激活剂。

8.2.3.2 有机发光复合材料

有机发光复合材料通常指在聚合物基体中掺杂有机发光染料的材料,与无机发光复合材料相比,有机发光复合材料处于刚刚起步的阶段,但它们在器件制备工艺、材料成本、多色和全色显示、器件面积等方面具有无机发光复合材料无可比拟的优越性,因此得到了长足的发展。

有机发光染料是一些具有特殊结构的化合物,主要有以下特征。

(1)分子内含有发光的基团,如—CO—、—HC＝CH—、—CH＝N—、＝NH 等。

(2)分子内含有助色团,如—NH$_2$、—NHR、—OH、—OR、—NHCOR 等,用以提高发光效率。

(3)分子内含有共轭 π 键,分子内共轭体系愈多,发光强度愈高。因此,提高 π 电子共轭度,可提高发光效率,并使发光波长向长波方向移动。

有机发光染料大体分为二苯乙烯类(如 4, 4′ - 二氨基 -2, 2′ - 二苯乙烯二磺酸二钠等)、双三嗪基氨基二苯乙烯类、香豆素类、氨基香豆素类、唑类、杂环类、吡唑啉类、二氢苊类、萘二甲酰亚胺类、二唑类等。常用的有机发光染料有诺丹明 B、诺丹明 6G、酸性曙红、荧光黄、碱性黄 HG、硫代黄素等。

聚合物基体是有机发光染料的载体,当染料分散于基体中所产生的光最强时,染料的浓度为最佳浓度。若浓度超过最佳浓度范围,会产生荧光猝灭现象。Sergey Lee 等在研究 C$_{60}$ 衍生物和聚噻吩复合材料的光物理性能时发现了荧光猝灭现象。

8.2.3.3　有机 - 无机发光复合材料

有机 - 无机发光复合材料主要指将无机激活剂或有机 - 无机配合激活剂掺入有机基体中,将有机 - 无机配合激活剂掺入无机基体中得到的发光材料。这类材料以稀土有机络合物掺杂聚合物和玻璃基体为主。

稀土有机络合物的光学性能早在 20 世纪 60 年代就有研究和报道,将有机物和稀土离子合成配合物,该配合物受光激发后,能迅速从基态 S_0 跃迁到激发单态 S_n,经系间渡越到达三重态 T_n,若三重态的能级高于中心稀土离子,可发射荧光,并将它吸收的能量传递给稀土离子,使之发出稀土离子的特征荧光。

由于有机化合物通常较稀土离子在近紫外光区有较宽的吸收带和较强的吸收,因此配合物的发光效率和强度都较稀土离子有明显的提高。然而很长一段时间以来,稀土有机络合物大都是在有机溶剂中合成的,使用不方便,溶液介质热稳定性和光化学稳定性较差,限制了它的实用化。20 世纪 90 年代以来的 Sol-Gel 法和有机改性硅酸盐法为开发高性能复合发光固体材料提供了条件。具有优良光学性能的聚合物(如 PMMA、PS 等)和玻璃可以为各种稀土有机络合物提供好的发光环境,因此将稀土有机络合物掺入聚合物或玻璃可获得高效、高强的有机 - 无机发光复合材料。

8.2.3.4　稀土发光复合材料的研究和应用

含有能产生强荧光的 Sm、Eu、Tb 和 Dy 等稀土元素离子的高分子材料由于兼具稀土元素的性质和高分子材料的优点,具有很好的应用前景,是一类极具开发和应用价值的发光物质,可用作激光材料、光致发光材料和电致发光材料。

8.2.4　光致变色复合材料

　　光致变色复合材料指能在光激发下产生变色作用的复合材料,它是一类比较特殊的光学功能复合材料。光致变色复合材料不是利用光与其他物理场相互作用的特性,而是利用材料在光的作用下发生化学结构变化以致变色的特点。

　　光致变色复合材料最主要的特性就是光敏组分的光致变色特性。所谓光致变色指化学物质 A 在受到某种波长的光(波长为 λ_1、频率为 ν_1)照射时结构发生变化,形成物质 B。用另一种波长的光(波长为 λ_2、频率为 ν_2)照射或在热(kT)的作用下,物质 B 又可以可逆地形成物质 A。A 和 B 具有完全不同的吸收,这种由光诱导的颜色变化称为光致变色现象,简单表示如下式:

$$A(\lambda_1) \xrightleftharpoons[hv_2, kT]{hv_1} B(\lambda_2) \tag{8-4}$$

　　一般从 A 变为 B 的辐射能频率在紫外光区,而从 B 变为 A 大多在可见光区。光致变色组分经紫外光照射,会在短于毫微秒的瞬间发生结构上的变异,从而引起颜色的变化,当受到另一波长的光或热的作用时可恢复到原来的结构和颜色,从而实现重复使用。整个记录过程包括光照、激活反应、发色和消色反应等。

　　光致变色组分包括有机物质和无机物质两大类。无机光致变色物质绝大部分是过渡金属和稀土金属的合金、金属氧化物、碱土金属硫化物等。有机光致变色物质的种类很多,如螺吡喃、俘精酸酐等。导致光致变色现象发生的主要反应类型有顺反异构化反应、周环反应、互变异构化反应、价键断裂反应等。

　　光致变色复合材料的特点是分辨率高、可重复使用,故用于显微摄影、辐射剂量仪、防辐射材料、可擦除光信息存储介质、微缩成像、防伪和装饰材料等。目前,光致变色复合材料作为光存储材料与磁光记录材料一起逐步成为电子信息时代的新型实用材料。

8.2.5　感光复合材料

　　感光复合材料是在光的作用下能迅速发生光化学反应,引起物理和化学变化的复合材料,其功能体通常有感光树脂和感光化合物两类。吸收光的过程可以由含有感光基团的感光树脂来完成,也可由感光化合物(如安息香、二苯酮)来完成。感光复合材料的研究和应用已有很长的历史,目前主要产品有光刻胶、感光涂料、光固化黏合剂、光固化油墨等。

　　光刻胶是一种感光复合材料,它是由感光化合物与高分子复合而成的。感光化合物和高分子的种类繁多,因此光刻胶的种类也很多,如芳族重氮化物＋高分子型、芳族叠氮化物＋高分子型、重铬酸盐＋亲水高分子型、芳族亚硝基化合物＋高分子型等。

　　光刻胶可分为正性和负性两类。正性光刻胶在光照时会分解,形成掩膜(相当于照相的底片)透光的部分。用溶剂溶解后,未分解部分的图案同掩膜的图案完全一致。负性光刻胶在光照时发生聚合和交联反应,用溶剂处理后留下的部分是掩膜透光的部分,其图案同掩膜的图案正好相反。

常用的光刻胶有以下几种。

（1）环化橡胶型光刻胶（负胶）：将天然橡胶溶解后，用环化剂环化而成，感光时在交联剂双叠氮化合物的作用下发生交联，成为不溶性高聚物。

（2）肉桂酸酯类光刻胶（负胶）：在紫外光照射下，肉桂酸酯的不饱和双键会打开形成交联结构，主要品种有聚乙烯醇肉桂酸酯光刻胶、聚乙烯氧乙基肉桂酸酯光刻胶和肉桂叉二酯光刻胶等，后两种胶的分辨率较高，感光速度快。

（3）邻重氮萘醌型光刻胶（正胶）：在紫外线照射下，重氮键分解成为可溶性树脂，其分辨率高，线条整齐。

8.2.6 选择滤光复合材料

选择滤光复合材料是以透明的聚合物、玻璃、单晶或玻璃陶瓷为基体，将各种带颜色的微粉均匀分散其中而成的。如果带色微粉的粒度在 5 μm 以下并且带色微粉与基体相容，则可使复合材料带有微粉的颜色，即复合材料吸收该颜色的补色，让此颜色的光波通过而起到滤光作用。另外，也有用两层金属反射膜与透光介质层叠层复合而成的干涉式带通滤光复合材料，这类复合材料的主要用途是在光学系统中作为滤色片。

8.2.7 光电转换复合材料

光照往往会引发物质某些电性质的变化，这一现象称为光电效应，主要有光电导效应、光生伏特效应和光电子发射效应三种。前两种效应在物体内部发生，统称内光电效应；光电子发射效应发生于物体表面，因而又称外光电效应。具有光电效应的复合材料称为光电转换复合材料。

掺杂有机染料或电子受体（如 I_2、三硝基芴酮、孔雀绿等）的聚乙烯咔唑、聚 1, 6- 双甲基磺酸酯 -2, 4- 己二炔和聚 1, 6- 双 -9- 咔唑基 -2, 4- 己二炔等都是具有较好的光电导特性的光电转换复合材料。光电转换复合材料可制成光电导摄像管和固体图像传感器等。

8.2.8 光记录复合材料

光记录复合材料中含有光激活组分，光激发该组分使其发生电子跃迁而达到光记录存储的目的。光记录复合材料主要有三种光子存储方式：全息存储、光谱烧孔的频率存储和双光子双光束三维光子存储。

含有痕量铁的铌酸锂晶体是最早用于全息存储的光电转换复合材料。当这种晶体受到光学图案（例如两束激光相交产生的全息图）照射时，带电粒子便在晶体内运动，产生一个调制的内部电场与光学图案密切相配，把全息图的信号记录下来。当以适当角度和适当强度的激光再次照射该晶体时，光在调制电场中发生衍射，使原先的全息图重现出来，就完成了信息的存储和读出。

另一类全息存储复合材料是含光敏化合物的聚合物基复合材料,如在液晶聚合物中掺入光敏剂(C_{60} 等)就能得到折射率光栅,并可在很低的电压(如 1 V)下得到很高的衍射效率(12%)。

国内外用于光谱烧孔的频率存储方式的复合材料体系主要有两类:稀土离子掺杂的无机或有机聚合物基材料体系;有机染料掺杂的聚合物基材料体系。

双光子双光束三维光子存储应用的材料主要是光色材料。

8.2.9　非线性光学复合材料

众所周知,材料的光学性质是光(X 射线至毫米波的电磁波,波长 λ 为 $10^{-4} \sim 10^2 \mu m$)与材料相互作用使材料表现出的特性。如果光与材料相互作用的光强很强,场强的高次项起作用,则光与材料相互作用除产生通常的线性光学效应外,还产生各种非线性光学(NLO)效应。除保有若干基本的线性光学性质外,还呈现出特有的非线性光学性质的材料称为非线性光学材料。

按物理效应和应用方向,非线性光学材料可分为七类:激光频率转换材料、电光材料、声光材料、磁光材料、光折变材料、光感应双折射材料和非线性光吸收材料。由于非线性光学材料能利用外加电、磁、力场或直接利用光波本身的电磁场对所通过光波的强度、频率和相位进行调制,因此可用于制作对光信号进行各种处理的器件。

非线性光学介质材料多以粉末颗粒和薄膜的形式存在,它们必须依附在其他定形物质上才能实现其功能,因此形成了一系列非线性光学复合材料。

自发现非线性光学现象以来,非线性光学复合材料在材料开发、改进和制备技术、工艺上都得到了长足的发展。

Zuhr 等用连续离子注入法将 Cr、Ag 和 Sb 离子注入石英玻璃中制成了具有高三阶非线性系数的复合材料,这种材料的光学调制时间为皮秒级,因具有较好的热稳定性、化学稳定性,较高的激光破坏阈值和较弱的双声子吸收而具有广阔的应用前景。另外,纳米级非线性光学复合材料的发展也受到关注。Gonsalves 等制备了纳米级的金粒子,并将这种粒子分别与苯乙烯和甲基丙烯酸单体共混进行自由基共聚制成纳米复合材料,随后用简并四波混频技术测出这种复合材料的三次非线性光学系数,最大可达 2.5×10^{-11} ESU(ESU 为三阶非极化率单位)。

PMMA 作为常用的光学二次谐波产生(SHG)的有机基质材料,具有制备简单、与客体非线性有机分子相容性好、在一般情况下与非线性有机分子无相互作用等优点。人们对这一类主客体掺杂体系的光学非线性进行了广泛的研究,但弛豫快的缺点限制了它在光学器件中的应用。凝胶玻璃作为无机基质材料,具有刚性强、热稳定性好的优点,但难以制备厚膜,因此难以实用化。

由硅、硼、铝、钛等的氧化物组成的无机玻璃是刚性非晶态三维结构,具有优异的光学清晰度、高温稳定性和小的光学损失,是一种很好的 NLO 体系的主体材料,成为研究和开发新

型有机 / 无机 NLO 复合材料的首选无机成分。按照传统工艺,这些无机玻璃的加工温度都远远超过有机生色团的分解温度,因此不能用传统工艺制备有机 / 无机 NLO 复合材料。Sol-Gel 技术的发展使得无机玻璃的低温制备成为可能,这种技术可以在较低的温度(低于有机生色团的分解温度)下通过分子聚合反应生成无机玻璃,然后与具有优良 NLO 活性的有机成分掺杂或键合制备有机 / 无机 NLO 复合材料。

用 Sol-Gel 法制备有机 / 无机 NLO 复合材料的研究时间并不长,有机 / 无机 NLO 复合材料要广泛应用,无论是在材料的制备过程与机制研究方面,还是在材料器件化所要求的综合性能方面都存在大量需要解决的问题。这种方法由于把无机与有机材料结合起来,大大拓宽了研究对象的范围,有可能得到兼具两类材料的优点的新型 NLO 复合材料,并且从加工手段上看也是一种新的尝试,因而受到了光学材料专家学者的重视。

8.3　电学功能复合材料

电学功能复合材料又称导电复合材料,是复合材料中至少有一种组分具有导电功能的材料,其可分为两大类:一类是将导电体加入基体中构成的复合材料;另一类是基体本身具有导电功能的复合材料。前者按其基体的不同可分为聚合物基、金属基、陶瓷基、水泥基等导电复合材料,按其导电体的不同又可分为碳素系导电复合材料、金属系导电复合材料、金属氧化物系导电复合材料等。

与金属导体相比,导电复合材料具有明显的优势:①密度小;②可供选择的导电性范围大,体积电阻率范围为 $10^{-3} \sim 10^{10} \Omega \cdot cm$;③耐腐蚀性强;④具有优良的加工性能,容易加工成各种结构、形状复杂的零件,可大批量生产;⑤成本较低。

导电复合材料的研究始于 20 世纪 30 年代,最早研究和投入使用的是聚合物基导电复合材料,对其他基体的导电复合材料的研究起步较晚。

8.3.1　聚合物基导电复合材料

长期以来,高分子材料(聚合物)通常是作为绝缘材料在电气工业、安装工程、通信工程等方面广泛使用的。由于高分子材料导电性能差,其在加工和应用过程中出现了一些亟待解决的问题,最突出的是静电现象,它会导致感光胶片的性能下降,甚至使高分子制品在易燃、易爆场合发生灾难性事故。另外,为了抵抗电磁干扰和射线干扰,还需保证材料的屏蔽性能。这些都要求聚合物具有较强的导电能力和较小的表面电阻,因此促使聚合物基导电复合材料迅速发展起来。

聚合物基导电复合材料根据采用的原料和制备方法的差异可分为两大类,即复合型聚合物基导电复合材料和本征型聚合物基导电复合材料。

8.3.1.1　复合型聚合物基导电复合材料

复合型聚合物基导电复合材料是把导电体(如各种金属纤维、石墨、碳纤维、炭黑)添加到绝缘的有机高分子（如树脂、塑料、橡胶）基体中，采用物理（机械共混等）或化学方法复合制得的既具有一定的导电功能又具有良好的力学性能的多功能复合材料。它具有质轻、耐用、易成型、成本低等特点，可根据使用需要通过在大范围内添加导电物质来调节电学和力学性能，宜于大规模生产，已广泛应用于抗静电、电磁屏蔽等领域，是导电复合材料的研究重点。

常用的聚合物基体有合成橡胶、环氧树脂、酚醛树脂、不饱和聚酯树脂、聚苯乙烯、ABS、尼龙等。为了提高聚合物基导电复合材料的耐温性，还可选用一些耐高温的树脂基体，如聚酰亚胺、聚苯硫醚、聚醚砜、聚醚酮等。聚烯烃作为基体，由于具有性能好、价格低廉、加工成型容易等优点，成为目前聚合物基导电复合材料的发展方向之一。

复合型聚合物基导电复合材料的导电机理比较复杂，主要包括两个方面：导电通路的形成机理和导电通路形成后的室温导电机理。前者研究的是导电体如何达到电接触而在整体上自发形成导电通路这一宏观自组织过程；后者研究的是导电通路形成后载流子迁移的微观过程。

8.3.1.2　本征型聚合物基导电复合材料

本征型聚合物基导电复合材料也称为结构型导电复合材料，通常指高分子结构本身或经过无规共聚和接枝共聚掺杂处理之后具有导电功能的聚合物基复合材料。

本征型聚合物基导电复合材料的导电是通过基体本身的电荷转移实现的。其根据导电机理可分为电子导电复合材料、离子导电复合材料、氧化还原型导电复合材料。

8.3.2　金属基导电复合材料

制备金属基导电复合材料的目的是在不降低金属材料的导电性的同时提高其强度和耐热性能。

铜是导电性较好的材料，在铜中加入 Al_2O_3 粒子，用弥散强化的方法制造的新型复合材料耐热性能较好（使用温度可达 600 ℃），强度较高，而且导电性几乎没有降低，于是很快得到了应用。在 Cu 中加入 SiC 粒子，导电材料的耐磨性和强度会有很大的提高。

另一种导电材料金属铝虽然导电率较高，但强度较低，若采用合金法提高强度，会使导电性下降。日本研究开发了挤压成型的方法，在挤压成型过程中在钢丝周围包覆不同厚度的铝，这样既保持了铝的导电性，又提高了材料的强度。也有关于氧化锆／铝复合材料的导电性的研究和报道。

此外，还有学者通过在金属中加入碳纤维、硼纤维来制备导电复合材料，其目的也是提高耐热性能和强度。

8.3.3　无机非金属基导电复合材料

8.3.3.1　水泥基导电复合材料

传统的水泥基复合材料主要用作建筑承载材料,被用到的性能基本上是力学性能。在混凝土中掺入不同品质的碳纤维,不仅可以改善混凝土的力学性能,增强其延展性,而且可以制备出具有导电,屏蔽磁场,屏蔽电磁辐射,应力、应变自检测和温度自测等功能的水泥基复合材料。

水泥材料是绝缘体,它的体积电阻率在 10^9 $\Omega\cdot m$ 左右。一般来说,水泥基导电复合材料是将导电物质(如导电聚合物、炭黑、石墨、金属粉末、金属丝和碳纤维等)掺混并均匀分散在水泥中而制成的。目前常用于水泥基导电复合材料的导电组分可分为聚合物类、碳类和金属类,其中最常用的是碳类和金属类,碳类中最常用的是石墨和碳纤维。

8.3.3.2　陶瓷基导电复合材料

陶瓷基导电复合材料是发展比较迅速的一种新型功能材料,由纤维、晶须或颗粒增强的陶瓷基导电复合材料比传统陶瓷更有韧性,更坚固,因此受到广泛重视。这类导电复合材料除了具有耐磨、耐腐蚀、难熔的特点外,还具有导电性,在高技术中的应用(如作为电极)潜力很大。

研究人员开发出了一种新型陶瓷基导电复合材料,该材料是由氧化物和非氧化物构成的复合体系,集韧性、耐磨性和导电性于一体,其组成为 Al_2O_3-ZrO_2-AlN-SiC_w-X,其中 X 表示添加 TiB_2、TiC、BN 等。这些组分按一定组成混合后进行热压,可制作阳极材料、发热元件、传感器和断路器,也可制作在强电流或高温条件下要求有好的力学性能的材料。例如,作为阳极的基材,可用于氟硼酸电镀放出氧和去除氟化物。

Mo_2Si 是一种高温发热体,但极易脆断,可以与 SiC 颗粒、晶须和 AlN 复合制备 AlN-SiC-$MoSi_2$ 复合材料,以获得良好的导电和力学性能。采用液相烧结法制备的 B_4C-CrB_2 陶瓷也具有良好的导电性能。

此外, $BaPbO_3$ 和 $BaPbO_3$-Y_2O_3 系导电复合材料不但具有金属的导电特性,而且具有高温正温度系数(PTC)效应,是一种新型的导电材料。其应用领域不断扩大,涉及电子、机械、化工、航天、通信和家用电器等领域,是一种有开发前途的功能材料。

8.3.4　其他类型的导电复合材料

8.3.4.1　无机物／聚合物插层导电纳米复合材料

随着纳米材料的兴起,聚合物／无机物纳米复合材料的制造和应用取得了极大的进展。利用纳米插层聚合制备具有低渗滤阈值并含有层状结构导电体的聚合物基复合材料成为人们关注的热点。

层状无机物(滑石、V_2O_5、MnO_3)在一定的驱动力作用下能碎裂成纳米尺寸的结构微区,其片层间距一般在几埃到十几埃,可容纳单体和聚合物,不仅可以让聚合物嵌入夹层空间形成嵌入纳米复合材料,还可以使片层均匀分散于聚合物中形成层离纳米复合材料。

按照复合的过程,插层复合法分为两大类:一类是插层聚合,即将聚合物单体分散、插层进入层状无机物片层中,然后原位聚合,利用聚合时放出的大量热量克服无机物片层间的库仑力,使其剥离,从而使无机物片层与聚合物基体以纳米尺度复合;另一类是聚合物插层,即将聚合物熔体或溶液与层状无机物混合,利用力化学或热力学作用使层状无机物剥离成纳米尺度的片层并均匀分散在聚合物基体中。按照聚合反应的类型,插层聚合又可以分为插层缩聚和插层加聚两种,聚合物插层又可分为聚合物溶液插层和聚合物熔融插层两种。

8.3.4.2　超导复合材料

超导技术的主体是超导材料。简而言之,超导材料就是没有电阻或电阻极小的导电材料。超导材料最独特的性质是电能在输送过程中几乎没有损失。随着材料科学的发展,超导材料的性能不断优化,实现超导的临界温度越来越高。超导体已经成为现代高科技的重要内容之一,在弱电和强电方面均有广阔的应用前景。强电所用的超导线材与带材基本都是复合材料,而现有的 Nb-Ti、Nb$_3$Sn 等低 T_C(居里温度)超导体和正在研制的氧化物高超导体都是脆性材料,不能直接制成线材,一般把 Cu 或 Ag 作为基体与制成细丝的超导体复合,以提高超导体线材和片材的力学性能与稳定性。超导体制成细线(直径小于 $100~\mu m$)是为了使材料的热容足以限制其温度升高,而且超导线材埋在导热系数大的纯铜或银基体中,热沉作用使超导复合材料具有很好的稳定性。超导线材很细,载流能力有限,因此需要大量细线与导电性好的铜基体复合成为实用的超导线材或片材。

8.4　热学功能复合材料

热学功能复合材料又称为热功能复合材料,是复合材料家族中重要的一员,不论在国防还是民用领域都有着其他材料无可比拟的优点。热功能复合材料主要包括烧蚀防热复合材料、热适应复合材料和阻燃复合材料三类。

8.4.1　烧蚀防热复合材料

烧蚀防热复合材料(亦称耐烧蚀复合材料或防热复合材料)的功能是在热流作用下发生分解、熔化、蒸发、升华、辐射等多种物理和化学变化,借助材料的质量消耗带走大量热,以达到阻止热流传入结构内部的目的,用以防护工程结构在特殊气动热环境中免遭烧毁破坏,并保持必需的气动外形,是航天飞行器、导弹等必不可少的关键材料。

8.4.1.1　碳/碳防热复合材料

碳/碳(C/C)防热复合材料是一种成分全部为碳的复合材料,由碳纤维增强体镶嵌在炭基体之中构成。增强材料是炭布、炭毡或碳纤维多维编织物,基体材料是气相沉积炭或液体浸渍热解炭。

C/C 防热复合材料的烧蚀机理与树脂基烧蚀复合材料有着本质的区别,是典型的升华－辐射型烧蚀材料(与石墨材料的机理一致)。元素碳具有高的比热容和汽化能,熔化时要求有很高的压力和温度,因此在微粒不被吹掉的前提下,它具有比任何材料都高的烧蚀热。要充分发挥炭材料耐烧蚀的特性,必须防止微粒被吹掉,靠材料的升华来散发大量的热量。此外,炭材料可在烧蚀条件下向外辐射大量的热量,而且其有较大的辐射系数,可进一步提高其耐烧蚀性。因此, C/C 防热复合材料在高温下利用升华吸热和辐射散热的机制,以相对小得多的单位材料质量耗散带走更多的热量,使有效烧蚀热大大提高。

8.4.1.2　陶瓷基防热复合材料

陶瓷材料具有优良的耐高温性能,且其中的 SiO_2、Al_2O_3、Si_3N_4 和 BN 等材料不仅具有良好的耐烧蚀性能,还能在烧蚀条件下保持良好的介电性能,但陶瓷材料在脆性和抗热震性能上的不足限制了它在防热领域的应用。陶瓷基体材料采用高性能纤维编织物增强制得陶瓷基复合材料后,不仅保持了比强度高、比模量高、热稳定性好的特点,而且克服了脆性的弱点,抗热震冲击能力也显著增强,用于航天防热结构可实现耐烧蚀、隔热和结构支撑等多功能的材料一体化设计,大幅度减轻系统的重量,提高其运载效率,延长其使用寿命,提高导弹武器的射程和作战效能,是航天科技发展的关键支撑材料之一。

8.4.2　热适应复合材料

热适应复合材料(又称热匹配复合材料)是通过对复合材料进行组分与其含量的选择和排列取向的设计,使之具有符合要求的热导率或热膨胀系数的复合材料。热适应复合材料在航天、汽车和电子领域有着广泛的应用。

在半导体器件中,工作物质是 Si、Ge 等半导体材料,这些材料一般硬、脆,且对温度等外界变化敏感。为了保护、固定、支撑这些半导体材料并将它们与其他器件连接,人们开发了一系列电子材料,如封装材料、半导体支撑材料、导电框架材料等。对这些材料的共同要求是在器件的工作温度内必须有与 Si、Ge 相匹配的热膨胀系数,以保证其能与 Si、Ge 等较好地连接,减小热应力,避免热失配时导致芯片破裂损坏,此外,还应有尽量高的热导率。随着电子信息产业的迅速发展,大规模或超大规模集成芯片的集成度越来越高,使电功率损耗发热量越来越大,而高温会导致对温度敏感的芯片失效,这就要求基板和封装材料具有越来越优异的性能,如高热导率、低热膨胀系数、低介电系数和热稳定性。

8.4.3　阻燃复合材料

复合材料由于具有优异的物理、力学性能,如质轻、耐候、隔声、减震等,在建筑、交通、航空航天等领域得到了广泛应用。多数复合材料为树脂基复合材料,而树脂基体在一定条件下易燃烧,且燃烧时伴有火焰、浓烟和有害气体,严重威胁人们的生命安全。

对聚合物基复合材料而言,只要有机树脂在复合材料中的质量分数超过 50%,一旦暴露于着火环境,就会不可避免地产生火灾安全问题。就典型的受限空间来说,聚合物基复合材料引起的火灾安全问题主要包括如下几个方面:

（1）聚合物受热熔融,分解放出的可燃气体和燃烧放出的热量将促进室内火灾的发展,提前轰燃（flashover）出现的时间,轰燃过早出现会给人员疏散和灭火救援造成巨大的威胁;

（2）聚合物的燃烧产物（如 CO、HCl、HBr、HCN 等）大部分具有很强的毒性,有资料表明在火灾中吸入有毒烟雾已经成为导致人员窒息的主要原因;

（3）作为结构材料的聚合物及其复合材料,在火灾中受到强烈辐射时,有机树脂会熔解、分解,致使材料的结构强度急剧下降,进而导致构件垮塌;

（4）不少复合材料具有很大的比热容,在火灾中会贮存大量热量,当火灾以常规方法扑灭之后,这些热量可能使熄灭的火复燃。

因此,研制难燃烧、不延燃（指离开火焰后可自行熄灭）,且燃烧时发烟少、产生有毒气体少的阻燃复合材料就有着重要的意义。

当前公认的阻燃复合材料的阻燃机理有气相阻燃机理、凝聚相（包括液相与固相）阻燃机理和中断热交换阻燃机理。由于燃烧和阻燃的过程十分复杂,涉及很多影响和制约因素,因此实际上许多阻燃体系常是几种阻燃机理同时起作用的。此外,几种阻燃剂或阻燃方法配合使用时,常能产生具有更强阻燃性的化合物,从而具有更大的阻燃作用,这一效应称为阻燃协同效应。

气相阻燃机理指在气相中使燃烧中断或延缓链式燃烧反应的阻燃作用,它包括两方面:①阻燃材料受热或燃烧时分解产生的自由基捕获剂（X·、HX 等）捕获燃烧反应的活性中间体（X·、HO·等）,从而使链式燃烧反应中断;②生成的细微粒子促进自由基相互结合,以终止链式燃烧反应,产生的惰性气体（N_2、H_2O、CO_2 等）稀释氧和气态可燃产物,并降低可燃气的温度,产生的高密度蒸气则覆盖于可燃气上,隔绝其与空气的接触,从而抑制或减缓燃烧反应的正常进行。

凝聚相阻燃机理指在凝聚相中延缓或中断材料的热分解的阻燃作用,它包括四方面:①阻燃剂在固相中延缓或阻止可燃性气体的产生和自由基的热分解;②阻燃材料中比热容较大的无机填料通过蓄热和导热使材料不易达到热分解温度;③阻燃剂受热分解吸热,使材料升温减缓或终止;④阻燃材料燃烧时其表面生成多孔炭化层,此炭化层难燃、隔热、隔氧,且能阻止可燃气进入燃烧气相,从而使燃烧中断。

中断热交换阻燃机理指阻燃剂受热分解时的吸热反应将材料燃烧产生的部分热量带走,产生冷却降温作用,致使材料不能维持热分解温度,因而不能持续产生可燃气体,导致燃烧自熄,同时大量添加的不燃或难燃组分也减小了可燃性组分的比例。

8.5 磁学功能复合材料

磁学功能复合材料又称为磁功能复合材料,根据应用特性,通常可分为两大类:一类是以磁功能为主要应用目的的材料,通常称为磁性复合材料;另一类是兼有磁功能与其他功能的复合材料,如电磁波复合材料、磁性分离复合材料、磁致伸缩复合材料和磁光复合材料等。

8.5.1 磁性复合材料

磁性复合材料是带有磁性的功能体与高分子基体经混合、成型、固化而得到的一类复合材料。其由于质量轻、易加工,并且可以根据应用需求自行设计等,已经引起人们越来越多的关注。

磁性复合材料有几种组合:①无机磁性材料(包括金属和陶瓷)与聚合物基体构成的复合材料;②无机磁性材料与低熔点金属基体构成的复合材料;③有机聚合物磁性材料与聚合物基体构成的复合材料;④无机磁性材料与载液构成的复合材料。其中以无机磁性材料与聚合物基体构成的聚合物基磁性复合材料应用较多。聚合物基磁性材料复合很容易加工成形状复杂的磁性器件,且具有韧性,甚至呈弹性橡胶状态。这种磁性复合材料的磁性能低于烧结和铸造的单质磁体,但是从生产和实际应用的角度来衡量仍具有极大的优势。

磁性复合材料按基体类型主要分为聚合物基磁性复合材料和金属基磁性复合材料;按基体相态分为固态磁性复合材料和液态磁性复合材料(即磁流变体);按磁性功能体的粒径又分为普通磁性复合材料和纳米磁性复合材料。这里主要介绍聚合物基磁性复合材料、磁流变体和纳米磁性复合材料。

8.5.1.1 聚合物基磁性复合材料

20 世纪 70 年代,日本首先研制出以聚合物为基体的磁性复合材料。聚合物基磁性复合材料一般由磁性组分材料和聚合物基体复合而成,其主要优点有:①密度小;②材料力学性能优良,具有很高的抗冲击强度和抗拉强度;③加工性能好,既可制备尺寸准确、收缩率低、壁薄的制品,也可以生产形状复杂的大型制品,不需二次加工,但如需要也可以方便地进行二次加工。

聚合物基磁性复合材料主要由磁粉(无机磁性功能体)、黏结剂(聚合物基体)和加工助剂三大部分组成。其中磁粉的性能对聚合物基磁性复合材料的磁性能影响最大;黏结剂的性能对复合材料的磁性能、力学性能和成型加工性能有很大的影响;加工助剂主要用于改善材料的成型加工性能。

8.5.1.2 磁流变体

磁流变体又称为磁性液体、磁流体,它是借助于表面活性剂的作用,将纳米磁性粒子高度均匀地分散在载液中形成的稳定的胶体溶液,它在重力、离心力和磁场力的作用下不凝聚也不沉淀,是比较新颖的功能材料,既具有磁性材料的磁性又具有液体的流动性。1965 年美国宇航局的 Papell 发明了磁流体并将其首次应用于宇航服可动部位的真空密封,此后磁流体日益引起人们的兴趣并得到世界性的关注。

磁流体由磁性微粒、表面活性剂和载液组成。磁性微粒可以是 Fe_3O_4、γ-Fe_2O_3、氮化铁、单一或复合铁氧体、纯铁粉、纯钴粉、铁钴合金粉、稀土永磁粉等,目前常用 Fe_3O_4 粉。

表面活性剂的作用主要是让磁性微粒稳定地分散在载液中,这对制备磁流体来说至关重要。典型的表面活性剂的分子一端是极性的,另一端是非极性的,它既能适应载液,又能满足磁性微粒的界面要求。包覆了合适的表面活性剂的磁性微粒之间相互排斥、分隔并均匀地分散在载液之中,成为稳定的胶体溶液。

常用的载液有水、有机溶剂、油等。载液的选择应以蒸发速率小、黏度小、化学稳定性好、耐高温和抗辐射为标准,但同时满足上述条件非常困难,往往根据磁流体的用途和工作条件来选择具有相应性能的载液。

8.5.1.3 纳米磁性复合材料

纳米材料因尺寸小而具有普通块状材料所不具有的特殊性质,如表面效应、小尺寸效应、量子效应和宏观量子隧道效应等,其与普通块状材料相比具有较优异的物理、化学性能。纳米磁性复合材料在高密度信息存储、分离、催化、靶向药物输送和医学检测等方面有着广泛的应用,受到了人们的广泛关注。纳米磁性复合材料是以纳米磁性材料为中心核,通过键合、偶联、吸附等相互作用在其表面修饰一种或几种物质而形成的无机或有机复合材料。随着社会的发展和科学的进步,纳米磁性复合材料的研究和应用领域有了很大的扩展,在信息存储、微纳米器件和生物医学领域的应用潜力巨大。

8.5.2 电磁波复合材料

8.5.2.1 电磁波屏蔽复合材料

随着信息技术的发展,人们使用和依赖的信息系统越来越多,而这些信息系统都是借助于数字化信号传递的,很容易受电磁波干扰而产生误差。特别是在现代战争中,各种尖端武器、军事通信指挥系统均使用大量灵敏度极高的电子设备和仪器,对电磁波干扰(electromagnetic interference, EMI)十分敏感,由电磁波干扰引起的严重事件屡有发生,同时这些电子产品本身辐射的电磁波也会对人体健康造成严重的威胁。因此,把电磁波干扰造成的危害降低到最低限度具有非常重要的意义。另外,有报道认为,一台正在运行的计算机中的信息可被相距几千米的情报装置窃取,因此电磁波屏蔽技术对于保密工作同样重要。

电磁波屏蔽复合材料通常是由导电性功能体、绝缘性良好的热塑性高分子(如 ABS、PC、PP、PE、PVC、PBT、PA 和它们的改性、共混树脂)和其他添加物复合而成的,通常用注射成型和挤出成型的方法制造。电磁波屏蔽性能主要取决于材料的导电性,材料的导电性越好,电磁波屏蔽性能越好。

8.5.2.2 吸波复合材料

在国防领域中隐身技术一直是武器装备的重要关键技术之一。隐身技术是在一定的遥感探测环境中降低目标的可探测性,使其在一定范围内难以被发现的技术。现代隐身技术包括的内容很多,按电磁波段来分,有雷达隐身技术、红外隐身技术、激光隐身技术、可见光隐身技术、声隐身技术、复合隐身技术等。雷达隐身技术是其最重要的方面,狭义的隐身技术即指雷达隐身技术。按照实现目标,隐身技术可分为外形隐身(结构隐身)技术和材料隐身技术。材料隐身技术的关键是使用吸波材料。

在第二次世界大战期间,德国人曾用活性炭粉末填充天然橡胶片来包覆潜艇,以减小潜艇被对方雷达发现的可能性,这可以说是最早的雷达吸波材料(RAM)。美国早期研制了一种防辐射涂料(HARP)布,是在橡胶或塑料中填充导电的鳞片状铝粉、铜粉或铁磁材料制成的。这些早期的吸波材料主要通过增大厚度来提高吸波性能,一般较重,用于舰船和陆地武装设备。从 20 世纪 50 年代起,美国开展了较为系统的飞机隐身技术研究,70 年代开始研制隐身飞机,80 年代用隐身飞机装备部队并投入使用。之后装备的 F-117A 隐形攻击机、B-2 战略轰炸机和 F-22 先进战术隐身战斗机均采用了不同类型的吸波材料。其他发达国家也投入大量人力、物力和财力来研制吸波材料,已研发出不少型号的雷达吸波材料和吸波结构。

吸波复合材料一般由基体材料(或黏结剂)、增强体与损耗介质复合而成,它能够通过自身的吸收作用减小目标雷达的散射截面。雷达散射截面是与实际目标反射回发射/接收天线的能量相同的理想电磁波反射体的面积。简单的雷达方程可以表示为

$$P_r = P_t \frac{G^2 \lambda^2}{4\pi} \times \frac{\delta}{R^4} \tag{8-5}$$

式中　P_r——接收功率;

　　　δ——雷达散射截面;

　　　P_t——发射功率;

　　　λ——波长;

　　　G——天线增益;

　　　R——距离。

由式(8-5)可以看出,雷达接收到的从目标返回的功率与雷达散射截面 δ 成正比,要使目标对雷达隐身,就应该尽量减小 δ,使用吸波复合材料即可达到此目的。

8.5.3　其他磁功能复合材料

8.5.3.1　聚合物基磁致伸缩复合材料

磁致伸缩复合材料是将粉末状、颗粒状的磁致伸缩材料以不同的体积分数加入金属、玻璃和聚合物基体中复合加工而成的功能复合材料。

常见的铁磁材料都有磁致伸缩现象。表 8-2 列出了常见的磁致伸缩材料在室温下的纵向饱和磁致伸缩应变。

表 8-2　常见的磁致伸缩材料在室温下的纵向饱和磁致伸缩应变

材料名称	磁致伸缩应变 /($\mu L \cdot L^{-1}$)	材料名称	磁致伸缩应变 //($\mu L \cdot L^{-1}$)
Fe	-9×10^{-6}	60%Ni-40%Fe	25×10^{-6}
Ni	-35×10^{-6}	$TbFe_2$	$1\ 753 \times 10^{-6}$
Co	-60×10^{-6}	Terfenol-D	$1\ 600 \times 10^{-6}$
60%Co-40%Fe	68×10^{-6}	$SmFe_2$	$-1\ 560 \times 10^{-6}$

传统意义上的磁致伸缩材料绝大部分是由过渡金属元素、稀土元素等无机元素构成的无机物。在外加高频交变磁场条件下,这种磁致伸缩材料内部将产生严重的涡流效应,同时无机材料密度大,不易加工成型,这些都限制了其广泛应用。通过对磁致伸缩复合材料的不断研究,人们发现聚合物基磁致伸缩复合材料不仅在这些方面具备优势,还能解决无机磁致伸缩材料在高频下的涡流问题。目前磁致伸缩复合材料的基体大多数为环氧树脂,填料主要是 Tb-Dy-Fe 系的超磁致伸缩材料(GMM)的颗粒或粉末。

磁致伸缩是所有磁性材料都具有的基本现象,通常指铁磁性材料或者亚铁磁性材料由于磁化状态的改变,尺寸发生微小变化的现象。磁致伸缩主要来源于原子或离子的自旋与轨道耦合。图 8-3 展示了磁致伸缩的机理。

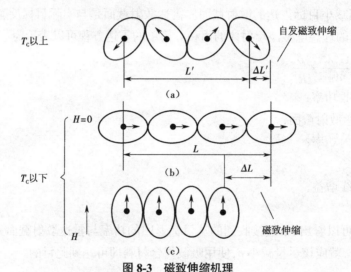

图 8-3 磁致伸缩机理

(a)自发磁化状态 (b)施加垂直磁场状态 (c)顺磁状态

图 8-3 中黑点代表原子核,箭头代表原子磁矩,椭圆代表原子核外的电子云。在图 8-3 (a)中,在 T_C 以上发生自发磁化,原子磁矩不定向排列,自发磁致伸缩量为 $\Delta L' / L'$;在图 8-3 (b)中,施加垂直方向的磁场,原子磁矩和电子云旋转 90° 取向排列,磁致伸缩量为 $\Delta L / L$;图 8-3(c)展示了 T_C 以下顺磁状态下的原子排列状况。

8.5.3.2 磁光复合材料

1845 年,英国物理学家法拉第(Faraday)首次发现了磁致旋光效应。其后人们不断发现新的磁光效应并建立了磁光理论,但磁光效应并未获得广泛应用。直到 20 世纪 50 年代,磁光效应才被广泛应用于磁性材料磁畴结构的观察和研究。随着激光、计算机、信息和光纤通信等新技术的发展,磁光效应的研究和应用不断向纵深方向发展,涌现出了许多崭新的磁光材料和磁光器件。磁光材料、器件的研究进入空前发展时期,在许多高新技术领域获得了广泛的应用。

在磁场的作用下,物质的电磁特性(如磁导率、磁化强度、磁畴结构等)发生变化,使光波在其内部的传输特性(如偏振状态、光强、相位、传输方向等)也随之发生变化的现象称为磁光效应。磁光效应包括法拉第效应、克尔效应、塞曼效应、磁致线双折射效应和后来发现的磁圆振二向色性、磁线振二向色性、磁激发光散射、磁场光吸收、磁离子体效应和光磁效应等,其中人们熟悉的是前四种。

1. 法拉第效应

法拉第效应指一束线偏振光沿外加磁场方向通过置于磁场中的介质时,透射光的偏振化方向相对于入射光的偏振化方向转过一定角度 θ_F 的现象,如图 8-4 所示。

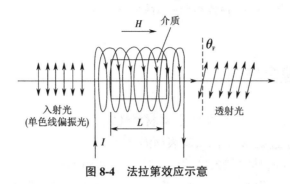

图 8-4　法拉第效应示意

通常,材料的法拉第转角 θ_F 与样品长度 L 和磁场强度 H 有以下关系:

$$\theta_F = HLV \tag{8-6}$$

式中 V 为费尔德(Verdet)常数,单位是 $°/(Oe \cdot cm)$。Verdet 常数是物质固有的比例系数,相当于单位长度的试样在单位磁场强度下光偏振面旋转的角度,是磁光玻璃的一个重要参数。

2. 克尔效应

线偏振光入射到磁光介质表面反射出去时,反射光偏振面相对于入射光偏振面转过一定角度 θ_K,此现象称为克尔效应,如图 8-5 所示。克尔效应分极向、纵向和横向三种,分别对应物质的磁化强度与反射面垂直、与反射面和入射面平行、与反射面平行而与入射面垂直三种情形。极向和纵向克尔效应的磁致旋光都正比于磁化强度,一般极向克尔效应最强,纵向次之,横向则无明显的磁致旋光。克尔效应最重要的应用是观察铁磁体的磁畴。

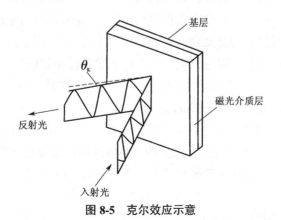

图 8-5　克尔效应示意

3. 塞曼效应

在磁场作用下,发光体的光谱线发生分裂的现象称为塞曼效应,其中光谱线分裂为 2 条(顺磁场方向观察)或 3 条(垂直于磁场方向观察)的为正常塞曼效应;分裂为 3 条以上的为反常塞曼效应。塞曼效应是由于外磁场对电子的轨道磁矩和自旋磁矩的作用使能级分裂而产生的,分裂的条数因能级的类别不同而不同。

　　4.磁致线双折射效应

　　当光以不同于磁场方向的方向通过置于磁场中的介质时,会出现像单轴晶体那样的双折射现象,称为磁致线双折射效应。磁致线双折射效应包括科顿－穆顿效应和瓦格特效应。通常把铁磁和亚铁磁介质中的磁致线双折射效应称为科顿－穆顿效应,反铁磁介质中的磁致线双折射效应称为瓦格特效应。

8.6　梯度功能复合材料

　　随着当代航空航天等高技术的发展,对材料性能的要求越来越苛刻。例如航天飞机通过大气层,飞行速度超过 25 Mach 时,其表面温度高达 2 000 ℃,燃烧室的温度更高,燃烧室的热流量大于 5 MW/m²,其空气入口的前端热流量达 50 MW/m²。对如此巨大的热量必须采取冷却措施,一般将用作燃料的液氢作为强制冷却的制冷剂。此时燃烧室壁内外的温差大于 1 000 ℃,传统的金属材料难以适应这种苛刻的使用环境,金属表面涂覆陶瓷的材料或金属与陶瓷复合材料在此高温环境中使用时,由于两者的热膨胀系数相差较大,往往在金属和陶瓷的界面处产生较大的热应力,导致材料出现剥落或龟裂现象而失效。为了有效地解决这类耐火材料的问题,材料科学家于 1987 年首次提出了"金属和超耐热陶瓷梯度化结合"的新奇想法,这是梯度功能复合材料的由来。所谓梯度功能复合材料,就是在材料的制备过程中,选择几种性质不同的材料,连续地控制材料的微观要素(包括组成、结构和孔隙的形态与结合方式等),使界面的成分和组织呈连续性变化,因而材料内部的热应力大为缓和,从而可在高温环境下应用的新型耐热材料。例如,采用由金属、陶瓷构成的热应力缓和的梯度功能复合材料,可以有效地解决上述热应力问题。高温侧壁采用耐热性好的陶瓷材料,低温侧壁使用导热性好和强度高的金属材料。在材料从陶瓷过渡到金属的过程中,耐热性逐渐降低,机械强度逐渐升高,热应力在材料两端均很小,在材料中部达到峰值,从而具有热应力缓和功能。随着梯度功能复合材料的研究和发展,其应用不再局限于宇航工业,已扩展到核能源、电子材料、光学工程、化学工业、生物医学工程等领域。

　　从材料的组合方式来看,梯度功能复合材料有金属／陶瓷、金属／非金属、陶瓷／陶瓷、陶瓷／非金属、非金属／塑料等多种结合方式。从组成变化来看,梯度功能复合材料可分为三类:梯度功能整体型(组成从一侧到另一侧呈梯度渐变)、梯度功能涂覆型(在基体材料上形成组成渐变的涂层)和梯度功能连接型(两个基体间的接缝处组成呈梯度变化)。

　　梯度功能复合材料的设计一般采用逆设计系统,其设计过程是:根据指定的材料结构形状和受热环境,得出热力学边界条件;从已有的材料合成和性能知识库中,选择有可能合成的材料体系(如金属／陶瓷复合材料)和制备方法;假定金属相、陶瓷相、气孔间的相对组合比和可能的分布规律,再用材料微观组织复合的混合法得出材料体系的物理参数;采用热弹性理论和计算数学方法,对选定的材料体系组成的梯度分布函数进行温度分布模拟和热应力模拟,寻求达到最优功能(一般为应力或材料强度值达到最小值)的组成分布状态和材料体系,将获得的结果提交材料合成部门,根据要求进行材料的合成。合成的材料经过性能测试和评价再反馈到材料设计部门,经过循环迭代设计、制备和评价,研制出实用的梯度功能复合材料。

制备梯度功能复合材料的工艺的关键在于如何使材料的组成和分布等按设计要求形成梯度分布。通常按照原料状态,将制备方法分为气相、液相和固相三种。在一般情况下,需要根据梯度功能复合材料的材质组成、形状和尺寸选择适当的制备工艺。梯度功能复合材料最常用的制备方法主要有粉末冶金法、等离子喷涂法、激光熔敷法、化学或物理气相沉积(CVD、PVD)法、自蔓延高温燃烧合成法等。

8.7　碳/碳复合材料

碳/碳复合材料是用碳纤维增强碳基体形成的复合材料,具有高强高模、密度小、热膨胀系数小、抗腐蚀、抗热冲击、耐摩擦性能好、化学稳定性好等一系列优异的性能,是一种超高温复合材料。碳/碳复合材料自 1958 年诞生以来,在军工方面得到了长足的发展,其中最重要的用途是制造导弹的弹头部件。其由于耐高温,导热性能好,比热容大,热膨胀系数小,耐摩擦性能好,目前已被广泛用于固体火箭发动机喷管、航天飞机结构部件、飞机和赛车的刹车装置、热元件和机械紧固件、热交换器、航空发动机的热端部件、高功率电子装置的散热装置、撑杆等方面。

影响碳/碳复合材料性能的因素如下。

1.影响碳/碳复合材料导热性能的因素

碳/碳复合材料属无机非金属材料,是一种多相非均质混合物,基本结构为乱层石墨结构或介于乱层石墨结构与晶体石墨结构之间的过渡形态。但碳/碳复合材料的微观结构单元仍是石墨片层结构,石墨片层中存在可以运动的由共轭电子组成的高活性的离域大 π 键,而石墨片层之间以弱于非金属共价键的范德华作用力结合。物质的结构决定其性质,这些结构特点决定了碳/碳复合材料特殊的热物理性能。碳/碳复合材料的导热机理介于金属材料和非金属材料之间,既有声子导热又有电子导热。

1)温度

对于碳/碳复合材料来说,随着温度升高,声子、电子的运动加剧,使导热系数增大,但另一方面散射作用又使导热系数减小,因此在常规实验范围内,随着温度升高,导热系数增大的趋势减弱。

2)石墨化度

晶体的不完整性、缺陷、晶粒间界、杂质等不仅会引起声子的散射,而且会引起晶格振动的非谐性,从而使声子间作用引起的散射加剧,声子的平均自由程进一步减小,导致晶体的导热系数减小。随着石墨化度的升高,石墨微晶尺寸增大,结构渐趋完整,晶体的缺陷减少,晶体的不完整性降低,这些变化都将导致声子的平均自由程逐渐增大,自由电子数增多,声子运动的平均速度增大,声子导热与电子导热都增强,从而导致导热系数逐渐增大。

3）密度和碳纤维取向

碳／碳复合材料的导热性能不但与其化学组成、分子结构、晶体类型相关，而且与晶粒之间的连通状态有关。材料的密度是其内部晶粒连通状态优劣的有效表征。材料的密度大，则晶粒间保持较好的连通状态，晶格缺陷少，声子的平均自由程大，电子在热传导运动中不受阻碍，所以导热系数大。若材料的密度小，则晶粒之间存在间隙，结构缺陷多，热传导的通道被隔断，所以导热系数小。有文献报道，碳／碳复合材料的导热系数与密度之间存在线性关系。

2. 影响碳／碳复合材料力学性能的因素

1）碳纤维种类

碳纤维作为碳／碳复合材料的增强相，其种类对材料的力学性能有重要的影响。碳纤维分为人造丝基碳纤维、聚丙烯腈基碳纤维和沥青基碳纤维。不同种类的碳纤维的力学性能差异很大，其中聚丙烯腈碳纤维的轴向抗拉强度最大，中间相沥青基碳纤维的轴向拉伸模量范围最广也最大，而人造丝基碳纤维的轴向抗拉强度和拉伸模量均很小，导致所制备的碳／碳复合材料的力学性能各异。

2）基体炭

基体炭主要有三种：树脂炭、热解炭和沥青炭。通常树脂炭为各向同性的，但也可以高度取向，取向程度依赖树脂类型和工艺条件。大多数树脂在低温下易于交联，在高温下很难石墨化。碳纤维与树脂炭形成的复合材料的微观结构和界面结合状态随着炭化工艺变化而发生很大的变化。树脂在不同温度下反应机制不同，对复合材料力学性能的影响较大，而有关树脂炭在复合材料中对宏观力学性能的影响的研究还很不充分。热解炭具有三种结构，分别为粗糙层结构（RL）、光滑层结构（SL）、各向同性结构（ISO）。热解炭的基体结构强烈影响碳／碳复合材料的力学性能。采用热解炭制备碳／碳复合材料时，随温度的升高和C/H值的降低，基体炭的结构出现了SL-RL-ISO的构型变化，所以很难得到单一结构的热解炭基的碳／碳复合材料。而几种不同结构的热解炭配合将获得具有不同力学性能的碳／碳复合材料，如RL+ISO具有高强度、高刚度，SL+RL具有很好的断裂韧性。沥青炭含杂质及喹啉不溶物较多，因此其残炭率较低，但是易石墨化，易于与聚丙烯腈基碳纤维结合，而且在偏光下具有光学各向异性。将沥青炭转化为中间相沥青后，沥青残炭率升高且中间相沥青具有高的石墨取向微晶结构。用中间相沥青制备的碳／碳复合材料具有较好的力学性能，抗弯强度达到257 MPa。碳／碳复合材料在断裂过程中呈现出台阶式的断裂形式，但是断裂台阶较低，纤维拔出也较短。

3. 影响碳／碳复合材料摩擦磨损性能的因素

1）碳／碳复合材料制备工艺和结构

Ⅰ. 基体类型

基体类型是影响摩擦磨损性能的一个重要因素。在二维的不同密度的碳／碳复合材料中，中等密度的碳／碳复合材料具有良好的摩擦性能，其摩擦系数较小，磨损量比低密度和高密度的碳／碳复合材料低一个数量级。在摩擦磨损的过程中，各种碳／碳复合材料的摩擦系数的变化情况也不尽相同。

Ⅱ. 碳纤维取向

碳纤维取向对碳 / 碳复合材料的摩擦磨损性能有强烈的影响。在低转速下,当碳纤维平行于摩擦面时,磨损率比碳纤维垂直于摩擦面要低得多,而摩擦系数比碳纤维垂直于摩擦面要大得多;在高转速下,碳纤维取向的摩擦系数和磨损率的差别不太。Z 向碳纤维的含量增加,能提高碳 / 碳复合材料的热导率,降低摩擦面的温度,还会影响碳 / 碳复合材料的摩擦磨损性能。

Ⅲ. 热处理温度

热处理温度不同,碳 / 碳复合材料的摩擦磨损性能也不同。对于不同的增强体,热处理温度的影响也不尽相同。随着热处理温度升高,针刺毡增强的碳 / 碳复合材料试样的摩擦系数增大,在 2 300 ℃时达到峰值,继续升高热处理温度,摩擦系数却减小;对于短切纤维增强碳 / 碳复合材料,在 2 200~2 500 ℃的热处理温度下,摩擦系数不稳定,而在 2 700 ℃的热处理温度下,摩擦系数曲线平稳,摩擦系数增大;对于碳布叠层碳 / 碳复合材料,随着热处理温度的升高,干态平均动摩擦系数由大变小,湿态平均动摩擦系数和干态静摩擦系数由小变大。若将碳布叠层碳 / 碳复合材料用作刹车材料,合适的热处理温度为 2 000 ℃,在此温度下处理的碳 / 碳复合材料具有足够大的摩擦系数和低磨损率。

Ⅳ. 热解碳结构

对于 CVD 热解碳,可根据其在偏光下的形貌特征,将其分为粗糙层结构、光滑层结构、过渡结构和各向同性结构。它们具有不同的密度、导热系数、石墨化度、消光角、金相结构,对碳 / 碳复合材料的性能有不同的影响。基体为粗糙层结构的碳 / 碳复合材料具有较高的石墨化度和较大的摩擦系数。基体为光滑层结构的碳 / 碳复合材料石墨化度低,摩擦系数小,磨损量小。

Ⅴ. 表面状况

碳 / 碳复合材料的表面状况不一样,它们的摩擦磨损性能也不相同。在相同的摩擦试验条件下,表面抛光的试样比表面磨损的试样的摩擦系数小,磨损量小。而且较难预测表面磨损的试样的摩擦行为。

Ⅵ. 结构完整性

碳 / 碳复合材料中存在两种晶格缺陷:边缘缺陷和空洞缺陷。晶格缺陷越少,结构越完整。结构完整性不同,碳 / 碳复合材料的摩擦磨损性能的稳定性也不同。碳 / 碳复合材料的结构越完整,摩擦性能越稳定;结构不完整,其作为刹车副的摩擦特性曲线呈马鞍形,摩擦性能不稳定。这主要是由于结构不完整的碳 / 碳复合材料内部和表面活化点多,表面易于产生物理吸附物、化学吸附物和含氧络合物,在摩擦过程中产生的高温使这些吸附物分解,导致材料的摩擦性能不稳定。

2)摩擦参数

Ⅰ. 载荷

在不同的载荷下,碳 / 碳复合材料表现出不同的摩擦磨损行为。在载荷为 1.0 MPa 时,在初始阶段呈现出小的摩擦系数(0.1~0.2),后摩擦系数突升至 0.4~0.5,然后降至稳定的数值。在载荷为 2.4 MPa 时,摩擦系数的改变都发生在初始阶段。

Ⅱ. 转速

转速是影响碳／碳复合材料的摩擦磨损性能的重要因素。在低转速（800 r/min 和 1 100 r/min）下，摩擦系数较小、磨损率较低且基本保持稳定，摩擦系数为 0.1~0.2；在高转速（1 400 r/min 或更高）下，摩擦系数在摩擦过程中会发生突变，先上升到 0.6~0.7，后降低到 0.4~0.5。高转速下的磨损率也较低转速下高，这主要是由于转速不同，碳／碳复合材料表面的温度也不同。在低转速下，摩擦面的温度在 100 ℃左右；在高转速下，摩擦系数发生变化，摩擦面的温度突升。在转速为 2 300 r/min 时，滑移 66 m 后，温度高达 900 ℃。

3）环境

Ⅰ. 温度

温度对碳／碳复合材料在空气中的摩擦磨损行为有着重要的影响。可将碳／碳复合材料的摩擦磨损划分成 3 个与温度相关的区域：正常磨损区、水解吸的粉尘磨损区、氧解吸的粉尘磨损区。正常磨损区：温度低于 200 ℃，摩擦系数较小（$\mu \approx 0.2$）；水解吸的粉尘磨损区：温度在 200~650 ℃，摩擦系数较大（$\mu \approx 0.4$）；氧解吸的粉尘磨损：温度高于 650 ℃，摩擦系数较大（$\mu \approx 0.4$）。

Ⅱ. 湿度

湿度对三种复合材料的摩擦行为有着很大的影响。低湿度能够促使Ⅰ类磨屑向Ⅱ类磨屑转变，使摩擦系数增大。而高湿度和高转速能够加快磨屑的生成，使摩擦系数减小、磨损率降低。总的来说，高湿度能减小摩擦系数、降低磨损率。在试验中发现，不同的碳／碳复合材料对湿度的敏感程度不一样，2D PAN/CVI（CVI 表示碳化硅纳米线）对湿度最敏感，而 2D pitch /resin /CVI（pitch 表示沥青，resin 表示树脂）对湿度最不敏感。

碳／碳复合材料的导热机理介于金属材料和非金属材料之间，既有声子导热，又有电子导热。在试验温度范围内，碳／碳复合材料的导热系数随温度升高而增大，但增大的趋势逐渐减弱。随着石墨化度的升高，碳／碳复合材料的微观结构渐趋完整，有序度增加，声子导热与电子导热都增强，使导热系数逐渐增大。材料的密度大，则晶粒间连通状态良好，晶格缺陷少，声子的平均自由程大，电子在热传导运动中不受阻碍，导热系数大。碳／碳复合材料的导热性能各向异性，碳纤维和环绕碳纤维生长的热解碳是热传导的有效通道。

碳／碳复合材料的摩擦磨损性能受到众多因素的影响，如制备工艺、材料结构、摩擦参数、摩擦环境等。哪种因素对其摩擦行为起决定性作用，目前仍不十分清楚，还有待于进一步研究。碳／碳复合材料的摩擦磨损机理目前也没有定论，没有统一的理论来解释其摩擦磨损行为，有关其摩擦磨损机理的研究还待继续深入。

由于碳／碳复合材料可作为刹车材料，特别是飞机的刹车材料，因此其有着重大的商业价值，许多技术都被专利所保护，如何选择合适的制造工艺来生产符合性能要求的碳／碳复合材料是一个具有重大价值的研究课题。为了充分发挥碳／碳复合材料的性能优势，进一步拓展碳／碳复合材料作为摩擦材料的应用范围，在其表面制备耐磨涂层和减摩涂层，是一个具有广阔应用前景的课题。

碳／碳复合材料是具有特殊性能的超高温材料，既有纤维增强复合材料优良的力学性能，又有碳材料优异的耐高温性能，特别是高温下优异的热物理性能。所以碳／碳复合材料正由航天领域进入普通航空、一般工业和民用领域,广泛取代其他材料,有着重大的商业价值。因此碳/碳复合材料未来的发展方向是由双元复合向多元复合发展,今后将以结构碳/碳复合材料为主,向功能和多功能碳/碳复合材料发展,研究的重点是控制好影响碳/碳复合材料的导热性能、力学性能、摩擦学性能的因素和孔隙的最佳数量,提高高温下的抗氧化性能,降低成本。

8.8　纳米复合材料

纳米材料指尺度为 1~100 nm 的超微粒经压制、烧结或溅射而成的凝聚态固体。它具有断裂强度高、韧性好、耐高温等特性。纳米复合材料是分散相尺度至少有一维小于 100 nm 的复合材料。分散相可以是无机化合物,也可以是有机化合物。无机化合物通常是陶瓷、金属等;有机化合物通常是聚合物。当纳米材料为分散相、有机聚合物为连续相时,就是聚合物基纳米复合材料。根据霍尔－佩奇(Hall-Petch)方程,材料的屈服强度与晶粒尺寸的平方根成反比,即随晶粒的细化,材料强度将显著提高。此外,大体积的界面区将提供足够的晶界滑移机会,导致形变增大。纳米晶陶瓷因表面能巨大,可大幅降低烧结温度。例如,用纳米 ZrO_2 细粉制备陶瓷比用常规的微米级粉制备烧结温度降低 400 ℃左右,即从 1 600 ℃降低至 1 200 ℃左右。由于纳米分散相有大的表面积和强的界面相互作用,纳米复合材料表现出不同于一般的宏观复合材料的力学、热学、电学、磁学和光学性能,还可能具有原组分不具备的特殊性能和功能,为设计和制备高性能、多功能新材料提供了新的机遇。

纳米复合材料的研制涉及有机、无机、材料、化学、物理、生理和生物等多学科的知识,发展纳米复合材料对学科交叉的需求比以往任何时候都迫切。缩短实验室研究和产品转化的周期是当今材料研究的特点,组成跨学科的研究队伍,开展纳米复合材料的研究,是刻不容缓的重要任务。开展纳米复合人工超结构的研究是另一个值得高度重视的问题,根据纳米结构的特点将异质、异相、有序度不同的材料在纳米尺度下合成、组合和剪裁,设计新型的元件,发现新现象,开展基础和应用基础研究。在继续开展简单纳米材料研究的同时,注意对复杂纳米体系的探索也是当前纳米材料发展的新动向。

随着高科技的飞速发展,对高性能材料的需求越来越迫切,纳米尺寸合成为发展高性能新材料和改善现有材料的性能提供了一个新途径。纳米材料(包括纳米复合材料)已成为当前材料科学和凝聚态物理领域中的研究热点。

8.8.1　聚合物基纳米复合材料

至少有一维尺寸为纳米级的微粒子分散于聚合物基体中,构成聚合物基纳米复合材料。构成聚合物基纳米复合材料的要素为聚合物和分散相,不同的聚合物和分散相形成多种多样的纳米复合材料。纳米复合结构的形成影响聚合物结晶状态的变化,并进一步影响材料的性能。纳米复合结构的形成使聚合物的结晶变小,结晶度和结晶速度提高。

聚合物基纳米复合材料相较于聚合物,基本性能有明显的改善,此外,它还具有一些特殊性能。例如有机－无机纳米复合材料,同时具有有机材料与无机材料的优异性能,在聚合物材料科学中脱颖而出。一种标准的聚合物/无机填充纳米复合材料是商业上使用的填充有二氧化硅的橡胶或其他聚合物。在这种材料中,一维尺寸是纳米级的针状填充物,这些层状物包括黏土矿、碱硅酸盐和结晶硅酸盐。基于纳米颗粒的分散,这些纳米复合材料表现出优异的特性,如有效地增强而不损失延性,减小收缩和残余应力,改善电气和光学性能,具有冲击韧性、热稳定性、燃烧阻力、阻气性、抗磨性等。

聚合物基纳米复合材料具备纳米材料和聚合物材料两者的优势,是新材料设计的首选对象。在设计聚合物基纳米复合材料时,主要考虑功能设计、合成设计和这种特殊复合体系的稳定性设计,力求解决复合材料组分的选择、复合时的混合与分散、复合工艺、复合材料的界面作用、复合材料的物理稳定性等问题,最终获得高性能、多功能的聚合物基纳米复合材料。

功能设计就是赋予聚合物基纳米复合材料一定的功能特性的科学方法。功能设计包括三方面。一是纳米材料的选择设计,即依据设计意图选用合适的纳米材料,例如:为了赋予复合材料超顺磁性,可以选择铁或铁系氧化物等单一或复合型纳米材料;为了赋予复合材料发光特性,可以选择含稀有金属铕的钛系氧化物等纳米材料。二是基体聚合物材料的选择设计,即依据纳米复合材料的适用环境选择合适的有机聚合物基体,如在高温环境下必须选择聚酰亚胺等耐高温的有机聚合物。三是纳米复合材料的界面设计,即选择复合材料的复合方法,如原位聚合、原位插层、原位溶胶－凝胶技术成型等,以提高纳米材料与聚合物基体的强界面作用,充分发挥不同属性的两种组分的协同效应。纳米复合材料的功能设计主要是纳米材料的选择设计和纳米复合材料的界面设计,前者对复合材料起着决定性的作用,后者能更有效地发挥这种作用。

聚合物基纳米复合材料的合成设计就是以最简单、最便捷的手段获得纳米级均匀分散的复合材料的科学方法。在功能设计完成后,合成设计主要关注的就是纳米材料的粒度与分散程度。目前纳米复合材料的合成方法主要有四种,即溶胶－凝胶法、插层法、共混法和填充法。溶胶－凝胶法具有纳米微粒粒度较小和分散程度较均匀的优点,但合成步骤复杂,纳米材料与有机聚合物材料的选择空间不大。插层法能够获得单一分散的纳米片层的复合材料,容易工业化生产,但是可供选择的纳米材料不多,目前主要限于黏土中的蒙脱土。共混法是纳米粉体和聚合物粉体混合的最简单、方便的方法,但难以保证纳米材料得到纳米级的粒度和分散程度,如果在利用诸如蒙脱土插层聚合物改性纳米复合母料,然后采用共混法比较好,既经济又能达到纳米级分散的效果。填充法目前仍处于发展初期,它的优点是:纳米材料和聚合物基体材料的选择空间很大,纳米材料可以任意组合,既可以任意分散于粉状、液态或熔融态的聚合物基体中,也可以分散于用于合成聚合物基体的前驱体小分子溶液中;成型的方法也比较多,能够达到纳米级分散的效果。

为了获得稳定性能良好的复合材料,必须使纳米粒子牢牢地固定在聚合物基体中,防止纳米粒子集聚而发生相分离;为保障纳米粒子均匀地分布在聚合物基体中,可以利用聚合物的长链阻隔作用,或利用聚合物链上的特有基团与纳米粒子的化学作用。因此在纳米复合材料的稳定化设计中,要特别注意聚合物的化学结构,以带有极性基团并可与纳米粒子形成共价键、离子键或配位键的化学结构为优选结构。

1. 形成共价键

利用聚合物链上的官能团与纳米粒子的极性基团产生化学反应,形成共价键。例如,聚合物链上的羧基、磺酸基等与纳米粒子上的羟基等在一定条件下能够形成稳定结合的共价键。也可通过含有双键的硅氧烷参与聚合物前驱体的聚合,形成以硅氧烷为支链的聚合物,硅氧烷部分水解或与正硅酸共水解形成与聚合物主链以共价键结合的 SiO_2 纳米粒子,无机纳米相与聚合物基体之间存在共价键能提高复合材料的稳定性。

2. 形成离子键

离子键是通过正负电荷的静电引力作用而形成的化学键。如果聚合物链和纳米粒子带有异性电荷,就可以通过形成离子键而得到稳定的复合材料体系。例如,在酸性条件下,苯胺更容易插层到钠基蒙脱土中,经苯胺聚合形成 PAn/MMT 复合材料,聚苯胺以某种盐(emerldine salt)的形式与蒙脱土的硅酸盐片层上的反粒子以离子键的形式存在于片层间。聚苯胺受到层间的空间约束,一般以伸展的单分子链形式存在。

3. 形成配位键

有机基体与纳米粒子以电子对和空电子轨道相互配位的形式发生化学作用,构成纳米复合材料。例如,以溶液法和熔融法制备的聚氧化乙烯(PEO)/蒙脱土纳米复合材料,嵌入的 PEO 分子同蒙脱土晶层中的 Na^+ 就以配位键的形式生成 $PEO \cdot Na^+$ 络合物,使 PEO 分子以单层螺旋构象排列于蒙脱土的晶层中。

4. 纳米作用能的亲和作用

在大多数情况下,纳米复合材料中并不存在明显的化学作用力,分子间作用力则是普遍的,利用聚合物结构中特别的基团与纳米粒子的作用,可产生稳定的分子间作用力。纳米粒子因特殊的表面结构而具有很强的亲和力,这种力称为纳米作用能。纳米粒子借助于强劲的纳米作用能,可与很多聚合物材料发生很强的相互作用,形成稳定的复合体系。以纳米作用能复合的关键,就是保证纳米粒子以纳米尺寸的粒度分散在聚合物基体中。

8.8.2　金属基纳米复合材料

随着原位反应、机械合金化、喷射沉积等制备技术的发展,铁基、镍基、高温合金和金属间化合物基复合材料,功能复合材料,纳米复合材料,仿生复合材料的研究开发也得到了相应的发展。金属基纳米复合材料的种类见表 8-3。金属材料的构成相有结晶相、准结晶相和非晶相。金属基纳米复合材料由这些相的混相构成。与一般的材料比较,金属基纳米复合材料强度高,韧性好,比强度高,比刚度高,耐高温,耐磨,热稳定性好,在功能方面具有大比电阻、高透磁率和大磁性阻力。金属基纳米复合材料的实例是高强度合金,即用非晶晶化法制备的高强、高延展性纳米复合合金材料,包括纳米 Al- 过渡族金属 - 镧化物合金,纳米 Al-Ce- 过渡族金属合金,这类合金具有比常规的同类材料好得多的延展性和高的强度(1 340~1 560 MPa)。其结构特点是在非晶基体中分布纳米粒子,例如:Al- 过渡族金属 - 镧化物合金,是在非晶基体中弥散分布着粒径为 3~10 nm 的铝粒子;而 Al-Mn- 镧化物和 Al-

Ce- 过渡族金属合金,是在非晶基体中分布着粒径为 30~50 nm 的二十面体粒子,粒子外部包有 10 nm 厚的晶态铝。这种复杂的纳米结构合金是导致高强、高延展性的主要原因。有人用高能球磨方法得到了 Cu- 纳米 MgO、Cu- 纳米 CaO 复合材料,氧化物纳米微粒均匀分散在铜基体中,这种复合材料的电导率与 Cu 基本一样,强度却大大提高。

表 8-3　金属基纳米复合材料的种类

金属基纳米复合材料的种类	实例	性能特点
金属 / 金属间化合物	$Al+Al_3Ni+Al_{11}Ce_2$、$Al+AlZr_3+Al_3Ni$	高强度、高耐热强度、高韧性、高耐磨性、硬磁性
金属 / 陶瓷	$Al+Nd_2Fe_{14}B$、$Nd_2Fe_{14}B+Fe_3B$、$\alpha\text{-Fe}+HfO$、$Co+Al_2O_3$	大比电阻、高周波透磁率、大磁性阻抗
金属 / 金属	$\alpha\text{-Fe}+Ag$、$Co+Cu$、$Co+Ag$、$\alpha\text{-Ti}+\beta\text{-Ti}$	大磁性阻抗、高密度磁记录性、高强度、高延性
结晶 / 准结晶	Al-Mn-Ce-Co、Al-Cr-Fe-Ti、Al-V-Fe、Al-Mn-Cu-Co	高强度、高延性、高耐热强度、高耐磨性
结晶 / 非晶态	Al-Ni-Co-Ce、Al-Ni-Fe-Ce、Fe-Si-B-Nb-Cu、Fe-Zr-Nb-B	高强度、软磁性、硬磁性
准结晶 / 非晶态	Zr-Nb-Ni-Cu-M（M = Ag、Pd、Au、Pt、Ti、Nb、Ta）	高强度、高延性
非晶态 / 陶瓷	Zr-Al-Ni-Cu+ZrC	高强度、高延性、高刚性

金属材料具有良好的塑性、延展性和多种相变特性,利用这些特性可以制备各式各样的金属基纳米复合材料。

8.8.3　陶瓷基纳米复合材料

陶瓷材料可分为功能陶瓷材料和结构陶瓷材料。功能陶瓷材料的开发由电子陶瓷开始,包括 PTC 热变电阻、压电滤波器、层状电容器等使用的铁氧体和 $BaTiO_3$、PZT 等性能优异的材料。结构陶瓷材料已开发出氮化硅、氧化铝、氧化锆、氮化铝等高强度、高韧性、高硬度的材料,并在工业界得到广泛应用。纳米复合材料的出现使陶瓷材料由以往的单一机能型向多机能型转化,得到了高度机能调和型材料。下面介绍几种陶瓷基纳米复合材料开发的实例。

1. 纳米复相增韧陶瓷

材料科学工作者采用粒径小于 20 nm 的 SiC 粉体作为基体材料,再混入 10% 或 20% 的粒径为 10 μm 的 α-SiC 粗粉,充分混合后在低于 1 700 ℃、350 MPa 的热等静压条件下成功地合成了纳米结构的 SiC 块体材料,在强度等综合力学性能没有降低的情况下,这种纳米材料的断裂韧性为 5~6 MPa·$m^{1/2}$,比没有加粗粉的纳米 SiC 块体材料的断裂韧性提高了 10%~25%。有人用多相溶胶 - 凝胶法制备了堇青石($2MgO\cdot2Al_2O_3\cdot5SiO_2$)与 ZrO_2 的复合材料,具体方法是将勃姆石与 SiO_2 的溶胶混合后加入 ZrO_2 溶胶,充分搅拌后再加入

$Mg(NO_3)_2$ 溶液形成湿凝胶,经 100 ℃干燥和 700 ℃焙烧 6 h 后再经球磨干燥制成粉体,经 200 MPa 冷等静压和 1 320 ℃烧结 2 h 获得了高致密的堇青石 /ZrO_2 纳米复合材料,其断裂韧性为 4.3 MPa·$m^{1/2}$,比堇青石的断裂韧性提高了将近 1 倍。还有人成功地制备了 Si_3N_4/SiC 纳米复合材料,这种材料具有高强度、高韧性、优良的热稳定性和化学稳定性。其具体制备方法是:将聚甲基硅氮烷在 1 000 ℃的惰性气体中热解成非晶态碳氮化硅,然后在 1 500 ℃的氮气气氛下热处理相变成晶态 Si_3N_4/SiC 复合粉体,在室温下压制成块体,经 1 400~1 500 ℃热处理获得好的力学性能。将平均粒径为 27 nm 的 α-Al_2O_3 粉体与粒径为 5 nm 的 ZrO_2 粉体复合,在 1 450 ℃下热压成片状或圆形的块体材料,在室温下进行拉伸获得了韧性断口。

2. 超塑性纳米复合材料

材料科学工作者在加 Y_2O_3 稳定化剂的四方二氧化锆(粒径小于 300 nm)中观察到了超塑性,在此材料的基础上又加入了 20% Al_2O_3,制成的陶瓷材料平均粒径约为 500 nm,超塑性达 200%~500%。值得一提的是,在四方二氧化锆 + Y_2O_3 的陶瓷材料中,观察到超塑性竟达到 800%。在 1 600 ℃下,Si_3N_4+20% SiC 细晶粒复合陶瓷的延伸率达 150%。

1)Al_2O_3/SiC、MgO/SiC 纳米复合材料

Al_2O_3 和 MgO 陶瓷具有高硬度、好的耐磨性和化学稳定性,是应用最广泛的陶瓷材料。但它们的强度低,断裂韧性、抗热震性和高温蠕变性差,使其应用受到很大的限制。将 SiC 纳米颗粒加入其中,大幅度改善了材料的力学性能和耐高温性能,扩大了材料的实际应用。

2)Si_3N_4/SiC 纳米复合材料

Si_3N_4 陶瓷材料具有优良的韧性和耐高温性能,是一种非常有前途的材料。SiC 纳米颗粒的介入使得材料在低温、高温下都具有高硬度、高强度和韧性,还可以赋予这种材料光学性能。Si_3N_4 和 SiC 的纳米 / 纳米复合成功地实现了低应力下的超塑性变形,这种材料已成功实现无压烧结,在超精密特殊材料中具有广泛的用途。

3)Si_3N_4/TiN 纳米复合材料

该体系可以用高能球磨法制备复合纳米粉体。原料粉末为高纯 Si_3N_4 粉、Y_2O_3 粉、Al_2O_3 粉和 Ti 粉,按设计的组成进行配比,再用高能行星式球磨机按 20∶17 的球磨比在室温下球磨,得到复合粉体(在石墨模中用 SPS 系统进行烧结)。分别用 SEM、XRD 和 TEM(透射电子显微镜)对粉体和烧结体进行表征,烧结条件是在 1 300~1 600 ℃的氮气气氛下保持 30 MPa 的压力 1~5 min。为了在 1 450 ℃以下得到完全致密的烧结体,加入占总质量 33% 的 Ti 粉在 1 400 ℃下进行烧结,Si_3N_4 的晶粒尺寸是 20~30 nm,而弥散粒子 TiN 的尺寸为 50~100 nm,得到纳米复合材料。TiN 的作用机制还不十分清楚,可能是起钉扎作用,阻止 Si_3N_4 晶粒生长。对此复合材料可采用压缩负荷的方法来观察其超塑性变形,并用晶粒尺寸为 1 μm 的常规 Si_3N_4 材料作比较(实验在 1 300 ℃、1.01 kPa 的条件下进行)。研究表明,纳米晶复合材料的标称应变(相对值)达到 0.4,而用常规方法得到的 Si_3N_4 几乎未发现标称应变(相对值)。

4)Al_2O_3/ZrO_2 纳米复合材料

采用自动引燃技术(又称为燃烧合成法)合成 Al_2O_3/ZrO_2 纳米复合材料。由于氧化剂

和燃料分解产物之间发生反应放热而产生高温,特别适合制备氧化物复合材料。燃烧合成法的特点是:在反应过程中产生大量气体,体系快速冷却导致晶体成核,但无晶粒生长,得到的产物是非常细的粒子和易粉碎的团聚体。该法不仅可以生产单相固溶体复合材料,还用于制备均匀复杂的氧化物复合材料,特别是纳米/纳米复合材料。具体过程举例如下:采用硝酸铝和硝酸锆作为氧化剂,尿素作为燃料,按 Al_2O_3-10%(体积分数)ZrO_2 配料,用水将它们混合成浆料,置于 450~600 ℃ 的炉中,浆料熔化后点燃,在数分钟内完成整个燃烧过程,将所得的泡沫状物质粉碎为粉末,再经 1 200 ℃、1 300 ℃、1 500 ℃ 保温 2 h 的热处理。在热处理时,要经常观察晶粒生长的情况并加以控制。复合材料的成型是先将粉体经 200 MPa 干压,再经 495 MPa 冷等静压,制成素坯,在 1 200 ℃ 下预烧结,保温 2 h,然后喷涂 BN,再用 Pyrex 玻璃包封,进行热等静压,在 1 200 ℃ 下烧结,保温 1 h,氩气压力为 247 MPa。经 XRD 分析证实,材料中主要是 α-Al_2O_3 和 τ-ZrO_2 两相共存;用 TEM 观察到 ZrO_2 粒子均匀分布于 Al_2O_3 基体中, Al_2O_3 的平均晶粒尺寸为 35 nm, ZrO_2 为 30 nm。力学性能测定表明,纳米/纳米复合材料的平均硬度为 4.45 GPa,约为采用普通工艺得到的微米材料的 1/4。这表明,在压痕测试负荷下,细晶粒可能发生晶界滑移。低硬度可以使材料的韧性增强,其平均断裂韧性为 8.38 MPa·$m^{1/2}$(用压痕法测定的负荷为 20 kg),表明了该材料抵抗断裂的能力。用常规工艺制备同样组分的材料,断裂韧性值为 6.73 MPa·$m^{1/2}$。

5)长纤维强化 SiAlON/SiC 纳米复合材料

将 SiAlON/SiC 纳米复合材料进一步用微米纤维进行强化,通过微米/纳米的复合强化,开发出了具有能与超硬材料匹敌的超韧性、1 GPa 以上的超强度和优良的耐高温性能的调和材料。用这种材料制作的高效汽轮机部件可适应 1 500 ℃ 的高温,具有良好的高温强度和优良的耐熔融金属的腐蚀性。

6)Al_2O_3/Ni、MgO/Fe、ZrO_2/Ni 系纳米复合材料

将具有强磁性的 Ni、Fe、Co 等金属纳米颗粒分散到氧化物陶瓷中,可以提高氧化物陶瓷的性能,还能赋予陶瓷材料优异的强磁性。用原位(in-situ)析出法制备该类复合材料,以 Al_2O_3 为例,将 Al_2O_3 粉末与第二相的金属氧化物粉末(或金属粉末)混合并在空气中预烧后用球磨机充分混合得到 Al_2O_3/氧化物混合粉末,在还原气氛中烧结,只有所需的金属氧化物在 Al_2O_3 中原位还原成金属,从而得到纳米氧化物/金属复合材料。研究表明,这种新材料具有可检测外部应力的特性。

7)Pb(Zr,Ti)O_3(PZT)/金属系纳米复合材料

广泛应用的 PZT 陶瓷是最典型的压电陶瓷,它的缺点是力学性能很差,为了提高器件的可靠性,必须提高其力学性能。由于添加纤维、晶须、细化晶粒都会损害其压电特性,通过纳米复合来调和其机能性和机械特性的做法就备受重视。将少量的银或白金通过化学方法导入 PTZ 陶瓷中,可获得优异的力学性能和更好的压电特性。

一些由分子水平的构造控制而产生的新机能材料,代表了新一代的材料设计方向。从纳米到分子水平的材料设计的实例如下。

(1)界面成分梯度化纳米复合材料。在复合材料中,要尽可能避免第二相与母相之间的化学反应,因此限制了第二相的选择。一些研究者尝试着选择互相反应的系统,有意识地

控制其界面构造。比如在 Al_2O_3/Si_3N_4 体系中,成功地制备了界面构造和组成梯度变化的纳米复合材料。通过反应、固溶、析出的过程,使用粒径为 300 nm 的 Si_3N_4 粉末,最终将分散颗粒的直径控制在 30 nm。界面的梯度化导致界面强度提高和纳米颗粒的均匀分散,使强度和高温抗蠕变性大幅度提高。

（2）原子团簇（cluster）复合材料和分子复合材料。结合纳米复合材料的研究成果,可以设计和创制原子团簇复合材料和分子复合材料,微量的 Cr_2O_3 固溶于 Al_2O_3 中得到的原子团簇复合材料添加体积分数为 0.4% 的 Cr_2O_3,可使强度提高 1 倍以上。控制超晶格的构造、单位晶格内各种绝缘相和介电体相的排列的分子复合材料的设计开发正在积极地开展。介电体相中排列有亚纳米级厚度的绝缘相,可用于超高密度器件材料。另外,通过 $Al_2O_3/$ NiO/SiC 混合粉末的烧结创造了 $Al_2O_3/$ 纳米 Ni/ 纳米 Ni_3Si 的富勒烯复合材料,其具有卓越的触媒特性。

8.9 智能复合材料

智能材料的兴起在材料科学领域引发了一场新的革命,智能材料就是具有感知环境（包括内环境和外环境）刺激,对之进行分析、处理、判断,并采取一定的措施进行适度响应的智能特征的材料。智能材料的特别之处,就是它具有像生物一样能感应附近的环境并做出适当的反应的特性。换句话说,智能材料因外界的刺激而改变自己,或者产生某种讯息。如运用适宜,以智能材料所做的一个零件可以取代一些复杂系统的几个环节（例如负责感觉、反应的部分）,从而大大减小系统的规模,降低其复杂性。智能材料可以简单地分成被动和主动两种:被动智能材料在没有经过讯息分析的情况下自动做出反应;主动智能材料会分析接收到的讯息后再决定做出什么反应。智能材料的构想来源于仿生（仿生就是模仿大自然中生物的一些独特功能制造人类使用的工具,如模仿蜻蜓制造飞机等）,它的目标就是研制出具有各种类似于生物的功能的"活"的材料。因此,智能材料必须具备感知、驱动和控制这三个基本要素。现有的材料一般比较单一,难以满足智能材料的要求,因而一般由两种或两种以上材料复合构成智能材料体系,这就使得智能材料的设计、制造、加工和性能结构特征均涉及材料科学的最前沿领域,智能材料代表了材料科学最活跃的方面和最先进的发展方向。

智能复合材料是一类基于仿生学概念发展起来的高新技术材料,它实际上是集成了传感器、信息处理器和功能驱动器的新型复合材料。其通过传感器感知内外环境的变化,通过信息处理器对变化所产生的信号做出判断处理,并发出指令,而后通过功能驱动器调整材料的各种状态,以适应内外环境的变化,从而实现自检测、自诊断、自调节、自恢复、自我保护等多种特殊功能,类似于生物系统。智能复合材料是微电子技术、计算机技术与材料科学交叉的产物,在许多领域展现了广阔的应用前景。

8.9.1 智能复合材料的构成

1. 基体材料

基体材料主要起承受载荷的作用,一般选用轻质材料。高分子材料因具有质量轻、耐腐蚀等优点而受到人们的重视。也可选用金属材料,尤其是轻质有色合金。

2. 传感器部分

传感器部分由具有感知能力的敏感材料构成。它的主要作用是感知环境的变化,如温度、压力、应力、电磁场等,并将其转换为相应的信号。敏感材料目前有形状记忆合金、压电材料、光纤、磁致伸缩材料、pH 值致伸缩材料、电致变色材料、电致黏流体、磁致黏流体、液晶材料、功能梯度材料和功能塑料合金等。

3. 信息处理器部分

信息处理器部分是智能复合材料的最核心部分。随着高度集成的硅晶技术的发展,信息处理器变得越来越小,这为将信息处理器复合进智能复合材料提供了良好的条件。

4. 功能驱动器部分

构成驱动器部分的驱动材料在一定的条件下可产生较大的应变和应力,从而起到响应和控制的作用。驱动材料有形状记忆合金、磁致伸缩材料、pH 值致伸缩材料、电致伸缩材料等。

智能复合材料虽然在功能结构上可以分为以上四大部分,但并不是这四部分的简单叠加,而是它们的有机结合。制备智能复合材料时在工艺上需要解决很多关键的技术问题,不仅要在宏观上进行尺寸和结构的设计与控制,而且要在微观(纳米级、分子乃至原子的尺寸)上进行结构的设计与复合。

智能复合材料的设计方法如下:

(1)根据智能复合材料的应用和信息,提出智能复合材料的系统智能特性;

(2)选择基体材料和传感器部分、处理器部分、功能驱动器部分的材料;

(3)从宏观上和微观上进行结构设计;

(4)建立数学和力学模型,对智能复合材料系统进一步优化;

(5)进行理化测试,检验材料的功能。

随着计算机技术的日益发展和在生产实际中的广泛应用,智能复合材料也可应用计算机进行模拟设计。

8.9.2 智能复合材料的分类

"智能复合材料"这个名词源于欧美的 smart material(聪明材料), active and adaptive material(主动适应性材料)和日本的 intelligent material(智能材料)。智能复合材料的概念来自自然界生物的生理本能,这些生理本能包括自行诊断、自行修复、学习和适应环境等。智能复合材料就是让复合材料具备上述生物的生理本能的机能。凡是将特殊功能位元导入复合材料的网状结构中,以感知或分析复合材料的外在环境发生的整体变化,都是智能复合材料的应用范畴。

智能复合材料分类如下。

1. 形状记忆合金(SMA)智能复合材料

形状记忆复合材料是将形状记忆材料置于复合材料中,利用形状记忆材料的形状记忆效应、伪弹性和高阻尼能力等实现复合材料的功能的一种智能复合材料。当外界条件(如温度、光、电场、磁场、pH 值)变化使得智能复合材料的形状改变时,只要将外界条件恢复到初始状态,材料的形状就可以自行恢复。目前形状记忆材料主要有形状记忆合金(SMA)和形状记忆聚合物(SMP)。SMA 是一种特殊的金属材料,包括镍钛(Ni-Ti)合金、镍钛铜(Ni-Ti-Cu)合金和铜锌铝(Cu-Zn-Al)合金等,具有结构简单、成本低廉和控制方便等独特的优点;SMP 具备质量轻、成本低、加工性能良好、形状变形大、转变温度适宜和高达 100% 的大回复变形等优点。

Neuss Sabine 等使用形状记忆聚合物聚(ε-己内酯)甲基丙烯酸酯(PCLDMA)作为组织工程支架,显示良好的应用效果。Morita Takeshi 把一种磁致伸缩材料应用到形状记忆压电制动器,在 65 V 的正、负脉冲电压下,此复合结构产生了磁导率记忆效应(磁力记忆值达到 9.3 mN)。Ni Qingqing 等把 Ni-Ti 形状记忆合金短纤维分散到环氧树脂基体中,在形状记忆材料的相转变温度下使复合材料获得了高效阻尼特性,加入质量分数为 3.5% 的 SMA 纤维,可使复合材料达到最大的固有频率(14 Hz 左右)和储能模量。

2. 压电智能复合材料

压电智能复合材料是在基体材料中埋入压电材料发展起来的一种功能材料。压电材料具有压电效应,在材料上施加机械应力时,材料的某些表面会产生电荷,这种现象称为正压电效应,反之称为逆压电效应。压电智能复合材料可以实现机械能与电能的相互转化,其压电效应随环境温度、振动频率等变化不大,可以有效提高材料的稳定性,也为能量消耗提供了新的途径。其因具有带宽大、输出能力强、尺寸紧凑和功率密度大等优点而被广泛应用于智能传感器和制动器中,可以实现复合材料的阻尼降噪、减小应力集中、延长疲劳寿命、减振、监控材料状态、实现材料自适应等。

Van Den Ende 等将 PZT、尼龙 6(PA6)和一种热固性高分子液晶复合,制作了一种开关式准静态压力传感器。巴西的 Walter Katsumi Sakamoto 等将改性钛酸铅铁电陶瓷粉末和聚醚醚酮高性能树脂复合,安装在一个铝制面板上,此压电复合膜可以作为声波发射检测工具。

通常使用的压电材料都存在一些缺点,如压电陶瓷脆性大、极限应变小、密度大;压电薄膜使用温度低、压电常数不大、与基体相容性差。为了使压电材料适应智能材料结构的发展,在未来的研究工作中,对压电智能复合材料性能的增强、加工性能的改善和材料使用温度范围的拓宽等问题还需进一步探索与研究,压电智能复合材料领域将不断推陈出新、迅猛发展。

3. 电/磁流变体智能复合材料

电/磁流变体智能复合材料是一种重要的智能复合材料,其主要由磁流变体(MR)和电流变体（ER）构成。两者都是软颗粒的悬浊液，在强磁场或强电场的作用下产生流变效应，分散体系的黏度、模量和屈服应力等发生突变，从液态变成半固态或者固态，移除磁场或电场后，恢复到原来的液态。

Song Kang Hyun 等将磁性羰基铁（carbonyl iron，CI）纳米添加剂加入磁流变体悬浮液中，以提高其沉降稳定性。通过实验数据分析，发现纳米添加剂的加入不仅解决了普通纯CI磁流变体的严重沉降问题，还能在较宽的剪切速率范围内维持稳定的剪切应力。Vasude-van Rajamohan 等探究了一种三明治夹层的磁流变体材料，其上、下层为弹性体，中间夹杂了磁流变体。实验数据显示，其自然频率随着外加磁场增大而增大，最大挠度却减小，证明了此材料有震动抑制能力。富克斯·艾伦（Fuchs Alan）等制备了一种可压缩磁流变体，通过加入弹性体使磁流变体获得了可控的压缩性。

4. 纤维素智能复合材料

纤维素智能复合材料是一种重要的智能复合材料。纤维素（cellulose）在物理刺激（如热、光、电场、磁场、力场、X 射线等）和化学刺激（如 pH 值、化学物质和生物物质）下有一定的响应性。纤维素是天然高分子材料，具有价廉、可降解、与生物相容性好等优点。纤维素及其复合材料可以制作涂层、薄板制品、光学薄膜、医药品和纺织品等一系列可降解产品。

Marla L. Auad 等制备了一种新型的形状记忆聚氨酯，他们把纳米纤维素添加到聚氨酯基体中，获得了较高的拉伸模量和强度（加入质量分数为 1% 的纤维素能使模量提高53%），克服了普通形状记忆材料硬度低的缺点。Kalidindi Sanjay 等研究发现，在交流电场作用下，纤维素晶须在硅油中可发生取向排列，将这种纤维素晶须添加到聚合物基体中可制备纳米复合材料，有望提高材料的电性能和力学性能。

5. 光纤智能复合材料

光纤智能复合材料是目前国内外研究较多的一种智能材料结构，它将光纤传感器、驱动器和有关信号处理器、控制电路集成在复合材料结构中，通过机、光、电、热等激励和控制，不仅具有承受载荷的能力，而且具有识别、分析、处理、控制等多种功能，能进行自诊断、自适应、自学习、自修复。

将光纤处理后埋入复合材料结构中，可以对复合材料在制作过程中内部温度的变化和树脂填充情况进行监测，在结构制作完成后，埋置于其中的光纤可以对复合材料结构进行非破损检测，还可以作为永久的传感器实现对复合材料结构的终生健康监测，另外光纤传感器还可用于飞行器隐形。

6. 碳纤维增强智能复合材料

该复合材料多以水泥为基体。将一定形状、尺寸和掺量的短切碳纤维掺入水泥基材料中，不仅使材料的强度得到提高，而且使材料具有应力、应变和损伤自检测功能。此外，将适量短切碳纤维掺入水泥材料中还可使材料具有热电效应，即温差电动势 E 与温差 Δt 在最高温度为 70 ℃、最大温差为 50 ℃ 的范围内存在稳定的线性关系。利用这种特性，可通过该材料实时监测建筑物内外和路面表层、底层的温度变化。此材料还可利用太阳能为低温建筑物提供电能，即具有温度自调节功能。

用在体育器材上的碳纤维增强智能复合材料的比强度愈高，构件的自重愈小；比模量愈高,构件的刚度愈大。因此充分利用碳纤维增强智能复合材料的特性,可提升诸多体育项目的成绩。

采用碳纤维增强复合材料(CFRP)加固混凝土结构是一种新型、简便、高效的加固、修复和改造技术。它将具有高抗拉强度、高弹性模量的碳纤维材料用高性能环氧树脂类黏结剂粘贴在混凝土结构表面,使碳纤维材料与混凝土结构形成整体,从而增强混凝土结构的承载能力,保证 CFRP 和混凝土结构表面有可靠的黏结。

以预埋在钢筋混凝土中的智能骨料为作动器激发扫频波,并将粘贴在碳纤维表面的 PZT 片作为传感器接收信号,通过对接收的信号进行时域和频域分析,可以看出信号在经历不同表面的人工模拟剥离损伤时,能量衰减变大,幅值减小;进一步利用小波包分析,根据定义的两个指标,通过对比发现差异更加明显,从而确定了剥离损伤的位置和程度,也为碳纤维加固钢筋混凝土结构剥离损伤的无损伤检测提供了一种简单、有效的方法。

8.9.3　智能复合材料的合成方法

目前,国内外智能复合材料的合成方法有以下几种。

1. 粒子复合

将具有不同功能的材料颗粒按特定的方式组装,可制备出具有多种功能特性的智能复合材料。在特定的狭小衬底上,通过电子束扫描产生电子气化花样,在电子静电引力的作用下,带电的颗粒就会排列成设计的花样,如在 $CaTiO_3$ 衬底上,可用电子束扫描法使 SiO_2 粉末粒子组成各种花样,这一技术可使微粒组装成多功能的智能复合材料。将机敏材料的颗粒复合在异质基体中也可获得优化的智能复合材料:压电陶瓷和压电高分子以不同的连接度复合,可获得性能优异的压电智能复合材料;使压电陶瓷颗粒弥散分布在压电聚合物中,可制得大面积的各种形状的压电薄膜。

2. 薄膜复合

薄膜生长和合成技术近年来发展很快,制备超晶格量子阱超薄层材料已成为可能。如分子束外延(MBE)、金属有机化合物分解、金属有机化学气相沉积(MOCVD)、原子层外延(ALE)、化学束外延(CBE)和迁移增强层外延(MEE)等多种技术,为制备纳米级的多层功能智能复合材料创造了条件。将两种或多种机敏材料以多层微米级的薄膜复合可获得优化的多功能特性材料,如将铁弹性的形状记忆合金与铁磁或电驱动材料复合,把热驱动方式变成电或磁驱动方式,可拓宽响应频率的范围,提高响应速度。

3. 纳米级及分子复合

将具有光敏、压敏、热敏等不同功能的纳米粒子复合在多孔道的骨架内,可灵活地调控纳米粒子的大小、纳米粒子之间和纳米粒子与骨架之间的相互作用,具有很好的可操作性,能得到兼有光控、压控、热控和其他响应性质的智能复合材料。如:在沸石分子筛(具有纳米级空笼和孔道)中组装半导体纳米材料(如 ZnS、PDS),可制作光电控元件;组装纳米光学材料(AgCl、AgBr),可制作光控元件。

目前,世界上许多国家都已展开对智能材料的研究,智能复合材料作为复合材料的一个重要分支,结合了有机和物理化学、材料科学、生物化学、电气和机械工程等众多学科,赋予了材料"生命"特征,在众多领域都有着广阔的发展前景,但现有研究还存在材料间的相容性、制造工艺等问题,制约了其大规模应用。智能复合材料是高技术的综合,其发展将全面提高材料的设计和应用水平。实现复合材料的智能化将显著降低工艺成本,提高服役可靠性与使用效率,拓宽复合材料的应用范围,是智能材料与结构技术向应用转化的最佳途径之一。我们相信,在不久的将来,随着科技的进步,世界各国对智能复合材料的积极研究和探索定将全面提高其设计与应用水平。

8.10 仿生复合材料

自 20 世纪 70 年代以来,先进复合材料研究一直处于材料科学和技术的前沿,并在不同领域得到广泛的应用,现在先进复合材料已成为最重要的结构材料之一。由于复合材料微观结构的多样性和制备工艺的复杂性,实际上很难对复合材料进行设计。众所周知,自然界中的生物材料经过亿万年的自然选择与进化,形成了大量天然合理的复杂的结构与形态,均可作为人们进行材料仿生研究的参考物。

仿生的概念自古就有,但比较系统的现代仿生研究是从 20 世纪 60 年代开始逐步活跃起来的。材料仿生研究则开始得较晚,20 世纪 90 年代初出现的"biomimetics"一词意为"仿生学",但人们往往狭义地理解其含义而认为材料仿生应该尽可能接近生物材料的结构和性质。国外出现的"bio-inspired"一词意为"受生物启发的",其因含义较广并更贴切,渐为材料界所接受。仿生材料就是受生物启发或模仿生物的结构而制成的性能优异的材料。

自然界中存在许多具有优良的力学性质的生物自然复合材料,如木、竹、软体动物的壳和动物的骨、肌腱、韧带、软骨等。组成生物自然复合材料的原始材料(成分)从生物多糖到各种各样的蛋白质、无机物和矿物质,虽然这些原始生物材料的力学性质并不很好,但是这些材料通过优良的复合与构造,形成了具有很高的强度、刚度和韧性的生物自然复合材料。对这些生物自然复合材料的精细结构的深入研究无疑会对人工合成高性能复合材料和智能材料的研究提供有益的指导。

自 20 世纪 80 年代以来,生物自然复合材料及其仿生的研究在国际上引起了极大的重视,并已取得一系列研究成果。Sarikaya 等研究了珍珠贝壳的精致层合结构和力学机理,并将其用于研究陶瓷/聚合物和陶瓷/金属复合材料,结果发现这些材料的断裂韧性比按常规设计的复合材料提高了 40%。戈登(Gordon)等用复合材料柱、板和夹芯材料模仿在木细胞中发现的螺旋结构制成了玻璃纤维/环氧树脂仿木复合材料,结果发现其断裂韧性也有大幅度的提高。

材料仿生研究越来越受到重视,下面介绍国际上在材料仿生设计和制备方面的一些成果,并简要介绍当前国际上在材料仿生研究方面的一些结果和动向。

材料仿生的探索是从分析复合材料中的一些疑难问题开始的,这些疑难问题可归结如下。

(1)连续纤维的脆性和界面设计的困难。绝大多数增强用高强度和高模量的连续纤维均呈脆性,特别是碳和陶瓷纤维(如碳纤维、SiC、Si_3N_4 和 Al_2O_3)。其断裂韧性 K_{IC} 仅为 2~5 MPa·m$^{1/2}$,同时纤维的表面处理不能满足优化界面的要求。

(2)纤维易从基体拔出而导致增强失效。短纤维增强复合材料的成型性和可加工性是这类材料的优点,但其性能往往因短纤维脱黏和拔出而降低。

(3)晶须的长径比不易选择。很多种高强度和高刚度的单晶陶瓷晶须已经研发成功,但其长径比的选择并不简单,过大的长径比将导致在基体中产生大于临界尺寸的裂纹,过小则会使基体的增强效应降低。

(4)寻求陶瓷基复合材料的增韧方法时遇到困难。陶瓷因具备一系列优良的性能而在人类发展史上起过非常重要的作用,但其最大的缺点是脆性大。由于其微观结构和制备工艺复杂,寻求陶瓷基复合材料的增韧途径十分困难。

(5)难以找到复合材料损伤性能的恢复方法和内部裂纹的愈合方法。复合材料特别是金属基复合材料的高强度和高刚度已使其成为重要的结构材料,但在载荷下常常产生内部损伤或裂纹,而这些损伤或裂纹的恢复和愈合方法不易找到。

复合材料仿生研究正是针对上述困难而开展的。生物材料的优良特性为复合材料设计展示了诱人的前景。几乎地球上的所有生物材料都是复合材料,其中一些具有高强度和高模量,即使是以陶瓷为主组成的生物材料,断裂韧性亦不低。与其他材料相比,生物材料最显著的特点是具有自我调节功能,就是说,作为有生命的器官,生物材料能够在一定程度上调节自身的物理和力学性质,以适应周围环境。再者,一些生物材料具有自适应和自愈合能力,因此如何从材料科学的观点研究生物材料的结构和功能特点,并用以设计和制造先进复合材料,是当前面临的重大课题。

1. 生物材料的复合特性

生存下来的生物,其结构大都符合环境要求,并成功地达到了优化水平。植物细胞和动物骨骼均可视作生物材料的增强体;木材的宏观结构由树皮、边材和芯材组成,而微观结构由许多功能不同的细胞构成。木材的超细结构中的细胞壁可以看作多层复合柱体,每层中微纤维(丝)的取向角均不相同,对木材的力学性能影响甚大。

木材和竹材的组分是一些先进的复合材料。在所有有关的因素中,纤维的体积分数、纤维的壁厚和微纤维的取向角与生物材料的刚度和强度关系最密切。

2. 生物材料的功能适应性

无论是从形态学的观点还是从力学的观点来看,生物材料都是十分复杂的。这种复杂性是长期自然选择的结果,是由功能适应性所决定的。一个器官对其功能的适应性只能由实践进化而来,而自然进化的趋向是用最少的材料来承担最大的外来荷载。虽然骨的外形不规则且内部组织分布不均匀,但骨会将高密度的物质置于高应力区。

由于树木具有负的向地性,通常树干挺直,一旦树木倾斜,偏离了正常位置,便会在高应力区产生特殊结构,使树木恢复到正常位置,这说明树木具有某种反馈功能和自我调节的能力。

竹子在纵向每隔约 10 cm 有一个竹节,这对其刚度和稳定性至关重要,特别是对长径比较大的主干。带竹节的枝干的抗劈强度和横纹抗拉强度较不带竹节的枝干显著增大。竹节尤其是横隔壁可以增大竹子的结构刚度,犹如复合材料中的加强件。由于竹节中维管束的方向与竹子的纵向不完全平行,因此其抗拉强度略有降低,但因竹节中的组织胀大,故承载总面积增大,这样就保证了竹子在受到外力时不致破坏。

3. 生物材料的创伤愈合

生物材料的显著特点之一是具有再生机能,受到损伤破坏以后机体能自行修补创伤。图 8-6 所示为断骨的自愈合过程。骨折后断裂处的血管破裂,血液由血管的撕裂处流出,形成以裂口为中心的血肿,继而成为血凝块,称为破裂凝块,并初步将裂口连接,如图 8-6(a)所示。接着形成由新生骨组织组成的骨痂,位于裂口区内和周围,如图 8-6(b)所示。骨折发生后,裂口附近的骨内膜和骨外膜开始增生和加厚,成骨细胞大量生长而制造出新的骨组织,成为骨痂。与此同时,裂口内的纤维骨痂逐渐变成软骨,进一步增生而形成中间骨痂,然后中间骨痂和内外骨痂合并,在成骨细胞和破骨细胞的共同作用下将原始骨痂逐渐改造成正常骨,如图 8-6(c)所示。

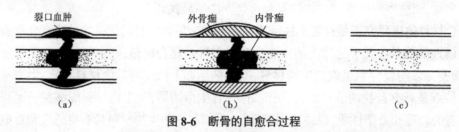

图 8-6　断骨的自愈合过程
(a)裂口血肿的形成　(b)内外骨痂的形成　(c)骨痂的改造

如上所述,自然的生物复合材料具有良好的特性,每一种生物体的具体构件都是适应特定环境的产物,其最大的优点是极为节约高效和用途专一,且具有下述特点:

(1)特定的、不规则的外形,如骨骼;

(2)力学性能的方向性,如竹、木等;

(3)几乎所有的生物体构件的截面都是宏观非均质的;

(4)显微组分(如纤维)具有复杂的、多层次的精细结构。

人们要求复合材料具有和传统材料相同的通用性,即宏观上应是均质的,方向性不强或无方向性,有良好的工艺性能,并且具有传统材料的优点。因此,仿生的任务不是也不可能是单纯的复制。仿生力学分析的主要任务是以材料科学的观点考察和分析生物体的微观结构,找出导致优良力学性能的主要结构因素,然后进行测试、分析、计算、归纳,最终建立微观组织模型,以指导节约、高效的复合材料的设计和研制。

复合材料仿生设计与制造涉及力学、化学、生物学和制造工程等多个学科的知识,是典型的交叉学科。过去不同领域的学者所关注的重点各有不同,如力学研究者关注的是复合材料的宏细观结构、增强相的形态、与基体黏结界面的形态等内容,其仿生思想属于宏细观拟态仿生的范畴。化学工作者关注的是材料的化学组分和分子结构,组分之间的化学键合等内容,属于化学仿生的范畴。工程领域的研究人员则更注重自然材料的制造工艺仿生。然而,生物材料的形态、结构、性能的适应性是经过若干亿年自然选择的结果,涉及自然科学各个领域的现象与机理,单从一种学科出发总是失之偏颇。

目前使用的用于医疗修复的某些人造材料,如人造骨等可归入仿生复合材料。

在聚合物中原位析出陶瓷粒子并烧结可制备陶瓷薄膜,主要应用于使用陶瓷多层器件的场合,如电容器和电子封装,其主要优点在于粒子的精细尺寸可控、无团聚和液态起始材料具有高纯度,其主要缺点是从实验室工艺扩大到商业规模需要做大量的工作。在许多场合都是这样,利用仿生工艺可制备性能更优的材料,但目前的方法也是行之有效的。

在制备塑料膜和板上的阻挡层时,现在的方法就显得力不从心。有人制备出塑料的抗磨损和抗划伤涂层,但结果尚有待完善。高温过程会破坏聚合物,而蒸镀的涂层不是太薄就是粘不牢,故而仿生涂层应能在这方面一展身手。在制备起阻挡作用的涂层方面也是如此,仿生涂层可望解决聚合物涂层阻挡氧、液态碳氢化合物或其他许多溶剂普遍效果不好的问题。牢固结合的氧化硅或其他氧化物涂层是很理想的,尤其是当这些氧化物直接沉积在聚合物中的时候。

可浇注的填充聚合物复合材料与陶瓷材料在力学性能方面存在着差距,而从鹿角到釉质的生物材料可以弥补这个差距。可成型的刚性和韧性都好的塑料镶嵌板具有类似的性能,可在许多目前使用金属片的场合得到应用。连续长纤维复合材料的确性能不凡,但是它的成本太高。

在利用木材的多孔结构制造复合材料方面,卢灿辉等用无机材料、金属材料和聚合物材料与木材进行原位复合,分散程度接近分子或纳米水平的复合,得到了高模量、高强度的新型复合材料,从而制备出陶瓷化木材、金属化木材,但离实用还有一些差距。

在利用贝壳等层状结构研究层状仿生复合材料方面,已经研发出叠层状陶瓷、纤维增强铝合金胶接层板、钢板叠层复合材料等,这类材料已有应用。

总之,生物材料绝大多数是复合结构,由于在与自然界长期抗争和演化的过程中形成了优化的复合组成与结构形式,在参照生物体的功能机制从而设计出新的复合材料方面有很大的发展空间。复合材料的仿生探索可能对所有类型的复合材料都是有用的,包括金属基、陶瓷基、高分子基和混杂型复合材料。目前仿生复合材料还在研究开发中,复合材料仿生设计研究具有巨大的潜力。

参考文献

[1] 赵玉庭,姚希曾. 复合材料基体与界面 [M]. 上海:华东化工学院出版社,1991.

[2] 肖力光,赵洪凯,汪丽梅,等. 复合材料 [M]. 北京:化学工业出版社,2016.

[3] 赵玉庭,姚希曾. 复合材料聚合物基体 [M]. 武汉:武汉理工大学出版社,1992.

[4] 王国荣,武卫莉,谷万里. 复合材料概论 [M]. 哈尔滨:哈尔滨工业大学出版社,2015.

[5] 霍金斯,贝克. 复合材料原理及其应用 [M]. 北京:科学出版社,1992.

[6] 徐长庚. 热塑性复合材料 [M]. 成都:四川科学技术出版社,1988.

[7] 王玲,赵浩峰. 金属基复合材料及其浸渗制备的理论与实践 [M]. 北京:冶金工业出版社,2005.

[8] 刘雄亚,郝元恺,刘宁. 无机非金属复合材料及其应用 [M]. 北京:化学工业出版社,2006.

[9] 李云凯,周张健. 陶瓷及其复合材料 [M]. 北京:北京理工大学出版社,2007.

[10] 梁基照. 聚合物基复合材料设计与加工 [M]. 北京:机械工业出版社,2011.

[11] 周曦亚. 复合材料 [M]. 北京:化学工业出版社,2015.

[12] 王汝敏,郑水蓉,郑亚萍. 聚合物基复合材料 [M]. 北京:科学出版社,2011.

[13] 于化顺. 金属基复合材料及其制备技术 [M]. 北京:化学工业出版社,2006.

[14] 宋焕成,赵时熙. 聚合物基复合材料 [M]. 北京:国防工业出版社,1986.

[15] 赵浩峰,刘燕萍,张艳梅,等. 物理功能复合材料及其性能 [M]. 北京:冶金工业出版社,2010.

[16] 张佐光. 功能复合材料 [M]. 北京:化学工业出版社,2004.

[17] 冯小明,张崇才. 复合材料 [M]. 重庆:重庆大学出版社,2011.

[18] 闻荻江. 复合材料原理 [M]. 武汉:武汉理工大学出版社,2003.

[19] 徐燕,李炜. 国内外预浸料制备方法 [J]. 玻璃钢 / 复合材料,2013(9):3-7.

[20] 何亚飞,矫维成,杨帆,等. 树脂基复合材料成型工艺的发展 [J]. 纤维复合材料,2011（ 2 ）:7-13.